Les températures et l'effet de serre

Acteurs de la Science
Fondée par Richard Moreau,
professeur honoraire à l'Université de Paris XII
Dirigée par Claude Brezinski et Roger Teyssou

La collection Acteurs de la Science est consacrée à des études sur les acteurs de l'épopée scientifique moderne ; à des inédits et à des réimpressions de mémoires scientifiques anciens ; à des textes consacrés en leur temps à de grands savants par leurs pairs ; à des évaluations sur les découvertes les plus marquantes et la pratique de la Science.

Dernières parutions

Edouard PÉLISSIER, *Ambroise Paré. Chirurgien des soldats et des rois (1510-1590)*, 2017
Letizia JOUFFROY, *Bach et Händel, Deux musiciens illustres dans le noir, Les barbiers à l'aube de la chirurgie*, 2016.
Michel ROUFFET, *Mais comment en est-on arrivé là ? La terre de 4000 à 4,5 milliards d'années,* 2016
Roger TEYSSOU, *Jean Wier. Des dieux, des démons, des sorcières,* 2016.
Sofiane BOUHDIBA, *Pavillon jaune, Histoire de la Quarantaine, de la Peste à Ebola,* 2016.
François DEMARD, Pierre MANDRILLON, *Dans l'œil du cyclotron*, 2016.
Gilles GROS, *Pierre Fauchard, ce génie de l'épistémologie en art dentaire*, 2016.
Robert LOCQUENEUX, *L'électricité au Siècle des lumières. Nollet, Franklin & les autres,* 2016.
Jean PERDIJON, *Les physiciens sont-ils des intellectuels ? Petit traité (illustré) de culture physique*, 2016.
Francis WEILL, *Folie du monde et vertige des religions : mémoires d'un vieux médecin,* 2016.
Jean Dominique BOURZAT, *Une dynastie de serruriers à la cour de Versailles. Les Gamain*, 2016.
François TRON, *Maladies auto-immunes. Quand notre système de défense nous trahit*, 2015
Roger TEYSSOU, *Orfila. Le doyen magnifique et les grands procès criminels au XIXè siècle. El decano magnifico*, 2015
Gilles GROS, *Histoire et épistémologie de l'anatomie et de la physiologie en art dentaire, de l'Antiquité à la fin du XX*[e] *siècle*, 2015
Simon BERENHOLC, *L'Homme social, à son corps dépendant. Analogies comportementales entre les cellules biologiques et les sociétés humaines*, 2015.

Alain Giret

Les températures et l'effet de serre

Essai sur l'histoire et l'avenir du climat

L'Harmattan

Du même auteur, chez L'Harmattan

RUISSELLEMENT ET ÉCOULEMENT DES EAUX SUR LES BASSINS VERSANTS FRANÇAIS, 2016
ALLUVIONNEMENTS ET NÉOTECTONIQUE QUATERNAIRES EN ROUSSILLON, 2014
CRUES ET ÉTIAGES EN FRANCE AU XXE SIÈCLE. Entre nature et aménagements, 2013
LES COURS D'EAU FRANÇAIS. Approche quantitative, 2012
HISTOIRE DE LA BIODIVERSITÉ, 2011
LE QUATERNAIRE : CLIMATS ET ENVIRONNEMENTS, 2009
GÉOGRAPHIE DE L'ÉCOULEMENT FLUVIAL, 2007

Illustrations originales de l'auteur.

5-7, rue de l'École-Polytechnique, 75005 Paris
http://www.editions-harmattan.fr
ISBN : 978-2-343-11448-4
EAN : 9782343114484

Avant-propos

Proposez « *climatical global change* » à un moteur de recherche et vous obtiendrez près de 75.10^6 réponses. On ressent à la fois les inquiétudes collectives et l'impact des medias et des réseaux sociaux dans la diffusion d'une information aux relents de catastrophisme. En effet, que cette recherche se réduise aux « *articles relevant de revues scientifiques à comité de lecture* », le nombre de réponses se réduit à moins de 20 000 : 3 sites sur 10 000 seulement correspondent à la réponse de scientifiques dignes de foi. Les autres relèvent de spéculations pseudo-scientifiques d'origines diverses reprises dans les « *blogs* » des particuliers qui ont mal assimilé cette masse d'informations.

Une autre source se rapporte à la « *presse écrite* », à la « *radiodiffusion* » et à la « *télévision* ». Ces medias ne fournissent qu'une opinion de seconde main (c'est leur rôle), mais très généralement déconnectée de ses origines scientifiques. Certaines émissions, et quelques débats, font intervenir des personnalités scientifiques compétentes sur les problèmes climatiques, mais le plus souvent on fait appel à des professionnels de la communication issus du monde de la politique ou de la presse. L'information apportée aux lecteurs, aux auditeurs et aux téléspectateurs se retrouve largement imprégnée d'arrière-pensées plus politiques que scientifiques. En effet, les organisations environnementales qui s'y rattachent cherchent surtout à « *faire passer leur propre message* » (qu'elles jugent le bon) auprès d'une opinion mise en condition par un témoignage approprié (recul de la banquise, pollution urbaine) donc prête à les écouter. Je me permettrai d'ajouter que le médium (singulier de medias) concerné cherche parallèlement à faire le maximum de tirages ou d'audimat.

Souvent, pour cautionner l'argumentation, il est fait appel à une « *personnalité* » dont la présence doit soutenir l'information. On a vu et entendu des écrivains, des artistes, des philosophes s'exprimer sur l'origine et les conséquences du réchauffement climatique ; leur opinion est louable, mais elle ne reste que leur vision personnelle car ce ne sont pas des spécialistes. Ces témoignages restent de seconde main, à la manière des exposés politiques ou « *sectaires* ». Mais des émissions qui se veulent « *plus scientifiques* » convoquent quelque sommité dont le témoignage ne peut être que digne de foi. Est-il sûr que cette personnalité soit compétente en matière de climat ? Un astrophysicien, un préhistorien, un praticien renommé ne sont pas des climatologues du passé, du présent et ni du futur. Pour brillants et pointus qu'ils aient été, leurs travaux de recherches et leurs publications scientifiques restent étrangères au propos, et ce qu'ils exposent n'est pas une démonstration scientifique, mais leur opinion et leur ressenti personnel sur la question. En bref, ils sont incompétents.

Enfin, un véritable cautionnement scientifique devrait être le résultat d'un débat à la suite d'un colloque ou d'un congrès. On doit traiter à égalité les partisans et les adversaires, en leur laissant la liberté d'exposer les résultats de leurs recherches avant d'organiser le débat contradictoire. Mais dans la quasi-totalité des « *émissions radio ou télé* » consacrées à la question du réchauffement climatique, le « ***programmateur a déjà fait son choix*** » et si l'opinion de la « *caution scientifique* » en diffère, on se gardera bien de l'inviter. Au mieux on ne le laissera pas s'exprimer.

J'ai été très brutal, et l'on va me reprocher de « *n'être qu'un géographe* », mais je ne supporte ni le mensonge, ni l'incompétence. Or, de plus en plus, pour ce qui concerne l'avenir des températures, on se heurte à une « ***pensée unique*** » qui nous ramène « aux temps de l'Inquisition et des régimes totalitaires du milieu du XXe siècle.

Dans les chapitres qui vont suivre, je vais donc essayer d'être le plus objectif possible, en partant d'une vérité, la ***planète se réchauffe par paliers depuis le XIXe siècle***. Dire le contraire serait nier l'évidence. Que l'homme en soit l'unique responsable relève du débat. Il est certain que la surconsommation d'énergies fossiles au XXe siècle a provoqué une émission sans précédent de dioxyde de carbone (le CO_2 des medias), et il est encore plus certain qu'il faut réduire cette surconsommation qui pollue notre environnement. Mais dans la démarche que je vais utiliser, je me suis évertué à être le plus pédagogique possible, à m'adresser non pas à un parterre de scientifiques, mais à tout lecteur passionné par la question. Je me suis donc imposé de rester au plus près des sources au travers de l'analyse de données palpables : relevés (fiables) de températures, comptage et mesure des cernes de croissance des arbres, variations du taux de dioxyde de carbone et d'oxygène 18 (^{18}O) dans les glaces du Groenland et de l'Antarctique. Pour les périodes récentes, je n'ai pas ignoré les données historiques : cela va des grandes migrations antiques et médiévales, des voyages océaniques aux déplacements des installations humaines dans la haute montagne et aux dates des vendanges et des moissons. Pour les périodes antérieures le recours aux données géomorphologiques et édaphiques est fondamental : transgressions et régressions marines, relations spatiales entre la forêt et la prairie, avance et recul de la banquise et des glaciers de montagne.

Cela devait permettre de répondre à diverses questions : la planète se réchauffe, mais est-ce la première fois ? Quelles sont les causes naturelles et anthropiques des variations climatiques globales ? Sommes-nous dans une période critique ?

Premier chapitre
L'enseignement des données récentes

Quand il est question de chronique des températures, c'est la mesure directe qui vient à l'esprit, et l'on se réfère au thermomètre dont le principe ne remonte qu'au XVIIe siècle. C'est en effet autour de 1624 que, selon les indications du Jésuite Jean Leurechon, le Vénitien Sanctorius aurait expérimenté un instrument utilisant les variations de la hauteur de l'eau dans un tube de verre, mais le tube était ouvert et sensible aux variations barométriques. Plus tard, en 1654, Ferdinand II de Médicis rendit le tube hermétique, remplaça l'eau par de l'alcool et ouvrit ainsi la porte à la réalisation de véritables thermomètres.

Au XVIIIe siècle le thermomètre vit ainsi le jour avec de nombreuses améliorations. Dès le début, on avait compris le rôle de l'eau qui change deux fois d'état à température constante : fonte de la glace et vaporisation ; il suffisait d'emmagasiner dans un petit réservoir relié à un tube capillaire hermétique un liquide qui garde cet état à des températures inférieures à celle de la glace fondante et supérieures à celle de la vaporisation de l'eau. L'usage du mercure est évident, mais si on renonce à mesurer celle de la vapeur d'eau, on peut retenir l'alcool, car mercure et alcool étaient d'un usage courant. Nous ne retiendrons que quelques noms.

En 1717, l'Allemand Daniel Gabriel Fahrenheit réalisa un thermomètre à mercure dont on pourrait juger la graduation fantaisiste : 32°F est la température de fusion de la glace et 212°F celle de la vaporisation de l'eau (pourtant, cette graduation est encore utilisée aux U.S.A.). En 1730, le Français René-Antoine Ferchault de Réaumur utilisa de l'alcool ; et le premier, il établit la fonte de la glace à 0°R, avec un thermomètre gradué de 0° à 80°R, température de la vaporisation de l'alcool. Enfin, en 1741, le Suédois Anders Celsius réalisa un thermomètre à mercure, mais à graduation inverse, de 100°C, température de la glace fondante, à 0°C, celle de l'eau bouillante ! C'est en fait le naturaliste Karl von Linné qui eut l'idée d'inverser l'échelle. Cette graduation fut d'ailleurs retenue en 1794 par la Commission des poids et mesures : « *le degré thermométrique est la centième partie de la distance entre le terme de la glace et celui de l'eau bouillante* ».

Quant aux relevés des températures de l'atmosphère, l'observatoire d'Uppsala, en Suède, effectua les premières mesures dès 1742. C'est là que le bât blesse ; il ne suffit pas de placer un thermomètre dans l'air et d'en relever les mesures quotidiennement pour en décrire les variations.

La lecture des chroniques récentes

La température réelle est différente de celle que l'on ressent, car elle dépend de l'humidité de l'air, de la vitesse du vent et du rayonnement solaire (il fait plus frais à l'ombre). Ce sont là des considérations que les premières mesures n'ont pas toujours prises en compte.

On a rapidement compris la nécessité de ne pas mettre le thermomètre en plein soleil, ni en plein vent, et qu'il fallait rechercher un lieu aéré, pour éviter le confinement, mais protégé du soleil et du vent. On a moins vite compris le rôle du rayonnement indirect, un abri sombre risque d'accroître artificiellement les températures, car il emmagasine le rayonnement direct du soleil. La proximité du sol ou d'un bâtiment favorise l'influence du rayonnement indirect (les rayons infrarouges de l'effet de serre). Le sol et le mur s'échauffent (ou se refroidissent) et leur rayonnement modifie la température de l'air. Il y a deux moyens de s'en protéger : le premier est de s'en éloigner le plus possible, le second est d'effectuer des mesures quand ces rayonnements sont maximaux, à la fin de l'après-midi, et minimaux, au lever du jour.

Aujourd'hui, des conditions de mesures ont été codifiées afin que le thermomètre soit toujours dans le même environnement quelle que soit la station. On a conçu un abri météorologique standard peint en blanc (pour réduire l'influence du rayonnement) où il est protégé des intempéries. La base de l'abri repose sur un « *sol naturel à végétation basse* » à 1,50 mètre de sa surface. Les températures sont relevées à 6 h pour la température minimale, et à 18 h pour la température maximale. La moyenne est alors calculée.

Les plus anciennes chroniques remontent au milieu du XVIIIe siècle, en Europe, et nous avons trouvé effectivement des relevés effectués à Bâle, en Suisse, depuis 1755, à Milan, en Italie, depuis 1763 et à Berlin, en Allemagne, depuis 1790. Mais nous estimons que ce sont des données de seconde main, même si elles proviennent de l'E.C.A., une Fondation Suisse pour le Climat. Dans les archives de Météo France, il existe une chronique des températures relevées au Bourget depuis 1781.

Mais les relevés antérieurs au milieu du XIXe siècle doivent être analysés avec beaucoup de prudence, il n'est pas certain qu'on ait tenu compte (par méconnaissance) du rôle du rayonnement direct et indirect, de la vitesse du vent et de l'abri. On ne sait pas si les relevés ont été réalisés à des heures adéquates. En revanche après 1850, les données peuvent être considérées comme fiables. C'est le cas du premier exemple retenu : des températures planétaires moyennes calculées par la N.A.S.A et la N.O.A.A, à partir de données mesurées après 1880.

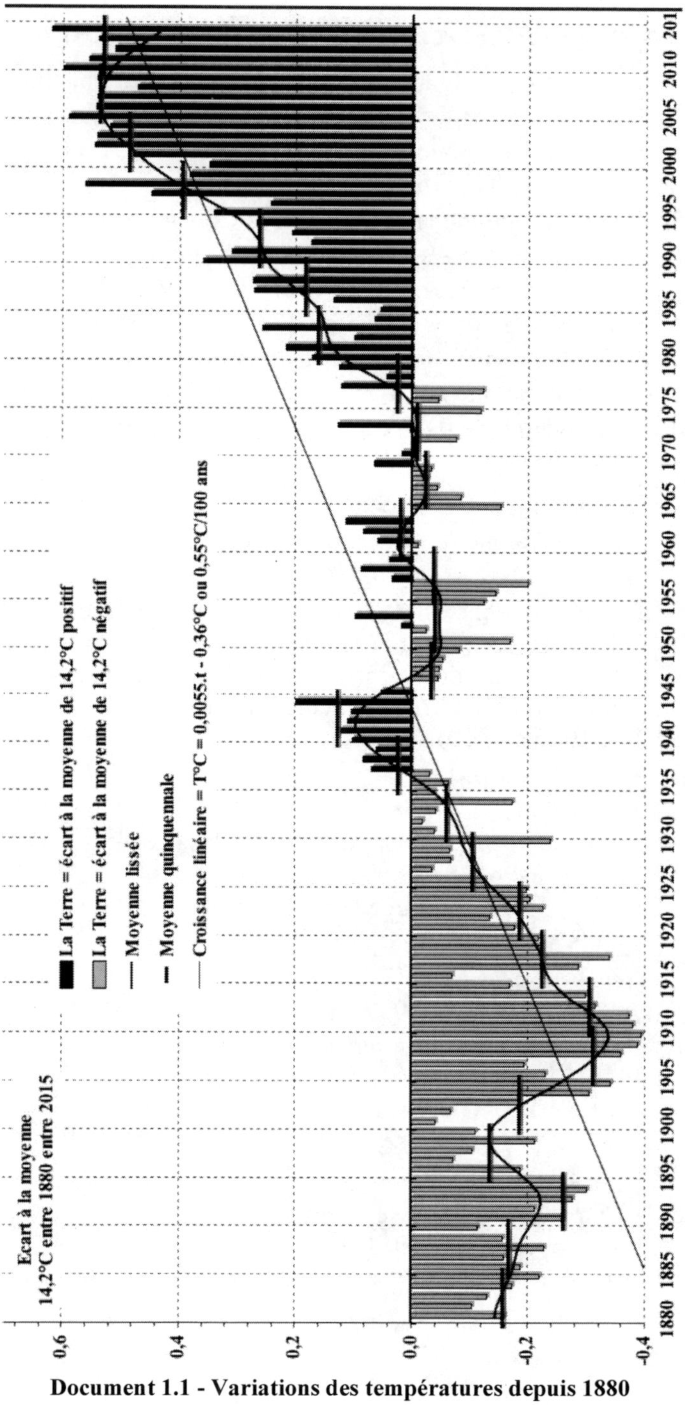

Document 1.1 - Variations des températures depuis 1880

Données de la National Oceanic and Atmospheric Administration

Si le document 1.1 a été vulgarisé par la presse et Internet, il provient d'une source dont on ne peut douter de la valeur scientifique. À l'origine, la courbe des températures moyennes annuelles était associée à celle de la concentration atmosphérique en dioxyde de carbone (CO_2). Nous avons effacé cette dernière, converti les °F (degrés Fahrenheit) en °C (degrés Celsius), et, afin de faciliter la lecture, ajouté la moyenne lissée, la moyenne quinquennale et la tendance linéaire. À l'évidence, les ***températures ont augmenté de 0,55°C par siècle***, ce qui constitue un ***accroissement de 0,7°C en 135 ans***. Autour d'une moyenne de 14,3°C, l'année la plus froide fut 1909 avec une température moyenne de 13,8°C (un écart à la moyenne de -0,39°C) et la plus chaude serait 2014 avec 14,8°C (écart à la moyenne de 0,62°C). ***La croissance maximale aurait été de 1°C au cours du XXe siècle***.

Le détail est aussi éloquent et se contente d'indiquer quelques précisions. La fin du XIXe siècle a été fraîche.

➢ Entre 1880 et 1915, la moyenne des températures ne fut que de 14°C, soit 0,21°C inférieurs à la moyenne 1880-2014. La moyenne lissée et les moyennes quinquennales montrent que les températures baissèrent de 1880 à 1892 (X_{i5} = 14°C de 1890 à 1894 ou écart de -0,26°C). Après une légère remontée jusqu'en 1899, les températures ont à nouveau reculé jusqu'en 1909 (X_{i5} = 13,9°C ou écart de -0,31°C de 1906 à 1910).

➢ Par la suite, ces températures ont crû jusqu'en 1944 (X_{i5} = 14,4°C ou écart de 0,13°C de 1940 à 1944). La période de la Seconde Guerre Mondiale a correspondu à une « *pulsation thermique chaude* » (sans qu'il y ait le moindre lien). De 1910 à 1944, les températures passèrent de 13,8°C à 14,4°C soit une croissance de 0,6°C en 35 ans, soit une tendance de 1,7°C/100 ans.

➢ La situation fut à la fois stable et indécise de 1937 à 1976, avec la succession de « *pulsations thermiques chaudes* » : 1937-1945 (14,°C, écart de 0,1°C), 1952-1953 (14,3°C et 0,06°C), 1957-1963 (14,3° et 0,07°C) et 1969-1973 (14,3° et 0,07°C) entrecoupées de « *pulsations fraîches* » : 1946-1951 (14,3°C et -0,07°C), 1954-1956 (14,1°C et -0,15°C), 1964-1968 (14,2°C et -0,07°C) et 1974-1976 (14,1°C et -0,09°C). Mais, en valeur absolue, la moyenne annuelle n'a que très peu oscillé au cours de cette période.

➢ À l'inverse, la croissance a été considérable après 1976 : la moyenne a été de 14,6°C entre 1976 et 2014, mais les températures ont grimpé de 14,1°C à 14,8°C (l'écart à la moyenne passait de 0,12°C à 0,62°C). ***Statistiquement, il y a eu une croissance de 0,71°C en 40 ans, soit une tendance de 1,8°C/100 ans***.

Entre 1909 et 2014, les températures ont fortement augmenté, ce qu'il faut justifier par d'autres sources.

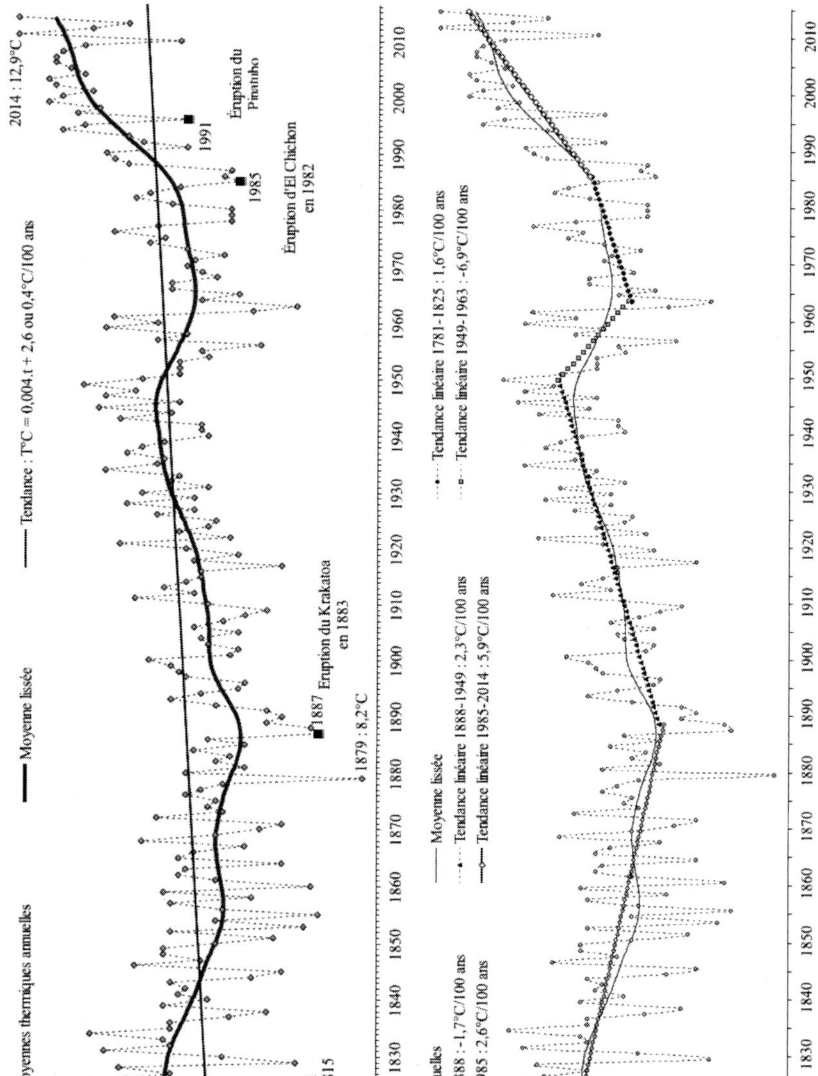

Document 1.2 - Variations interannuelles de températures au Bourget depuis 1781

Interprétation de la chronique du Bourget de 1781 à 2014

Les températures relevées au Bourget manquent de précision avant 1850, « *mais c'est mieux que de ne pas avoir de mesures* ». La moyenne des 234 relevés est de 10,6°C, compris entre 8,2°C en 1879 et 12,9°C en 2011 et 2014 (document 1.2). Si le calcul de la tendance linéaire indique une ***croissance des températures de 0,4°C/100 ans***, la moyenne lissée (moyenne mobile sur 10 ans) traduit une suite de *pulsations positives* (températures croissantes) et *négatives* (températures en recul).

➢ Entre 1781 et 1825, les températures, qui restèrent très variables, se sont accrues d'1,6°C/100 ans. Le début des années 1780 avait été très froid (9°C en 1784). Benjamin Franklin l'attribua au recul du rayonnement absorbé par les aérosols et les cendres issus de l'explosion du Laki en Islande.

➢ Cette période de croissance semble d'ailleurs interrompue par le même processus qui suivit l'explosion du Tambora, en Indonésie, en 1815 (9,3°C en 1816). Les températures reculèrent de 1825 à 1888 selon un rythme assez proche : -1,7°C/100 ans. Cette période de refroidissement s'acheva avec l'année très froide de 1879 et l'opacification de l'atmosphère après l'éruption du Krakatoa en Indonésie, en 1883 : 8,2°C en 1887. C'est à ce moment que les glaciers alpins ont atteint leur avancée maximale.

➢ On observa une nouvelle croissance jusqu'en 1949 : 2,3°C/100 ans (on peut y reconnaître la réponse aux premiers rejets de dioxyde de carbone suite à la surconsommation de charbon depuis 1750). Surtout, les années de guerres (1914-1918 et 1940-1945) ne furent pas glaciales, comme l'ont ressenti les soldats confinés dans les tranchées, ou les habitants qui subissaient la pénurie de combustible. La vigne ne se trompa pas et les grandes années furent 1921, 1947 et 1949 ; quant aux glaciers alpins, ils reculèrent.

➢ Puis, surprise, les températures ont régressé de 12°C en 1949 à 9,1°C en 1963, soit une tendance de -6,9°C/100 ans, et les glaciers des Alpes ont progressé.

➢ Mais ce fut un recul sans lendemain : les températures reprirent leur progression de 2,6°C/100 ans jusqu'en 1985, malgré les aérosols rejetés par El Chichon, au Mexique, en 1982, et par le Pinatubo, aux Philippines, en 1991, dont les effets furent limités : 9,9°C en 1985 et 10,6°C en 1991.

➢ La croissance va ensuite s'emballer : ***5,9°/100 ans, jusqu'au début du XXIe siècle.***

Quelle est la cause ? On évoque la surconsommation d'énergies fossiles et le rejet de gaz à effets de serre. Ce n'est pas aussi simple : le Bourget, village rural au XVIIIe siècle, s'est peu à peu aggloméré à Paris au XXe siècle ; or les villes, consommatrices d'énergie, réchauffent leur atmosphère, et la croissance thermique accélérée des températures des 30 dernières années au Bourget n'en est peut-être que le reflet.

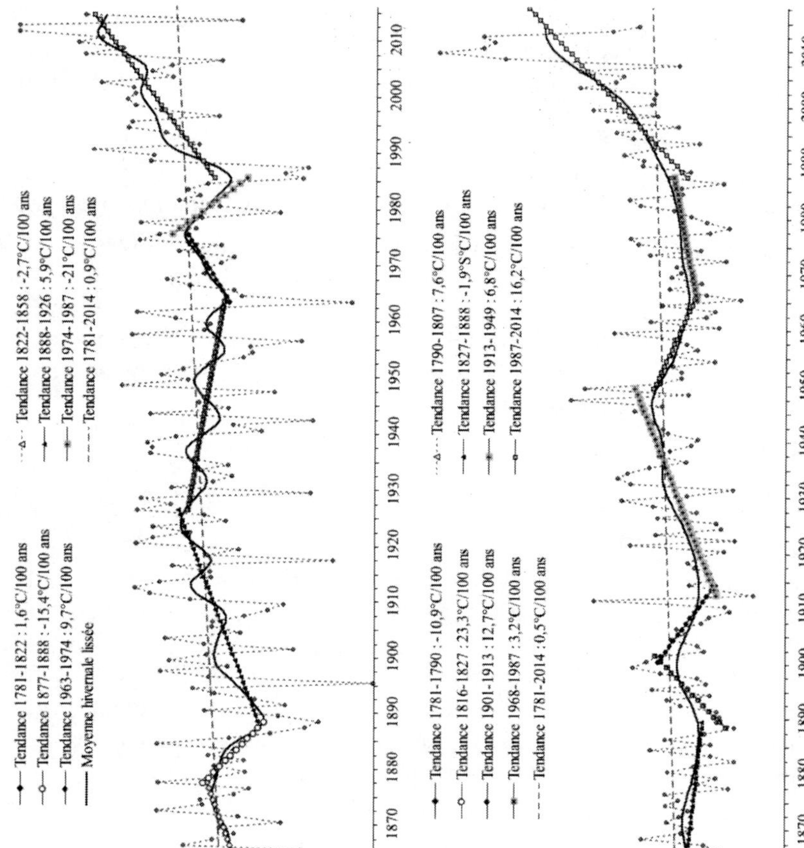

Document 1.3 - Variations interannuelles de températures d'hiver et d'été au Bourget depuis 1781

Si l'on fait la distinction (document 1.3) entre l'hiver (janvier à mars) et l'été (juillet à septembre), les températures ne se sont accrues, avec une plus forte hausse, que pour les hivers (0,9°C/100 ans) et que pour les étés (0,5°C/100 ans)

Selon la moyenne lissée, 9 pulsations ont affecté les hivers.

➢ En accord avec les températures annuelles, la rigueur des hivers recula de 1,6°/100 ans de 1781 à 1822, pour augmenter de 2,7°/100 ans jusqu'en 1858.

➢ Il faut ensuite opérer des regroupements, car les températures de janvier à mars ont crû de 5,7 à 5,9°C/100 ans de 1858 à 1926. Cette croissance généralisée fut brutalement interrompue de 1877 à 1888. Les températures chutèrent de 15,4°C/100 ans, du fait de l'hiver glacial de 1879 (premier coup de froid analysé par la *Météorologie Nationale)*, et de l'hiver volcanique qui fit suite à l'éruption du Krakatoa.

➢ Puis la rigueur hivernale s'accentua à nouveau de 1926 à 1963 (-2,7°C°/100 ans) : les hivers de la Seconde Guerre Mondiale furent froids, et ceux de 1956 (2,1°C) et 1963 (0,7°C) glacés. C'est aussi à ce moment que les glaciers alpins ont repris leur progression.

➢ Par la suite, il faut opérer un nouveau regroupement de 1963 à 2014, aux hivers de plus en plus doux (de 9,7 à 11,7°C), séparés en deux par une brève rupture de -21,°C/100 ans de 1974 à 1987. Les hivers furent très froids : 2,7°C en 1979, 2,0°C en 1985, 2,5°C en 1986 et 1,9°C en 1987. Ces trois derniers coups de froid peuvent être imputés à l'éruption d'El Chichon. Aussi ne retiendrons-nous qu'une forte réduction des rigueurs hivernales (ressentie par les populations) dans la seconde moitié du XXe siècle.

Les étés furent affectés par 11 pulsations.

➢ La fin du XVIIIe siècle et le début du XIXe siècle furent très instables. L'éruption du Laki engendra des étés pourris dont les températures reculèrent de 10,9°C/100 ans entre 1781 et 1790, pour se réajuster sur la tendance globale de 7,6°C/100 ans jusqu'en 1807. De 1807 à 1816, la chute fut de 28°C/100 ans avec des « *années sans été* » consécutives à l'explosion du Tambora, et le réajustement fut aussi brutal (23,3°/100 ans) entre 1816 et 1827.

➢ On assiste alors à un rafraîchissement estival de -1,9°C/100, jusqu'en 1888 (en accord avec le repli général des températures).

➢ L'instabilité reprit de 1888 à 1913 : hausse de 16,6°C/100 ans de 1888 à 1901, et recul de 12,7°C/100 ans entre 1901 et 1913. C'est l'annonce d'un décalage thermique entre les étés et les hivers : le retour de la douceur (6,8°C/100 ans) entre 1913 et 1949 s'oppose aux hivers devenus plus rudes.

➢ Cette situation s'inversa après 1950 : étés plus frais (-7,9°C/100 ans de 1949 à 1968) et hivers plus doux. Cette alternance « *hivers froids-étés chauds* » et « *hivers doux-étés frais* », pourrait annoncer une perturbation climatique. ***En effet, dès 1968, la tendance glisse vers un réchauffement estival généralisé : 3,2°C/100 ans de 1968 à 1987, et 16,2°C/100 ans après 1987***.

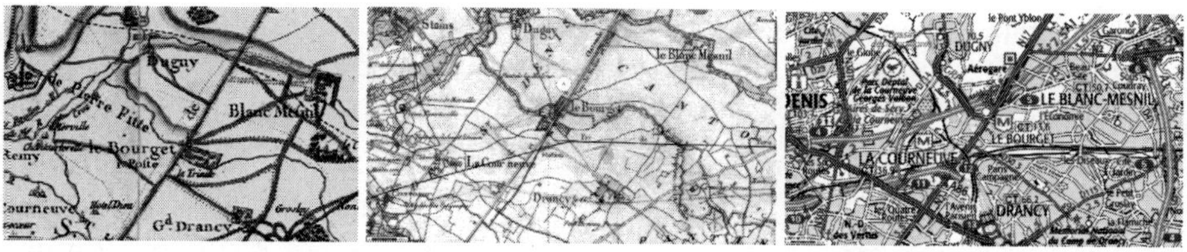

Document 1.4 - Extension de l'urbanisation du Bourget en 1780 (carte de Cassini à gauche), en 1880 (carte d'Etat Major au centre) et en 2015 (carte IGN à droite)

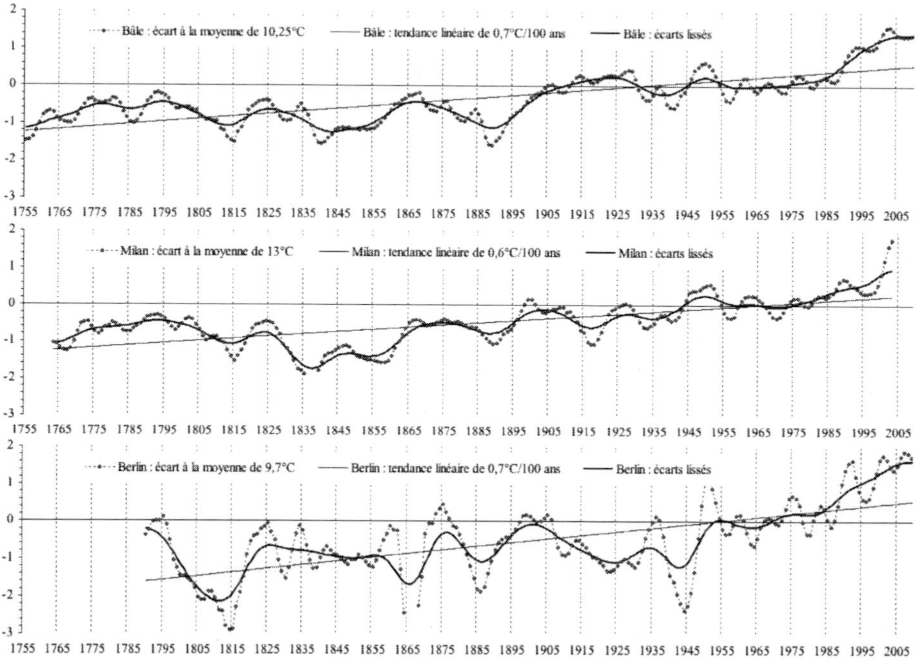

Document 1.5 - Variation des températures à Bâle, Milan et Berlin de 1755 à 2010

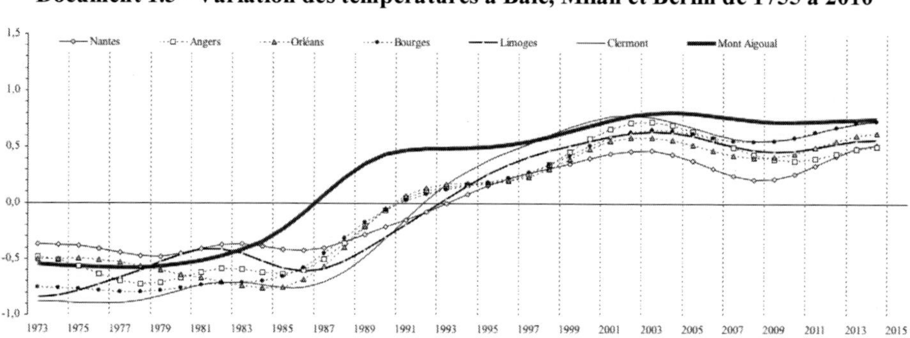

Document 1.6 - Augmentation des températures à Nantes, Angers, Orléans, Bourges, Limoges, Clermont-Ferrand et au sommet du Mont Aigoual depuis 1973

Mais il faut envisager le risque d'artéfact. La région s'est urbanisée : la population du Bourget est passée de 456 habitants en 1801 à 15 708 en 2013 (document 1.4). Aussi l'urbanisation génère-t-elle des perturbations thermiques du fait de la présence d'habitations collectives et/ou jointives, et de bâtiments industriels et commerciaux, dont le chauffage s'accompagne de déperditions thermiques, et émet simultanément des gaz à effets de serre. Les températures ont pu être artificiellement et localement accrues au cours du XXe siècle.

Quelle réponse avec d'autres chroniques ?

La Fondation Suisse pour le Climat met en ligne les chroniques de températures de plusieurs villes d'Europe ; mais seules les données concernant Bâle, Milan et Berlin remontent au XVIIIe siècle. Les températures moyennes étant différentes, le document 1.5 utilise l'écart à cette moyenne afin d'avoir une valeur adimensionnelle. Les pulsations sont assez semblables à celles du Bourget. Le début du XIXe siècle connut un recul brutal des températures. La situation fut partout instable au cœur de ce siècle, mais globalement il se réchauffa jusqu'aux années 1940. Les températures reculèrent légèrement dans les années 1950, pour retrouver une croissance jusqu'au début des années 1980. À partir de cette date, la ***hausse connut l'accélération qui semblerait concerner l'ensemble de la planète***. Enfin, partout les températures ont crû depuis le milieu du XVIIIe siècle : 0,7°C/100 ans à Bâle, 0,6°C/100 ans à Milan et 0,7°C/100 ans, à Berlin. Ce sont des valeurs très voisines.

Cependant, comme à la station du Bourget, ces données, dont l'objectif n'est pas de démontrer un réchauffement généralisé, mais d'informer les entreprises, ne concerne que des milieux urbanisés. La question d'une influence thermique positive de l'urbanisation reste posée.

Notre chasse aux données a donc repris, mais, pour en avoir le cœur net, nous avons comparé des données récentes (1973-2014) et fiables (Météo France) relevées dans quatre villes moyennes de plaine - Nantes, Angers, Orléans et Bourges - deux villes de moyenne montagne - Limoges et Clermont-Ferrand et un sommet : le Mont Aigoual. Partout, les températures stables jusqu'en 1985 ont crû fortement par la suite : pour 1 siècle, la croissance moyenne fut de 2,°C à Nantes, 3,8°C à Angers et Orléans, 4°C à Limoges et à Bourges et 5,2°C à Clermont-Ferrand. Toutes les stations sont proches d'une ville, avec des températures « *influencées* », mais il semblerait que la croissance ait été plus forte en s'éloignant de l'Océan.

Surtout, les températures ont augmenté de 4,1°C/100 ans au sommet du Mont Aigoual. On ne peut plus évoquer l'influence urbaine. Les températures feraient donc l'objet d'un accroissement rapide depuis 30 ans.

Deuxième chapitre
Le fonctionnement thermique de la Terre

Dans le chapitre précédent, nous avons analysé les variations de températures de quelques stations, ce qui a permis de souligner une variabilité sur près de 250 ans, mais aussi une hausse rapide depuis une trentaine d'années.

Avant de poursuivre, il nous est apparu souhaitable de rappeler les mécanismes par lesquels notre planète jouit d'une certaine clémence thermique. Sur Vénus, à 108.10^6 km du Soleil, la température au sol est de 462 °C (735 K), sur Mars, à 22. 10^6 km du même Soleil, il ne fait que -63 °C (210 K) au sol. Sur la Terre, à 150.10^6 km du Soleil, la température moyenne est de 14 à 15°C. Vénus est torride du fait de la proximité du Soleil associée à une atmosphère très dense (9 300.10^3 Pa ou 91,8 atmosphères terrestres), Mars est glacée du fait de son éloignement et d'une atmosphère ténue (636 Pa ou 0,006 atmosphère terrestre). La Terre est le seul astre où l'eau connaisse l2es trois états grâce à une température clémente liée à une distance optimale de l'astre solaire et à une pression atmosphérique non moins optimale de 1 013,3 hPa. En effet, sans atmosphère, la température de la Terre ne serait que de -18°C.

Le processus de régulation thermique terrestre est bien connu sous le nom d'effet de serre. Toute planète est réchauffée par le rayonnement global du Soleil, lequel se réduit avec la distance. Elle rayonne aussi cette énergie reçue, mais presque exclusivement par l'intermédiaire des rayons infrarouges, lesquels sont piégés et réfléchis vers le sol par les « *gaz à effet de serre ou G.E.S.* » : principalement la vapeur d'eau (H_2O) et le dioxyde de carbone (CO_2). L'atmosphère martienne est pauvre en eau, celle de Vénus est trop riche en vapeur d'eau et en dioxyde de carbone, celle de la Terre possède une quantité optimale de ces G.E.S., ce qui explique la clémence du climat.

Cependant, la planète est aussi inclinée sur son axe, elle tourne sur elle-même et autour du Soleil, continents et océans se partagent sa surface. Eau et atmosphère sont en mouvement, ce qui répartit les températures irrégulièrement dans le temps et l'espace. En effet, la température de 14 à 15°C n'est qu'une moyenne due à l'effet de serre ; suivant les saisons et la latitude, la circulation atmosphérique et les courants marins augmentent ou réduisent cette température.

La température d'un point pris sur la Terre relève donc de la densité en G.E.S et de sa latitude.

Le bilan radiatif et l'effet de serre

On estime que le Soleil émet une quantité d'énergie invariable appelée la *constante solaire* et c'est elle qui diminue avec l'éloignement de l'astre. La Terre, à près de 150.10^6 km du Soleil, reçoit **1 361 W/m²** à la limite de la stratosphère, vers 50 km d'altitude. Mais du fait de la rotondité de notre planète, la répartition de cette énergie est maximale à la verticale de l'équateur et nulle aux deux pôles, et la moyenne correspond à l'énergie reçue par un disque perpendiculaire au plan de l'équateur, passant par les pôles et dont la circonférence serait celle d'un méridien. Ce disque recevrait alors : **342 W/m²** environ. La Terre reçoit donc de l'énergie issue du Soleil, mais elle-même elle réémet de l'énergie, et il est possible d'établir *un bilan radiatif et énergétique entre la Terre et le Soleil* (document 2.1).

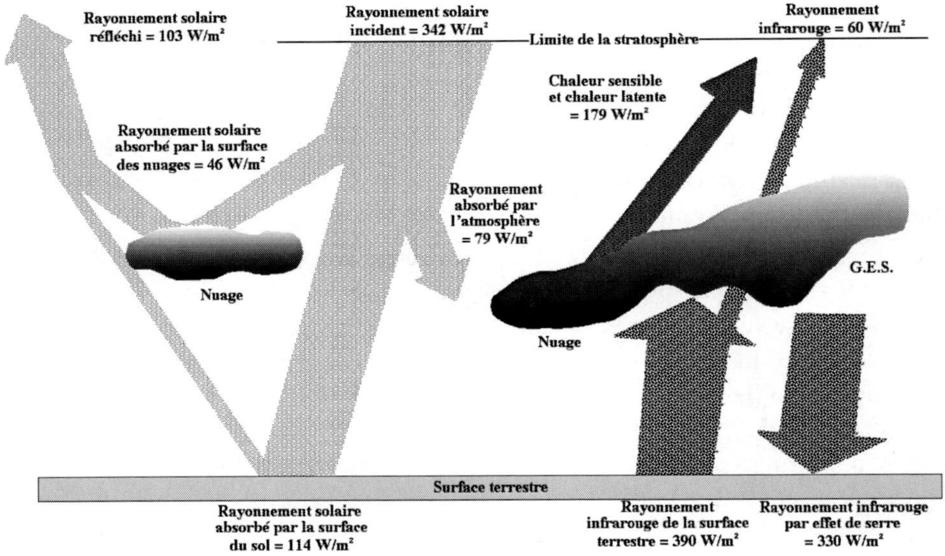

Document 2.1 - Le bilan radiatif et l'effet de serre (simplifiés)

Le rayonnement solaire incident de 342 W/m² est porté par l'ensemble du spectre électromagnétique et se répartit en trois ensembles …

Flux entrant	**100 %**	**342 W/m²**
Dont		
Réflexion (nuages et océans)	30 %	103 W/m²
Absorption atmosphérique	23 %	79 W/ m²
Absorption continentale et océanique	47 %	160 W/ m²

… Au total, la planète reçoit **239 W/m²**. Il existe aussi un flux issu du noyau de la Terre, mais, avec **0,06 W/m²**, il peut être négligé.

Puis la Terre réémet la même quantité d'énergie par rayonnement terrestre, sinon elle n'en finirait pas de se réchauffer. Si cette réémission se faisait dans la totalité du spectre électromagnétique, la surface terrestre serait froide (-18°C entretenus par les **0,06 W/m²** venus du noyau).

➢ Le flux d'énergie absorbé par la Terre (**239 W/m²**) sert à réchauffer l'air et à permettre l'évaporation des océans. Mais, en sens inverse, la condensation et la congélation de l'eau en nuages et en précipitations libèrent de l'énergie (la *chaleur latente* des météorologues). Par ce processus, la planète émet **179 W/m²** environ.

➢ Surtout, la Terre émet une grande quantité d'énergie portée par le rayonnement infrarouge, qui est estimée à **390 W/m²**. Mais 85 % sont absorbés par les G.E.S. (H_2O, CO_2, CH_4, NO_2) et **330 W/m²** sont réabsorbés par l'atmosphère, ce qui entretient une température moyenne de 14 à 15°C, soit ...

Flux sortant	**100 %**	**342 W/m²**
Dont		
Réflexion (nuages et océans)	30 %	103 W/m²
Flux de chaleur latente et sensible	52 %	179 W/m²
Rayonnement infrarouge	18%	60 W/m²

Le bilan est en équilibre ; toutefois, ce ne sont là que des valeurs moyennes.

➢ La vapeur d'eau entre pour 72 % dans l'effet de serre. Là où elle manque, la déperdition vers l'espace est plus forte. On sait qu'une nuit d'hiver sans nuage est froide, que la nuit peut être glaciale au Sahara : l'absence de nuage réduit localement l'effet de serre. On estime que sur les inlandsis, un milieu froid et sec, ce même phénomène y entretient le gel. Il est possible que, globalement, l'effet de serre ait été moins important aux cours des glaciations quaternaires.

➢ La part du dioxyde de carbone (CO_2) dans l'effet de serre est d'un peu moins de 28 %. Nous verrons que les périodes les plus chaudes de l'histoire géologique furent accompagnées d'une forte concentration de ce gaz (et inversement) ; aussi le G.I.E.C. estime-t-il que l'accroissement rapide des températures depuis 30 ans pourrait être le résultat de l'émission issue de la consommation d'énergies fossiles depuis 1850.

L'inclinaison de l'axe terrestre

La Terre tourne autour du Soleil selon une orbite elliptique constituant le plan de l'écliptique; elle tourne aussi sur elle-même, mais son axe de rotation est incliné de telle manière que le plan de l'équateur fasse un angle de 23°26'14'' avec le plan de l'écliptique. Le document 2.2 en rappelle les conséquences élémentaires.

Notre planète fait le tour du Soleil en 365,25696 jours. Comme son orbite est elliptique, sa distance, par rapport à son étoile, varie. Aux extrémités du grand axe de l'ellipse, elle est éloignée de $152,1.10^6$ km en aphélie (distance la plus élevée), et de $147,1.10^6$ km en périhélie (distance la plus faible) ; ce sont les solstices. À mi-parcours, la distance est alors de $149,6.10^6$ km, au moment des équinoxes.

Du fait de l'inclinaison de l'axe de rotation, l'incidence des rayons solaires varie constamment, mais, aux solstices et aux équinoxes, cela a permis de déterminer des parallèles types.

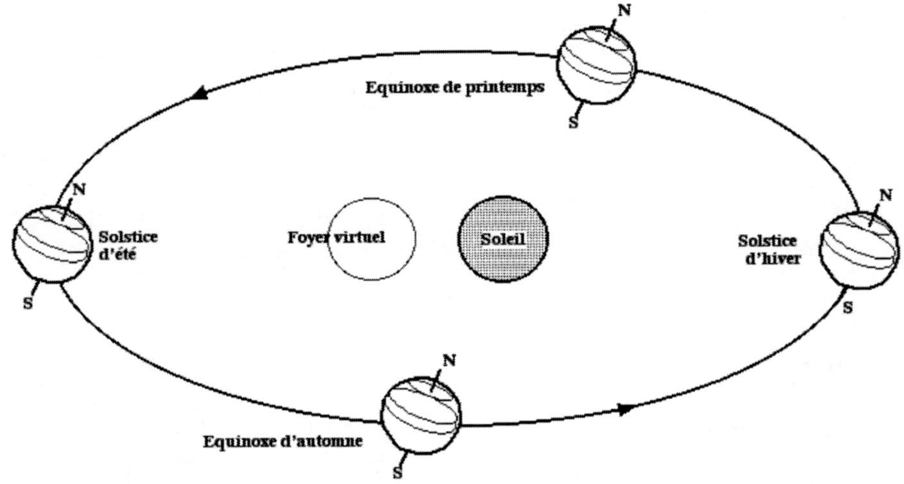

a) La translation de la Terre autour du Soleil

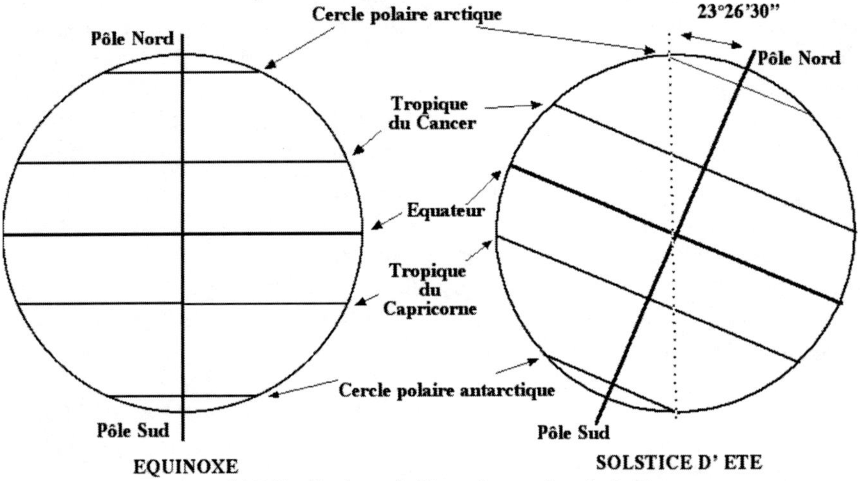

b) L'inclinaison de l'axe de rotation de la Terre

Document 2.2 - Notions de base de l'astronomie terrestre

➢ Au solstice d'été, les rayons sont tangents à un cercle situé à 23°26'14'' du pôle nord et au zénith (verticaux) à un autre situé à la même distance de l'équateur. Ce sont le Cercle Polaire Arctique (66° 33' de latitude nord) et le Tropique du Cancer (23°26' de latitude nord).

➢ Au solstice d'hiver, les mêmes rayons sont tangents au Cercle Polaire Antarctique (66° 33' de latitude sud) et au zénith du Tropique du Capricorne (23°26' de latitude sud).

➢ Aux équinoxes, l'axe de rotation apparaîtrait vertical vu du Soleil, les rayons de ces derniers sont alors tangents aux deux pôles et au zénith de l'équateur.

Retenons dès maintenant que, dans la situation actuelle, l'hémisphère nord s'éloigne plus du Soleil en été qu'en hiver, ce qui expliquerait que globalement ces deux saisons y soient tempérées. Mais surtout, la variation de l'inclinaison du rayonnement solaire modifie l'apport énergétique saisonnier (document 2.3).

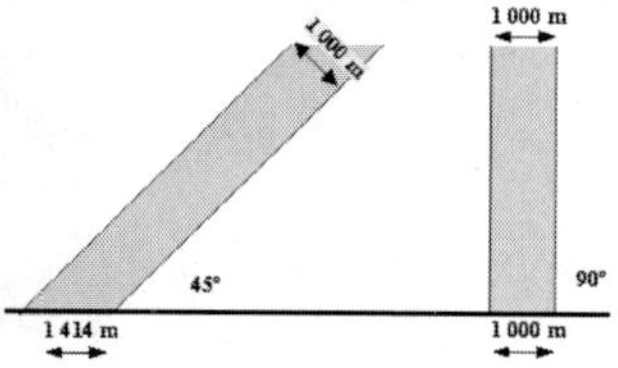

a) Rôle de l'incidence dans l'apport énergétique (ci-dessus)

b) La répartition moyenne de l'énergie parvenant au sol aux équinoxes (à droite)

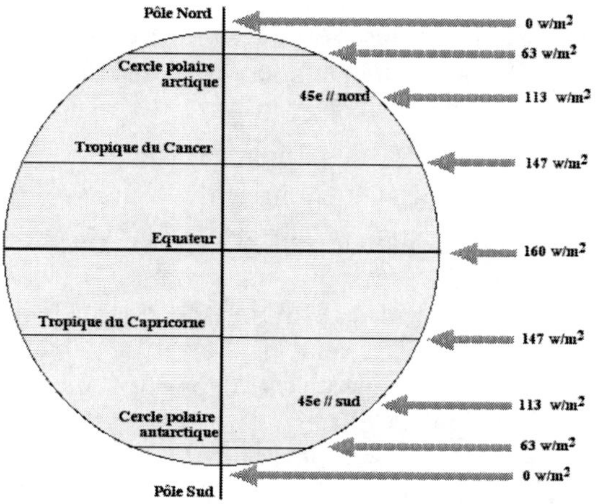

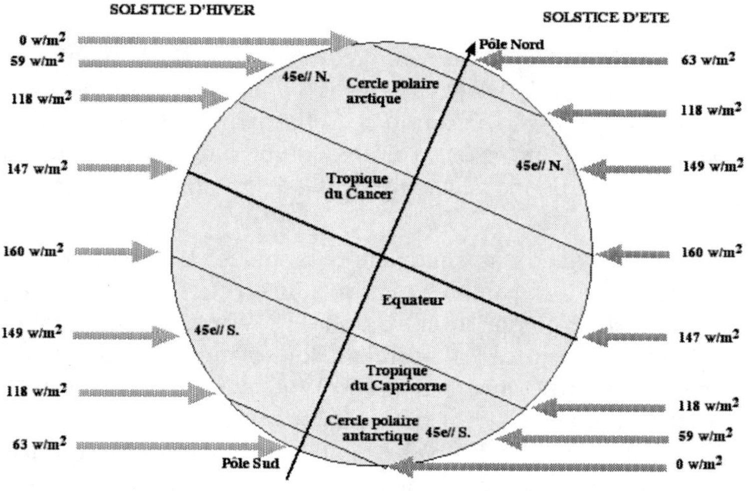

c) Répartition moyenne de l'énergie solaire aux deux solstices

Document 2.3 - La répartition latitudinale et saisonnière du rayonnement solaire au sol

Le document 2.3a nous rappelle qu'un même faisceau de rayons solaires, de 1 000 m de diamètre, couvrira la même surface au sol au zénith (équateur aux équinoxes et tropiques aux solstices), mais verra son influence divisée par racine carrée de 2 au 45e parallèle (en effet, l'apport en énergie doit être multiplié sinus 45, soit 0,707).

Le document 2.3b nous montre la réduction de cet apport aux équinoxes entre l'équateur et le pôle (le document 2.1 ci-dessus rendait compte de la situation près de 45e//).

➢ Moins de 63 W/m^2 parviennent entre les pôles et les cercles polaires, ce qui explique l'intense froid polaire. Comme le milieu manque de vapeur d'eau, l'effet de serre est faible, ce qui réduit d'autant les températures.

➢ Entre les tropiques, à l'inverse, l'apport est élevé (147 à 160 W/m^2) et la moiteur tropicale y accentue l'effet de serre.

➢ Enfin, aux « *moyennes latitudes* », la variation est importante entre les cercles polaires et les tropiques : 113 à 147 W/m^2 soit un écart de 34 W/m^2. Ce sont les régions « *dites tempérées* » où dans la réalité, les écarts de températures peuvent être importants.

Le document 2.3c permet de comparer les situations aux deux solstices. Nous prendrons le seul exemple de l'hémisphère nord.

➢ Les régions polaires sont glacées en hiver : nuits sans fin et apport d'énergie nul. À l'inverse, en juin, la situation n'est pas aussi néfaste. L'apport est compris entre 63 et 118 W/m^2, ce qui justifie des températures > 0°C. Il est exact qu'un accroissement de l'effet de serre aurait pour conséquence la fonte de la banquise et surtout la disparition de son albédo. En effet, les surfaces blanches - neiges et glaces - réfléchissent une grande part du rayonnement (plus que la moyenne). Dans le contexte d'un effet de serre modeste, la couverture neigeuse et surtout la glace se maintiennent. Leur disparition aurait des effets climatiques certains.

➢ La région intertropicale nord reçoit entre 118 et 147 W/m^2 au solstice d'hiver, et entre 147 et 160 W/m^2 au solstice d'été. La variation est modeste 29 W/m^2 en décembre et 13 W/m^2 en juin. Cette part ne représente que 20 % et 9 % de la médiane 147 W/m^2. Nous verrons qu'au cœur des épisodes glaciaires les régions intertropicales ont beaucoup plus souffert de la sécheresse que du froid.

➢ C'est encore plus nuancé aux moyennes latitudes. L'apport en énergie est assez bien matérialisé par la situation au 45e//. Au solstice d'hiver, il ne parvient que 59 W/m^2 (moyenne comprise entre 0 et 118 W/m^2) : il fait froid dans un contexte de jours très courts. Inversement, au solstice d'été, l'apport est de 149 W/m^2 (valeur comprise entre 118 et 160 W/m^2) : les étés sont effectivement chauds. Ces moyennes latitudes ne sont pas tempérées, mais elles sont sensibles. Un accroissement de l'albédo (chutes de neige précoces) renverra une grande partie de ce modeste apport énergétique vers l'espace, dans le contexte d'un effet de serre réduit par des nuits claires. Mais à l'inverse, une réduction de celle-ci issue d'un effet de serre accru (on pense aux rejets de dioxyde de carbone) entraînerait un accroissement des températures surtout estivales.

À l'évidence, on pense à ce qui a été observé dans les trente dernières années. Il faut associer ceci à un processus que nous évoquerons ci-dessous. Depuis le Crétacé, les continents se sont concentrés dans l'hémisphère nord et au-dessus du pôle sud (document 2.4).

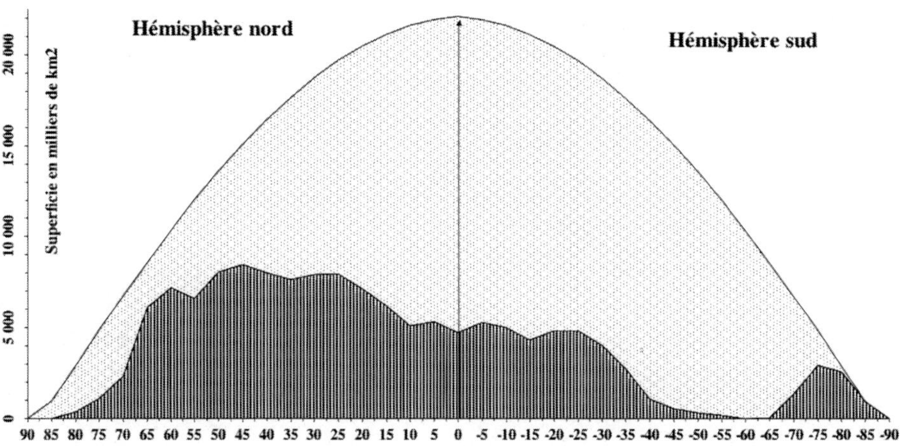

Document 2.4 - Holométrie des continents et des océans

Les océans (en gris) constituent 70 % de la surface de la Terre. Les calculs qui ont servi à construire le graphique montrent que 90 % des continents sont situés au nord du 45e// sud et 71 % au nord de l'équateur. Les régions polaires arctiques sont surtout océaniques ; entre les tropiques, on ne rencontre que 43 % des continents (et surtout en Afrique). Dans la réalité, 50 % des masses continentales sont situés entre le cercle polaire arctique et le tropique du Cancer, dont le quart entre le 40e et le 50e// nord. Les masses continentales apparaissent plus sensibles aux fluctuations climatiques que les océans qui constituent un « volant thermique ». Comme ce sont aussi les plus habitées, toute modification du régime des températures aura un impact important.

La circulation atmosphérique générale

Outre la répartition des terres et des mers, elle est la conséquence des variations des bilans radiatiques locaux et saisonniers. En effet, en simplifiant, les régions polaires sont déficitaires en énergie, la fuite radiatique vers l'espace est supérieure aux entrées, avec la situation inverse pour la zone intertropicale. Il en résulte un puissant échange thermique entre les pôles et l'équateur par l'intermédiaire de l'atmosphère.

➢ C'est l'astronome britannique John Hadley qui, au XVIIe siècle, comprit que les vents étaient dus à des échanges d'énergie calorifique entre l'atmosphère polaire, froid et subsident, et celui de l'équateur, chaud et ascendant : l'air froid descendait des pôles vers l'équateur où il se réchauffait, devenait ascendant et regagnait le pôle à haute altitude. L'expérience a montré que le mécanisme était plus complexe, mais le principe était bon : l'air se déplace des hautes pressions ou anticyclones, vers les basses pressions cycloniques (document 2.5).

➢ Plus tard, le mathématicien français Gaspard-Gustave Coriolis démontra que tout objet mobile était dévié sur sa droite dans l'hémisphère nord et sur sa gauche dans l'hémisphère sud. Ainsi, les alizés qui convergent des hautes pressions tropicales vers la convergence intertropicale sont des vents de nord-est au nord et de sud-est au sud de l'équateur.

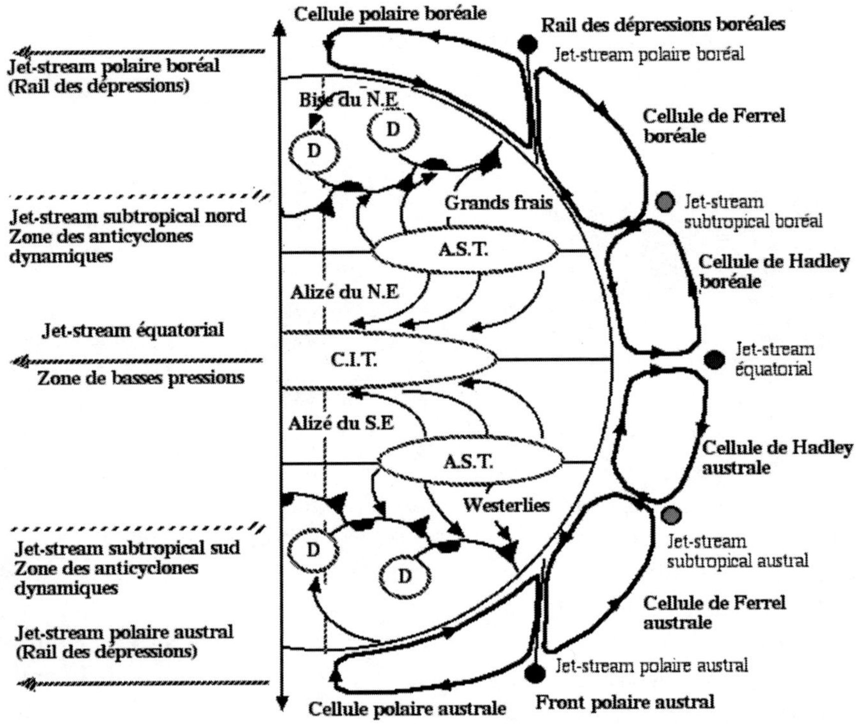

C.I.T. = Convergence intertropicale - A.S.T. : Anticylones subtropicaux - D : Dépressions

Document 2.5 - Principes de la circulation atmosphérique

Hadley avait tort, car si, à basse altitude, l'air circule bien des pôles vers l'équateur, la circulation est inversée entre les tropiques et les cercles polaires. Il faudrait évoquer des mécanismes qui dépassent l'objectif de cet ouvrage. On retiendra qu'à la limite de la stratosphère (entre 5 et 10 km selon la latitude) l'air s'écoule parallèlement aux lignes de même pression (les isobares). Ce sont des vents très violents appelés « *jet-stream* » ou « *courants jets* » : « *jet-stream équatorial* » de secteur est, « *jet-streams tropicaux* » de secteur ouest et « *jet-streams polaires* » de secteur est. Ils seraient à l'origine des flux atmosphériques répartis en trois ensembles ou cellules dans chaque hémisphère.

➢ Les « *cellules de Hadley* » constituent deux anneaux tournant sur eux-mêmes entre l'équateur et les deux tropiques. En effet, les « *jet-streams tropicaux* » induisent une subsidence de l'air au-dessus de chaque tropique, alors que le « *jet-stream équatorial* » induirait une ascendance. C'est l'explication la plus plausible pour expliquer que de l'air chaud tropical puisse être subsident, ce qui est contraire aux lois de la thermodynamique. À basse altitude, l'air se déplace vers l'équateur selon un vent de nord-est ou de sud-est (suivant l'hémisphère) : ce sont les alizés, des vents très réguliers.

➢ Les « *cellules polaires* » sont plus sûrement thermodynamiques. Le déficit énergétique qui y règne alourdit l'atmosphère ; l'air est anticyclonique et s'étale en tournant autour du pôle (sens horaire dans l'Arctique et anti-horaire en Antarctique) générant des vents froids de secteur est appelés autrefois la « *bise* ». Autour de l'Antarctique, ces vents dévalent une dénivellation de 3 km à partir du centre de l'inlandsis et constituent des vents très violents de secteur sud-est.

➢ Les « *cellules de Ferrel* » du nom du météorologue américain à l'origine de la théorie actuelle de la circulation atmosphérique constituent deux anneaux symétriques des « *cellules de Hadley* » par rapport aux tropiques. Au niveau du sol, l'air issu des hautes pressions tropicales (« *jet-streams tropicaux* ») s'écoule vers les pôles selon une trajectoire de secteur ouest. Ces vents plus ou moins réguliers étaient nommés « *westerlies* » par les marins anglais et « *Grands frais* » par leurs homologues français.

➢ L'interface entre les « *cellules polaires* » et les « *cellules de Ferrel* » est fondamentale : « *bises* » et « *Grands frais* » se rencontrent et avec eux l'air chaud tropical et l'air froid polaire. Le contact, autrefois appelé le « *front polaire* » provoque une ascendance accompagnée de basses pressions cycloniques (sens anti-horaire dans l'hémisphère nord et horaire au sud) qui se déplacent de l'ouest vers l'est, d'où le nom de « *rail des dépressions* » donné à cette interface.

➢ L'interface entre les « *cellules de Hadley* » se tient au-dessus de l'équateur, à la rencontre des deux alizés, d'où son nom de « *convergence intertropicale* ».

Cette circulation est à l'origine de la répartition « *classique* » des zones climatiques dont on peut résumer les mécanismes thermiques :

➢ Les régions polaires sont soumises à l'action de hautes pressions, celles des anticyclones polaires situés au-dessus des inlandsis - Groenland et Antarctique. Ces hautes pressions entretiennent une atmosphère sèche, transparente aux infrarouges, dans un contexte de faible apport radiatique solaire. Le froid est général.

➢ Les régions tropicales sont aussi des régions sèches, quoique chaudes. Du fait d'une ceinture d'anticyclones dynamiques, l'air est subsident, donc sec et chaud. Sur les océans, ces hautes pressions favorisent l'évaporation (anticyclone des Açores en Atlantique, par exemple), mais, sur les continents, ils génèrent de l'aridité (Sahara et Australie, par exemple). La nuit, la déperdition thermique est intense du fait d'une atmosphère perméable aux infrarouges (pas d'effet de serre).

➢ La « *convergence intertropicale* » est inversement une zone d'ascendance atmosphérique, la pression est faible et l'évaporation est intense sur les océans et les forêts équatoriales. Le ciel est souvent nuageux, le milieu est humide et l'effet de serre intense. On comprend mieux que dans cette zone très excédentaire en énergie solaire, les hautes températures soient permanentes.

➢ Enfin, les moyennes latitudes sont soumises aux influences de l'air tropical chaud et de l'air polaire froid. La rencontre se réalise au niveau de l'interface du

« *rail des dépressions* ». Dans le cas de l'Atlantique nord, l'anticyclone des Açores assure la production d'une « *masse d'air tropicale océanique* » chaude et humide, portée vers le nord-est par les « *Grands frais* ». Elle entre en contact avec la « *masse d'air polaire océanique* » froide et humide issue de l'Arctique. Le contact ou « *front* » génère des suites de perturbations cycloniques nuageuses et pluvieuses qui se déplacent d'ouest en est vers l'Europe. Un processus similaire affecterait l'Océan Pacifique et les côtes de l'ouest américain, du Chili et de la Nouvelle-Zélande.

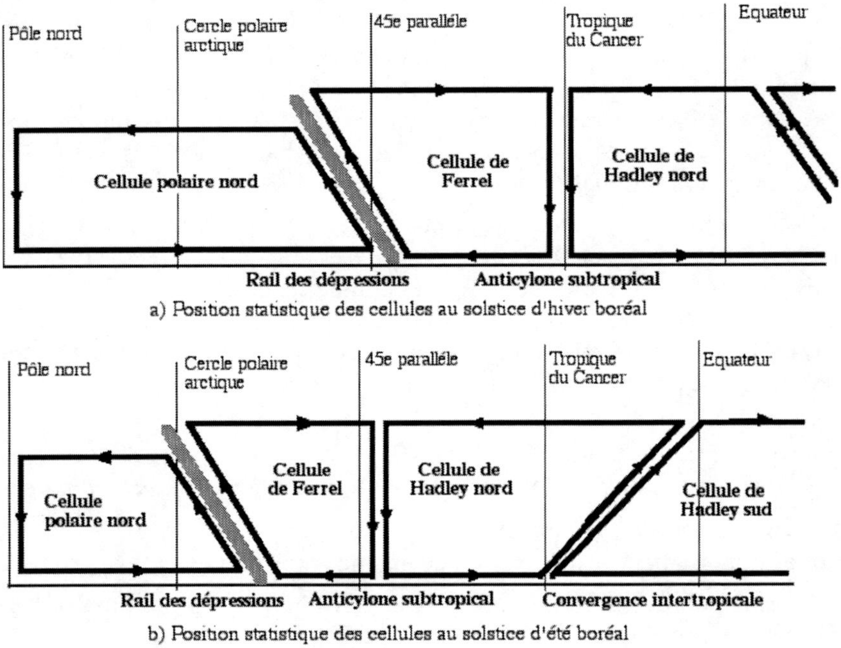

Document 2.6 - Déplacements saisonniers des cellules de l'hémisphère nord

Mais la partie se joue dans l'hémisphère nord, où se tient l'essentiel des terres émergées. Le « *rail des dépressions* » se déplace au gré des saisons (document 2.5).

➢ En hiver, les dépressions abordent plutôt l'Europe du sud et la Californie. Le temps est pluvieux, mais les nuages accentuent l'effet de serre, ce qui limite l'extension du froid. À l'inverse, la Scandinavie et la Colombie-Britannique sont soumises aux flux d'air polaire glacé issu de l'Arctique.

➢ En été, le rail se déplace vers le nord ; ce sont la Scandinavie et la Colombie-Britannique qui sont arrosées, dans une ambiance moite. Plus au sud, l'anticyclone des Açores et celui des Îles Hawaï se rapprochent du continent, et la Méditerranée, comme la Californie, se trouvent soumises à une certaine aridité qui fait l'originalité estivale du climat méditerranéen.

Une hausse généralisée des températures gonflerait les cellules de Hadley, d'une part, et réduirait les cellules polaires, d'autre part. Le rail des perturbations serait repoussé vers le nord avec de fâcheuses conséquences :

réchauffement et aridification des marges méditerranéennes et de la Californie, extension septentrionale des trains de dépression vers la Scandinavie arctique et l'Alaska. Ici le froid hivernal serait moins intense ;surtout, la nébulosité de l'air (présence de vapeur d'eau) renforcerait l'effet de serre, réduisant les déperditions énergétiques.

On notera que les modifications de l'effet de serre se feraient sans intervention du dioxyde de carbone.

La circulation océanique générale

Les vents constants sont à l'origine des courants marins généraux ; en effet, ces flux soulèvent des vagues et entraînent la partie superficielle des océans avec eux.

Les alizés soulèvent l'eau du Pacifique, de l'Atlantique et de l'Océan Indien, et conduisent leurs eaux tropicales en direction de l'équateur : ce sont le « *courant nord-équatorial* » du Pacifique et de l'Atlantique et le « *courant sud-équatorial* » sur les mêmes océans plus l'Océan Indien. Ces courants intertropicaux sont chauds. Arrivés près des côtes des Amériques, de l'Afrique orientale et l'Insulinde, ils sont déviés vers leur droite dans l'hémisphère nord et inversement au sud. Les courants chauds repartent alors vers les moyennes latitudes : « *Gulf Stream* » puis « *dérive nord-atlantique* », « *Kouro-Chivo* » puis « *dérive nord-pacifique* » dans l'hémisphère nord, « *courant du Brésil* », « *courant des Aiguilles* » (le long du Natal) et « *courant d'Australie orientale* » dans l'hémisphère sud.

Mais, le long des façades occidentales des continents intertropicaux, le départ de l'eau chaude de surface attire l'eau froide du fond. Ce sont les « *upwellings* » aux conséquences écologiques dépassant le cadre de cet ouvrage. Deux courants froids sont ainsi constitués dans l'hémisphère nord : le « *courant de Californie* » au large du Mexique, et les « *courants des Canaries* » au large de la Mauritanie.

Dans l'hémisphère sud, du fait de l'absence de continents de part et d'autre du $60^{e}//$, les westerlies font le tour du globe sans rencontrer d'obstacle. Ils poussent l'eau des océans devant eux. Or, du fait de la proximité de l'Antarctique, cette eau est froide ; le courant ainsi généré, ou « *dérive circumantarctique* » est un courant froid. Trois courants dérivés s'en échappent : le « *courant de Humboldt* » le long de la côte occidentale de l'Amérique du Sud, le « *courant de Benguela* » le long du littoral occidental de l'Afrique australe et le « *courant d'Australie occidental* ».

Enfin, de l'eau très froide s'échappe de l'Océan Glacial Arctique par le détroit de Béring, le long de la côte occidentale du Grœnland par le détroit de Danemark et la Mer de Baffin. Ces courants conduisent des icebergs vers les côtes de l'Amérique et de l'Asie du Nord-est.

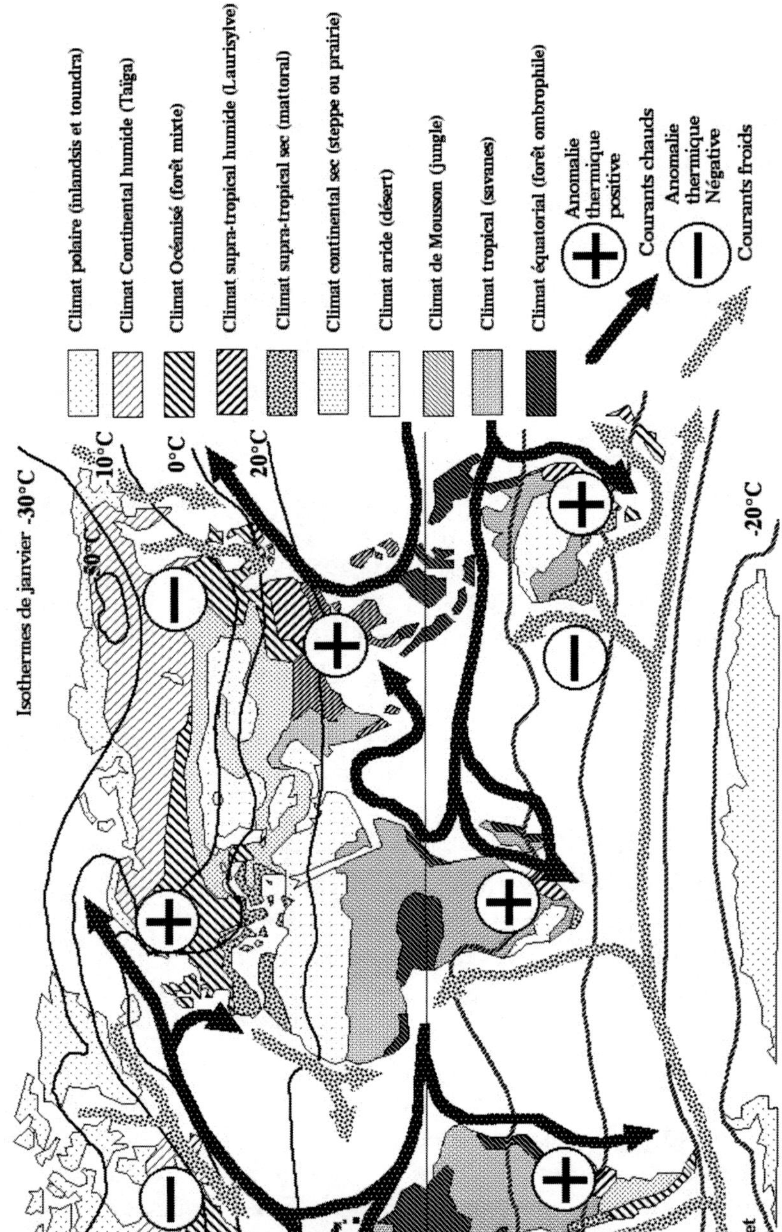

Document 2.7 - Esquisse climatique, courants marins de surface et anomalies thermiques

Les conséquences thermiques et climatiques sont considérables :

➢ La « *dérive nord-atlantique* » réchauffe les côtes d'Europe occidentale et la « *dérive nord-pacifique* » celle de l'Ouest Canadien et le sud de l'Alaska. Ici, le climat est anormalement chaud et humide et y entretient les forêts mixtes des climats océanisés (étés tempérés et hivers tièdes).

➢ Inversement, les eaux glaciales issues de l'Arctique rafraîchissent considérablement les côtes orientales de l'Amérique du Nord-est, de la Chine du Nord et des Provinces Maritimes de l'Extrême-Orient Russe. Cette fraîcheur engendre des hivers froids et enneigés, dans le contexte d'un écosystème forestier à dominante de résineux.

Ce sont les anomalies thermiques positives et négatives qu'on retrouverait en Amérique du Sud et en Afrique du Sud, mais qui sont plus importantes dans l'hémisphère nord plus continental. Une modification de la température de l'air et de l'eau peut modifier la circulation atmosphérique et océanique et détruire cette dissymétrie thermique des façades océaniques. Il faut se rappeler que Lisbonne et New York sont à la même latitude ; les températures hivernales sont loin d'être les mêmes.

Enfin, il ne faut pas exclure le centre des continents. Ici, les perturbations océaniques sont très atténuées, dissoutes par la distance à parcourir, et bloquées par les montagnes : Rocheuses, Appalaches, Oural et Himalaya. Le climat tempéré s'y dégrade vers le gel hivernal et la sécheresse estivale. La forêt laisse la place à la prairie ou à la steppe, voire au désert (Far West, Mongolie, Gobi). L'effet de serre est atténué, les nuits sont froides, et glaciales en hiver. On sait qu'au cours des glaciations, ces régions ont glissé vers des milieux secs et glacés dont il reste la masse des sols éternellement gelés ou « *permafrosts* » dont un réchauffement rapide pourrait accélérer une fonte commencée depuis 8 à 10 000 ans.

Il est alors risqué d'évoquer une température moyenne de la Terre ; celle-ci varie en fonction de la saison et de la latitude. Deux points quelconques de l'hémisphère nord reçoivent la même quantité d'énergie, à latitude égale. Mais :

➢ ***Si l'un appartient à la façade orientale et l'autre à la façade occidentale d'un même continent, les températures influencées par les courants marins seront différentes pour un même type de temps (cyclonique ou anticyclonique).***

➢ ***Si tous les deux relèvent d'un milieu continental, en hiver la température de celui qui subira l'effet de serre d'une période nuageuse et pluvieuse sera clémente, alors que celle de l'autre, relevant d'un anticyclone, connaîtra une perte d'énergie considérable au cours de la nuit : il fera très froid.***

Que dire, si les observations portent sur l'histoire de la Terre ?

Troisième chapitre
Restitution des températures du passé

Comme il n'existe pas de relevés avant l'invention du thermomètre, il faut se pencher sur d'autres procédures. Par exemple, les historiens - et parmi eux Emmanuel Leroy-Ladurie - ont dépouillé les bulletins paroissiaux, les cahiers de doléances, les chroniques de tous ordres. L'objectif n'est pas de trouver des valeurs, mais des indices qui permettraient de reconstituer les climats historiques.

E. Leroy-Ladurie a relevé les dates du début des travaux agricoles - vendanges, moissons, semailles, par exemple - car elles étaient régulièrement et précisément relevées par les agents du fisc. Ainsi, le recul des dates des vendanges accompagnait une péjoration du climat : comme il était devenu plus frais, la maturation du raisin était plus tardive. Mais à l'inverse, des vendanges plus précoces sont synonymes d'un climat plus clément. Ces données peuvent être comparées à celles des chroniqueurs qui ont décrit des floraisons plus ou moins tardives. Les bulletins paroissiaux rendent compte de la démographie. Aussi, une augmentation de la mortalité générale et/ou infantile peut illustrer un épisode de disettes et d'épidémies. Or, la disette accompagnait souvent une diminution des récoltes, laquelle avait été vraisemblablement en relation avec une péjoration du climat. Ces résultats sont souvent confirmés par une comparaison avec les « *doléances* » des paysans demandant un report de l'impôt, voire son allègement. N'oublions pas l'iconographie. Le durcissement des hivers après la Renaissance fut très bien décrit chez les peintres flamands par leurs représentations de canaux gelés, des ports englacés, une situation que nous ne connaissons plus. Les « *ciels rouges* » de Turner, au début du XIXe siècle, ne sont pas seulement un effet artistique, mais ils traduisent l'assombrissement du ciel par les centres et les aérosols de l'éruption du Tambora en 1815. Mais cette méthode ne permet guère de remonter au-delà du milieu du Moyen Âge, même si les narrations témoignent d'un an Mil plutôt clément et d'une péjoration grave aux temps modernes : le « Petit Âge de Glace ». De toute façon, par cette méthode historique on manque cruellement de chiffres pour une comparaison avec le climat actuel et son évolution.

Il faut alors faire appel à d'autres moyens. Chaque année, un arbre fabrique deux cernes de croissance et le diamètre de son tronc augmente. Or on connaît la relation entre température et épaisseur des cernes ; il devient possible d'estimer la température ambiante qui accompagna la vie d'un arbre fossile. L'oxygène ^{16}O, possède un isotope ^{18}O, et l'on connaît le rôle des températures dans la part de l'un et de l'autre dans l'atmosphère, dans les glaces des inlandsis, les stalactites et les stalagmites ou les coquilles des mollusques. On a pu ainsi reconstituer des chroniques thermiques.

Dendrochronologie et paléotempératures

En une année, à partir de son écorce, un arbre fabrique deux cernes de croissance : un cerne clair, plus épais en période de vie biologique (printemps et été) et un cerne foncé, plus mince pendant la dormance (hiver et automne). La procédure dendrochronologique consiste à compter le nombre de cernes (un couple par année à partir de l'aubier) et de mesurer leur épaisseur. En effet, le nombre de cernes donne une date précise de l'âge de l'arbre, et selon leur épaisseur, on connaîtra la température (et l'humidité) des époques traversées (document 3.1). Parmi les arbres aux cernes les plus marqués, il faut citer le chêne, le sapin et le frêne.

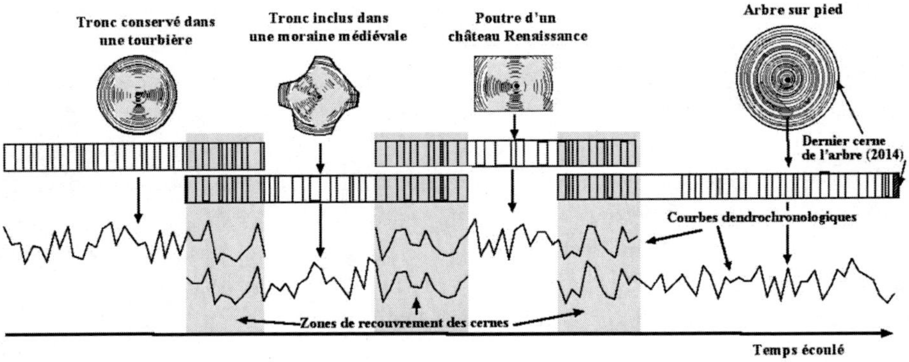

Document 3.1 - Le principe de la dendrochronologie

Le comptage des cernes de croissance « *dendrochronologie* » (de *dendros* = arbre et *chronos* = temps, en grec), est un moyen de datation absolue, soit des sites archéologiques (cités lacustres du Néolithique, par exemple), soit des évènements géomorphologiques (progression des glaciers historiques, autre exemple). L'épaisseur des cernes d'un arbre fraîchement abattu rend compte des modifications de son environnement pendant sa croissance : rigueur des hivers, canicules, sécheresses. Le comptage et l'épaisseur des cernes permettent de construire une « ***courbe dendrochronologique*** » (document 1.7), et au XXe siècle, on a constitué un fichier de ces courbes, qui permet de mettre en valeur le « stress » climatique et/ou anthropique subis par les forêts. Comme un chêne peut vivre 200 à 300 ans, on remonte facilement jusqu'au XVIIIe siècle.

Mais il existe d'autres sources : les poutres des châteaux médiévaux et Renaissance, les troncs d'arbres transportés par les glaciers alpins lors de leur progression, les bois et les souches conservés dans les tourbières (dans ce milieu anaérobie, le bois ne se décompose pas).

Le même travail de constitution de fichiers de courbes dendrochronologiques a été repris. Quand un arbre ou une poutre sont retrouvés sur un site, on établit sa « *fiche* » et l'on recherche dans les archives les courbes dendrochronologiques dont une partie recouvre parfaitement celle de l'échantillon. Il suffit, de courbes en courbes, de descendre vers l'actuel pour obtenir une datation du site analysé, à l'année près.

On peut ainsi remonter de plusieurs milliers d'années. Mais comme la courbe dendrochronologique rend compte du stress subi par l'arbre, il est possible de reconstituer son environnement, dont les températures qui ont accompagné sa croissance, par comparaison avec celles qui accompagnèrent les fluctuations de la croissance des cernes des arbres actuels. Pour reconstituer le climat global, un seul site ne suffit pas et l'on compare les résultats de stations du même âge, pouvant être séparées par des centaines ou des milliers de kilomètres. Cependant, au-delà de 10 000 ans, la procédure doit laisser la place à des mesures physico-chimiques.

Les procédures physico-chimiques

Dès l'origine, il y a $4\,600.10^6$ années, la Terre fut constituée à partir de 92 éléments naturels qui vont de l'hydrogène H à l'uranium U. Ces éléments se sont combinés pour donner les composés naturels, qu'ils soient liquides, gazeux ou solides. Le noyau de chacun des éléments naturels est composé de protons et de neutrons ; par exemple, le carbone comporte 12 protons et 12 neutrons et est noté ^{12}C. Comme la plupart des éléments sont stables, ils sont restés intacts depuis la formation de la Terre. Mais certains éléments ont un nombre différent de neutrons pour le même nombre de protons : le carbone 14 noté ^{14}C possède ainsi 14 neutrons. Il a cependant les mêmes propriétés chimiques et entre dans les mêmes composés que le carbone 12, et il est appelé isotope du carbone.

Beaucoup d'éléments possèdent des isotopes, et ce qui nous intéresse relève de leur instabilité. Avec le temps, un isotope se désintègre, ainsi le carbone 14 devient du carbone 12. Cette propriété des isotopes a permis de dater un site. Le carbone 14 se forme dans la haute atmosphère, et il est absorbé par les plantes (photosynthèse). Au décès d'un arbre, il se transforme en carbone 12, il suffit de comparer la part du ^{14}C dans un arbre mort (charbon de bois d'un foyer, pieux d'une cité lacustre) et un arbre vivant de la même espèce pour dater un site.

D'autres isotopes sont stables, mais plus denses que l'élément de base : par exemple, l'oxygène 18 (^{18}O) est plus lourd que l'oxygène 16 (^{16}O). De l'eau sera donc constituée en $H_2{}^{16}O$, pour une part, et en $H_2{}^{18}O$, pour une autre. Mais cette dernière est moins volatile et sa densité dans les océans varie avec le climat, qu'il devient possible de reconstituer.

La quantification des isotopes dans un site géologique ou archéologique répond à deux objectifs différents, mais qui vont se compléter : connaître la densité en $H_2{}^{18}O$, c'est bien, mais encore faut-il pouvoir dater l'échantillon.

Les méthodes de datation

En paléoclimatologie, il s'agit de dater les roches les plus anciennes, c'est-à-dire celles dont la composition nous renseigne sur les climats du passé. Il existe de nombreuses procédures, mais nous ne retiendrons que les deux principales.

Les méthodes radio-chronologiques répondent au même principe : la diminution de la masse de noyaux instables **N** en fonction du temps **t**, selon une loi exponentielle du type …

$$N_t = N_o . e^{-\lambda . t}$$

… où N_o en est le *nombre initial d'isotopes*, N_t *le nombre restant après une durée* **t**, et λ *étant un nombre constant propre de l'élément considéré.* La méthode de datation porte sur le comptage du nombre d'atomes pères restant (par exemple ^{14}C) et du nombre d'atomes fils produits (par exemple ^{12}C). Elle se réfère à un échantillon d'âge connu. La procédure est théoriquement simple : il suffit de connaître λ. En général, on exprime l'élément de référence par sa demi-vie notée $t_{1/2}$, tel que :

$$N_{(t1/2)} = ½.N0 \text{ soit } t_{(1/2)} = \ln.2 / \lambda$$
$$\text{et } \lambda = \ln.2 / t_{(1/2)} = 0{,}69615.\ t_{(1/2)}$$

Plus la demi-vie est longue, plus on peut remonter dans le temps.

➢ Ainsi, la méthode du radiocarbone utilise la demi-vie du ^{14}C soit 5 730 ans. Elle permet de remonter au plus à 70 000 ans en arrière.

➢ Mais l'uranium 238 ou ^{238}U se désintègre en uranium 234 ou ^{234}U en 4 470.10^6 années. Ce dernier se désintègre en thorium 230 ou ^{230}Th en 2,45.10^6 ans, lequel se désintègre en 72 500 ans. C'est en mesurant la proportion de ces différents éléments (appelée déséquilibre radioactif) dans les roches qu'on a pu dater la Terre et les différentes périodes de son histoire géologique.

On utilise ainsi plusieurs méthodes de datations par déséquilibre radiométrique.

➢ Par exemple, au temps t = 0, le thorium 230 est absent des sédimentations (coraux, alluvions), alors que l'uranium 234 est présent. On mesure les parts relatives de ^{234}U et ^{230}Th, pour dater un site. C'est la méthode dite **U/Th**. Le thorium 230 ayant une période de 72 500 ans, on peut donner une chronologie des 300 derniers millénaires.

➢ Un isotope du potassium stable est le potassium 40 ou ^{40}K qui se désintègre en argon 40 ou ^{40}Ar en 1,25.10^6 ans. Cet élément est fréquent dans les micas et les feldspaths des roches. La méthode du potassium-argon ou K-Ar permet de remonter le temps sur près de 10.10^6 ans.

➢ Enfin, le rapport ^{234}U /^{238}U permet de remonter à l'origine de la formation de la Terre.

Le paléomagnétisme est une procédure aussi souvent utilisée. L'orientation du champ magnétique terrestre varie en continu. On sait que le pôle magnétique ne correspond pas avec le pôle nord, et l'écart entre la direction du pôle nord et celle du pôle magnétique est appelé déclinaison, et c'est elle qui varie. Actuellement, le pôle magnétique tend à se déplacer vers le Canada central ; et, si le pôle magnétique est aujourd'hui dans l'hémisphère nord, il n'en a pas toujours été ainsi.

Or, certaines conditions fossilisent les champs magnétiques :

➢ Un corps ferromagnétique chauffé au point de Curie (600 °C) perd son aimantation, mais, en se refroidissant, il se réaimante suivant le champ magnétique du moment, et le fossilise. C'est en comparant cette orientation fossile avec le magnétisme actuel qu'on a pu dater des laves volcaniques.

➢ Une roche sédimentaire comporte aussi des éléments magnétiques ; au cours de leur dépôt, ils vont s'orienter dans le sens du magnétisme terrestre du moment. On peut ainsi dater les sédiments marins (lesquels sont aussi plus ou moins riches en ^{18}O).

Outre les variations de la déclinaison et de l'inclinaison magnétique, la procédure a montré l'occurrence d'inversions de la polarité terrestre. On est ainsi remonté jusqu'au Jurassique, ce qui a mis en évidence la réalité de la tectonique des plaques par la présence de bandes de polarités inverses de part et d'autre de la dorsale mésoatlantique.

De leur côté, en 1979, Mankinen et Dalrymple ont réalisé ce calcul à partir de carottes lacustres, marines et volcaniques, et reconstitué la chronologie magnétique des 5 derniers millions d'années. Ils se trouvent divisés en quatre périodes de polarité différentes : polarité inverse de Gilbert (5 à $3,4.10^6$ années), polarité normale de Gauss (3,4 à $2,5.10^6$ années), polarité inverse de Matuyama (2,5 à $0,8.10^6$ années), et polarité normale de Bruhnes (depuis $0,8.10^6$ années).

L'oxygène 18 et la reconstitution des paléotempératures

L'oxygène, en général, est le troisième élément le plus abondant dans l'Univers (après l'hydrogène et l'hélium). Sur la Terre, il est présent dans l'eau (H_2O), dans les roches (silicates, carbonates, oxydes), et dans l'atmosphère (dioxygène O^2, ozone O_3 et CO_2, NO_2, SO_2). On le rencontre donc autant dans les sédiments marins que les glaces polaires, qui sont des témoignages chronologiques du passé. Cet élément possède de nombreux isotopes, c'est-à-dire des éléments qui possèdent le même nombre de protons (8 pour l'oxygène) mais un nombre de neutrons différents. Ainsi l'oxygène le plus répandu, ^{16}O, possède 8 neutrons, ce qui lui donne une ***masse atomique de 15,999 g/mol***.

Mais il possède 17 isotopes, dont un seul nous intéresse, l'oxygène 18 ou ^{18}O, qui possède 10 neutrons, ce qui lui donne une ***masse de 17,999 g/mol***. Il est donc plus lourd, ce qui signifie que l'eau constituée à partir de ^{18}O soit $H_2{}^{18}O$ est plus dense que l'$H_2{}^{16}O$ de ***2 g/mol***.

La ***vaporisation de l'$H_2{}^{18}O$ réclame plus d'énergie que celle de l'$H_2{}^{16}O$***. Au cours d'une période chaude, l'évaporation de l'$H_2{}^{18}O$ est plus importante qu'en période froide, et l'atmosphère sera plus riche en vapeur d'$H_2{}^{18}O$.

➢ À l'image de la vapeur $H_2{}^{16}O$, la vapeur $H_2{}^{18}O$ se condense en pluies et en neiges, pour retomber sur le sol, les océans et ***surtout les inlandsis*** : Grœnland et Antarctique. En théorie, la couche de neige y constitue un névé, puis une couche de glace.

➢ Les ***couches issues de précipitations effectuées en période chaude sont plus riches en $H_2{}^{18}O$, et plus pauvres en période froide***. Le prélèvement de carottes de glace doit ainsi permettre de repérer et de ***dater la succession de périodes froides ou glaciaires et chaudes ou interglaciaires*** (une glace interglaciaire est riche en $H_2{}^{18}O$).

À l'inverse, l'eau des océans s'appauvrit en $H_2{}^{18}O$ au cours des phases climatiques chaudes pour s'enrichir au cours de phases froides.

➢ Or, de nombreux habitants des océans possèdent un test (foraminifères), une coquille (mollusques), une carapace (crustacés), un squelette (poissons) constitué des carbonates de calcium $CaCO_3$. Il est aussi présent en très grande quantité dans les récifs coralliens.

➢ Ce ***carbonate sera alors constitué de $CaC^{16}O_3$ et de $CaC^{18}O_3$,*** et, à l'inverse, des couches de glace, les tests, les coquilles, les carapaces, les squelettes et les coraux ***s'enrichissent en ^{18}O au cours des épisodes froids et s'en appauvrissent en périodes chaudes***.

➢ Comme ces carbonates s'accumulent en sédiments au fond des océans, ils y constituent des couches plus ou moins riches en ^{18}O qui rendent compte des variations de températures sur de longues périodes.

Alors que les glaces les plus anciennes n'ont guère plus de quelques millions d'années, les sédiments marins peuvent avoir plusieurs dizaines de millions d'années. Enfin, les calcaires et les oxydes métalliques des continents peuvent remonter à plusieurs centaines de millions d'années. Il devient alors possible de reconstituer le climat jusqu'à des temps géologiques très anciens.

Mais le bât blesse, car la part de l'^{18}O sur terre n'est que de 0,02 % et le ***rapport isotopique $^{18}O/^{16}O$ est très faible***.

$$\delta^{18}O = \left(\frac{\left(\frac{^{18}O}{^{16}O}\right)_{échantillon}}{\left(\frac{^{18}O}{^{16}O}\right)_{standard}} - 1 \right) \times 1000$$

Document 3.2 - Formule de calcul de la variation du taux d'oxygène 18

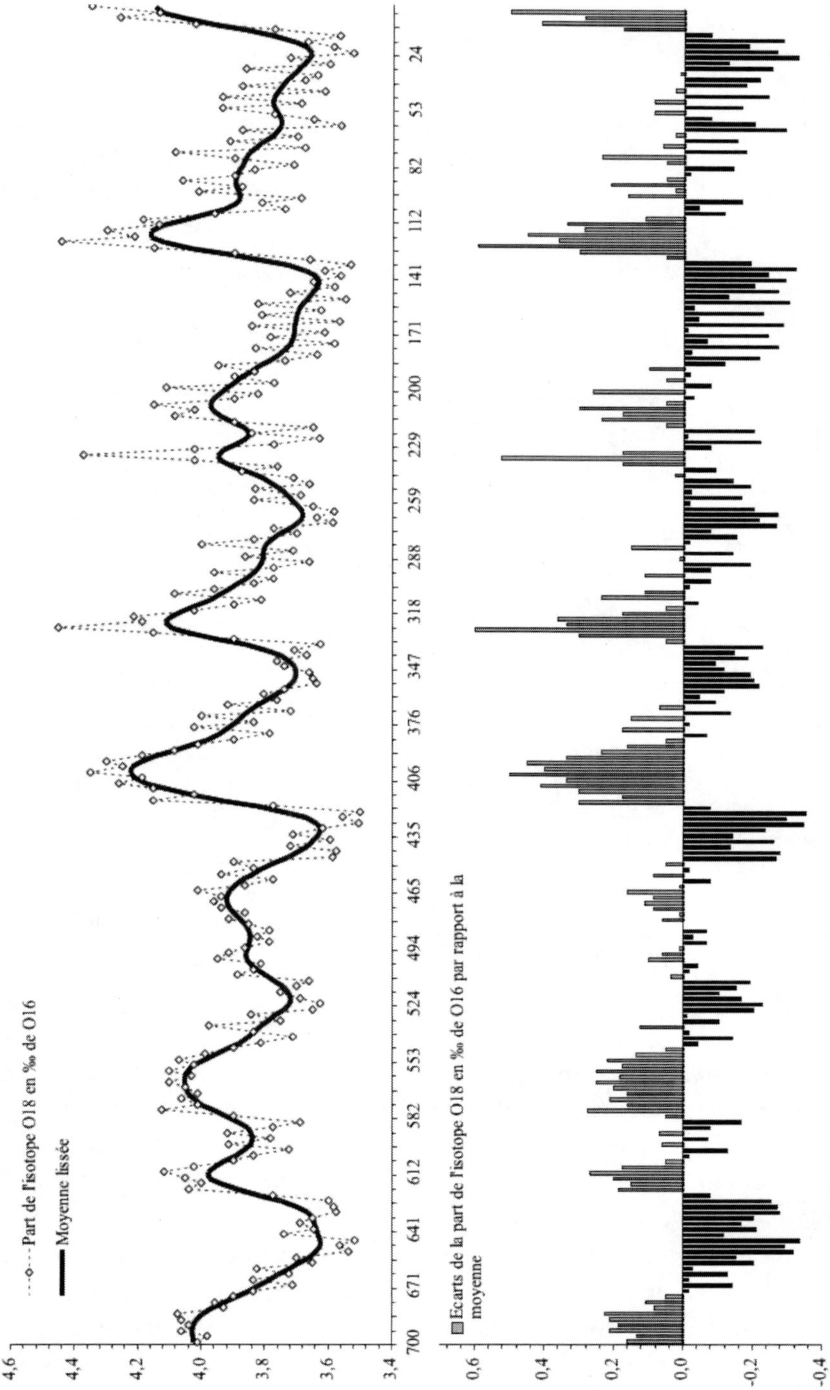

Document 3.3 - Variations du $\delta^{18}O$ dans les glaces de Vostok depuis 700 000 ans

On calcule ***la variation δ ¹⁸O de l'échantillon retenu par rapport à un échantillon standard.*** Comme la valeur est très faible, elle est exprimée en « pour mille » (documents 3.2 et 3.3). La quantification des variations exige une grande précision, or, plus on remonte dans le temps, plus les couches de glaces et de sédiments sont comprimés et minces, ce qui rend difficile la mesure de leur épaisseur. C'est la principale limite à l'utilisation de la méthode. Mais, il vaut mieux avoir des données contestables que pas de données du tout.

Il va de soi que plus on remonte dans le temps, plus les températures restituées seront imprécises, et plutôt représentatives de la « moyenne des températures » de centaines à plusieurs millions d'années consécutives.

Dates			$\delta^{18}O$	Ecart	Températures
700 000	à	675 000	**3,99**	**0,14**	Pulsation chaude
675 000	à	625 000	**3,70**	**-0,15**	Pulsation froide
625 000	à	605 000	**3,94**	**0,09**	Pulsation chaude
605 000	à	585 000	**3,86**	**0,01**	Pulsation tiède
585 000	à	545 000	**4,00**	**0,15**	Pulsation chaude
545 000	à	480 000	**3,81**	**-0,04**	Pulsation fraiche
480 000	à	450 000	**3,87**	**0,02**	Pulsation tiède
450 000	à	420 000	**3,68**	**-0,17**	Pulsation froide
420 000	à	365 000	**4,03**	**0,18**	Pulsation chaude
365 000	à	335 000	**3,75**	**-0,10**	Pulsation froide
335 000	à	305 000	**4,02**	**0,17**	Pulsation chaude
305 000	à	240 000	**3,78**	**-0,07**	Pulsation froide
240 000	à	230 000	**3,94**	**0,09**	Pulsation chaude
230 000	à	220 000	**3,87**	**0,02**	Pulsation tiède
220 000	à	185 000	**3,91**	**0,06**	Pulsation chaude
185 000	à	130 000	**3,70**	**-0,15**	Pulsation froide
130 000	à	110 000	**4,07**	**0,22**	Pulsation chaude
110 000	à	65 000	**3,86**	**0,01**	Pulsation tiède
65 000	à	12 000	**3,74**	**-0,11**	Pulsation froide
12 000	à	0	**4,07**	**0,22**	Pulsation chaude

Document 3.4 - Pulsations du $\delta^{18}O$, à Vostok, depuis 700 000 ans

Les variations $\delta^{18}O$ mesurées dans les glaces polaires

Le ***Programme glaciaire européen en Antarctique (EPICA)*** auquel participent 10 pays européens (Belgique, Danemark, France, Allemagne, Italie, Pays-bas, Norvège, Suède, Suisse et Royaume-Uni), financé par les pays participants et par l'Union Européenne, est placé sous l'égide de la ***Fondation Européenne pour la Science (E.S.F.).***

Ce programme a effectué le prélèvement de carottes de glace à la station antarctique Vostok. Ici, trois kilomètres de glaces entassées sans solution de continuité chronologique ont permis de remonter de 800 000 ans en arrière. Or ces archives naturelles conservent simultanément des isotopes ^{18}O de la glace, témoins du climat lors de la chute de neige, et des bulles d'air aussi anciennes, dont la concentration de CO_2 est un autre marqueur sur lequel nous reviendrons.

Le document 3.3 illustre les mesures de façon simplifiée ; le pas de temps est de 5 000 ans, mais on a calculé la moyenne lissée sur 50 000 ans ainsi que la tendance polynomiale qui rend compte de variations à très long terme.

➢ La tendance linéaire n'indique aucune variation, le $\delta\,^{18}O$ est de **3,85 ‰** en moyenne. Cette stabilité est normale ; sur 700 000 ans, la part d'un isotope, par ailleurs stable, n'a globalement pas changé.

➢ À l'inverse, la moyenne lissée rend compte des pulsations où les périodes chaudes, riches en ^{18}O, alternent avec les périodes froides pauvres en ^{18}O.

Ce sont en fait 20 pulsations chaudes ou froides qui se sont succédé (document 3.4) depuis le milieu du Pléistocène moyen. Les données utilisées ont été simplifiées et n'ont qu'un objet pédagogique, la réalité est plus complexe.

Cependant, le rôle de cet isotope est sans appel dans la restitution des ambiances thermiques que la planète a connues. Elle a vécu des périodes très chaudes, bien illustrées par un $\delta\,^{18}O$ supérieur à la moyenne : 700-650 000, 585-545 000, 420-365 000, 335-305 000 et 130-110 000 avant notre ère. D'autres pulsations ont été froides ($\delta^{18}O$ inférieur à la moyenne) : 675-625 000, 450-420 000, 185-130 000 et 65-12 000 avant nous. Le document 3.3 rend également compte de longues périodes plus indécises, notées tièdes ou fraîches, ayant connu des pulsations plus courtes et très rapprochées. Globalement, les pulsations chaudes furent plus courtes (29 500 ans) que les pulsations froides (49 800 ans), ce qui confirme que le Quaternaire fut essentiellement froid.

Enfin, depuis 12 000 ans, nous sommes entrés dans une nouvelle période chaude.

Les variations $\delta^{18}O$ mesurées dans les sédiments océaniques

La réaction ci-dessous rend compte de la précipitation des carbonates …

$$\mathbf{2\ HCO_3 + Ca \Longleftrightarrow CaCO_3 + CO_2 + H_2O}$$

… Elle est contrôlée par les êtres vivants possédant un squelette calcaire, notamment les foraminifères.

Le dosage du carbonate de ces animalcules en ^{18}O ($\delta^{18}O$) dépend de la température, mais aussi de la composition de l'eau (d.H_2O). Cette dépendance a été calibrée par Epstein et ses élèves dès 1953 …

$$\mathbf{T°C = 16{,}9 - 4{,}2\ (\delta^{18}O - d.H_2O) + CO_2 + H_2O}$$

… Le rapport entre la variation des températures et celle des variations $\delta\,^{18}O$ - $\delta.H_2O$ est de 4, ce qui signifierait qu'une variation de 1 ‰ de la composition isotopique des carbonates équivaudrait à une variation des températures de 4°C.

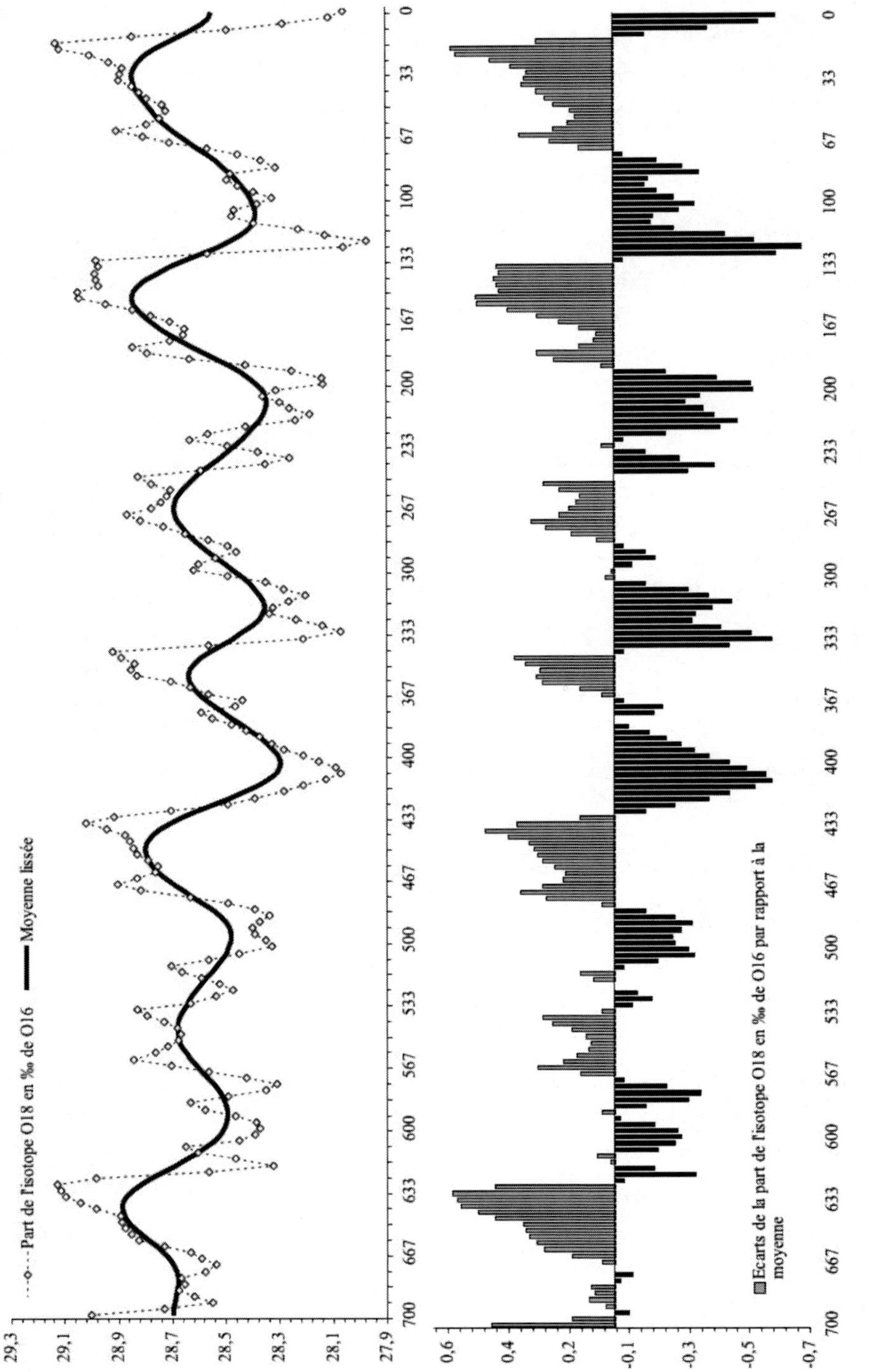

Document 3.5 -Variations du $\delta^{18}O$ des tests de foraminifère du Pacifique depuis 700 000 ans

Des carottages ont été effectués dans les sédiments du benthos de la région équatoriale de l'Océan Pacifique riche en tests (squelettes) de foraminifères composés de $CaC^{18}O_3$ et surtout de $CaC^{16}O_3$. Mais, à l'inverse des glaces polaires, les carbonates s'enrichissent en ^{18}O au cours des périodes froides, car l'évaporation est moindre, pour s'en appauvrir en période chaude. Le document 3.5 rend compte de la variation de sa concentration dans les carbonates des tests de foraminifère depuis 700 000 ans.

On notera que la variation des concentrations dans les tests, d'une part, et dans les glaces, d'autre part (document 3.3) sont presque parfaitement en opposition de phase et les mêmes pulsations se retrouvent malgré quelques différences (document 3.6).

Dates			$\delta^{18}O$	Ecart	Températures
700 000	à	670 000	**28,7**	**0,08**	Pulsation tiède
670 000	à	625 000	**28,9**	**0,31**	Pulsation froide
625 000	à	570 000	**28,5**	**-0,12**	Pulsation chaude
570 000	à	530 000	**28,7**	**0,14**	Pulsation froide
530 000	à	520 000	**28,5**	**-0,08**	Pulsation chaude
520 000	à	510 000	**28,7**	**0,06**	Pulsation froide
510 000	à	480 000	**28,4**	**-0,18**	Pulsation chaude
480 000	à	430 000	**28,8**	**0,24**	Pulsation froide
430 000	à	365 000	**28,3**	**-0,25**	Pulsation chaude
365 000	à	340 000	**28,8**	**0,22**	Pulsation froide
340 000	à	280 000	**28,4**	**-0,22**	Pulsation chaude
280 000	à	250 000	**28,8**	**0,17**	Pulsation froide
250 000	à	190 000	**28,3**	**-0,24**	Pulsation chaude
190 000	à	130 000	**28,9**	**0,26**	Pulsation froide
130 000	à	70 000	**28,4**	**-0,23**	Pulsation chaude
70 000	à	13 000	**28,9**	**0,27**	Pulsation froide
13 000	à	0	**28,2**	**-0,36**	Pulsation chaude

Document 3.6 - Pulsations du $\delta^{18}O$ dans les tests de foraminifères depuis 700 000 ans

Le même calcul a été effectué à partir de différents marqueurs contenant de l'oxygène 18, afin d'en déterminer la part dans les océans depuis le Cambrien. Nous n'entrerons pas dans le détail de la méthode ; les graphiques que nous montrons dans le document 3.7 ont été construits à partir de données simplifiées, mais le résultat est éloquent et nous a permis, ci-dessous, d'illustrer les variations de températures depuis l'origine.

Les glaces fournissent aussi la concentration en CO_2

En effet, le dioxyde de carbone est le deuxième gaz à effet de serre (naturel) de l'atmosphère après la vapeur d'eau : contributions de 26 et 60 %. Que ce gaz soit la cause où la conséquence des variations de températures n'est pas de notre propos, pour l'instant. Il reste cependant un marqueur des variations thermiques.

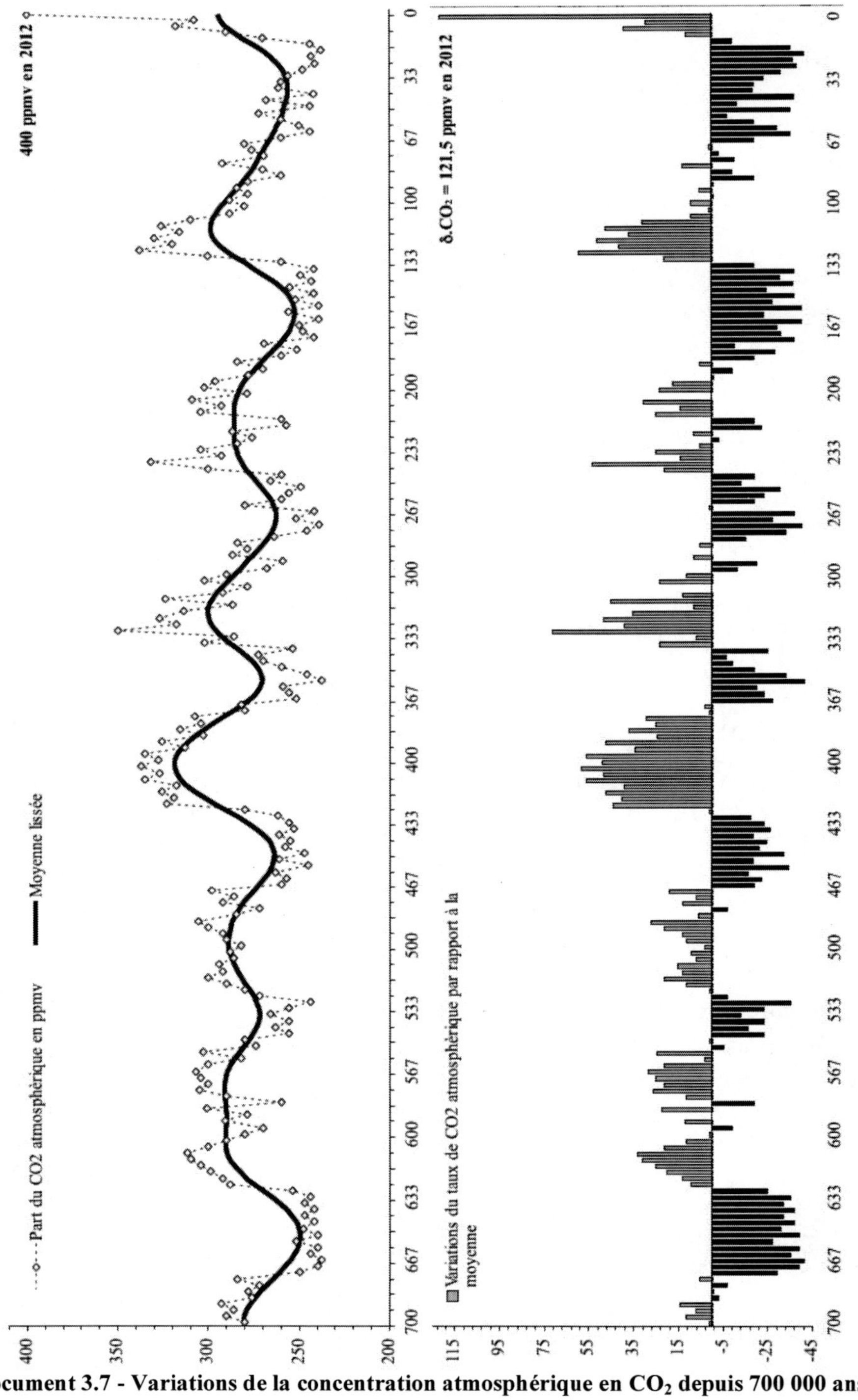

Document 3.7 - Variations de la concentration atmosphérique en CO_2 depuis 700 000 ans

C'est aussi un gaz assez rare dans l'atmosphère. Alors que la part de l'azote (N_2) est de 78,1 % et celle de l'oxygène (O_2) de 21 %, soit un total de 99,1 %, la concentration en dioxyde de carbone n'est que de 4 % du solde, soit 0,9 % de l'atmosphère constituée d'argon, de néon, d'hélium, de krypton, de vapeur d'eau.

Pour définir la concentration de ces gaz, on utilise la « *partie par million du volume* » ou « *ppmv* » : 1 ppmv équivaut à une concentration 10^{-6}. Le document 3.7 rend compte des variations de la concentration en dioxyde de carbone atmosphérique piégé dans les bulles d'air des glaces de la station Vostok en Antarctique, et de ses variations autour d'une moyenne de 278,5 ppmv. On sait que cette concentration s'est accrue au XXe siècle, pour atteindre 400 ppmv en 2012. ***Les variations de la concentration en CO_2 sont en phase avec celles de l'^{18}O dans les glaces*** (document 3.3) et en ***opposition de phase avec celles de sédiments marins riches en tests de foraminifères*** (document 3.5).

Dates			CO_2 ppmv	Ecart	Températures
700 000	à	690 000	**287,3**	**8,7**	Pulsation chaude
690 000	à	630 000	**252,1**	**-26,4**	Pulsation froide
630 000	à	555 000	**290,0**	**15,4**	Pulsation chaude
555 000	à	525 000	**263,0**	**-15,5**	Pulsation froide
525 000	à	470 000	**290,2**	**11,7**	Pulsation chaude
470 000	à	430 000	**265,5**	**-22,0**	Pulsation froide
430 000	à	370 000	**314,4**	**35,9**	Pulsation chaude
370 000	à	340 000	**256,4**	**-22,1**	Pulsation froide
340 000	à	280 000	**296,6**	**18,4**	Pulsation chaude
280 000	à	245 000	**255,8**	**-22,7**	Pulsation froide
245 000	à	230 000	**30,3**	**24,1**	Pulsation chaude
230 000	à	215 000	**270,0**	**-8,5**	Pulsation froide
215 000	à	195 000	**297,2**	**18,7**	Pulsation chaude
195 000	à	130 000	**254,2**	**-24,4**	Pulsation froide
130 000	à	95 000	**304,8**	**26,3**	Pulsation chaude
95 000	à	12 000	**259,4**	**-19,1**	Pulsation froide
12 000	à	0	**329,0**	**50,5**	Pulsation chaude

Document 3.8 - Pulsations du taux de CO_2 dans l'air (Vostok depuis 700 000 ans)

Il est donc parfaitement logique que ces pulsations puissent coïncider. La superposition est cependant loin d'être parfaite, parce que nous n'avons pas affaire à des sciences exactes, la précision des sources est de plus en plus médiocre au fur et à mesure qu'on remonte dans le temps : minceurs accrues des lamelles de glaces et des couches de sédiments, risque de « pollution » d'une couche par des éléments issus d'un niveau inférieur ou supérieur dans les sédiments marins.

Ces méthodes (qui ne sont pas les seules qui puissent être mises en œuvre) ont permis de déterminer les températures des périodes passées, avec une grande imprécision pour le Précambrien, une rigueur qui reste médiocre pour le Phanérozoïque et le Mésozoïque, mais qui s'affine à partir du Cénozoïque et au Quaternaire.

Quatrième chapitre
Les températures des origines au Crétacé

C'est une très longue période de l'histoire de notre planète, puisqu'elle commence il y a 4 600.10^6 années pour se terminer avec la chute probable d'une météorite géante, il y a 65,5.10^6 années « seulement ». Mais cette période est elle-même divisée en deux ensembles de durées totalement différentes.

Jusqu'au milieu du XXe siècle, on pensait que la vie était apparue au début du Phanéozoïque, soit pendant le Cambrien (-540 à -510.10^6 ans). Ce qui avait précédé était mal daté, on l'avait nommé ***Précambrien***. Depuis, on a établi que cet âge avait duré 4 000.10^6 ans (89 % de l'histoire de la planète) et que la vie y était apparue très tôt, vers 3 800.10^6 ans avant notre ère, même si elle resta unicellulaire pendant des centaines de millions d'années. Il fut suivi par le ***Phanérozoïque***, c'est-à-dire par l'explosion de la vie telle que nous la connaissons, avec une biodiversité de plus en plus complexe et variée. Du Cambrien (première période du ***Paléozoïque*** ou Primaire) au Crétacé (dernière période du ***Mésozoïque*** ou Secondaire), il ne s'écoula que 475.10^6 années, 10 % de l'histoire de la Terre.

Mais la connaissance des climats, donc des températures, du Paléozoïque et du Mésozoïque, permet de mieux appréhender ce qui est survenu par la suite.

Panorama du Précambrien

La Terre, planète autonome du système solaire se serait formée par accrétion de débris rocheux et de gaz.

Les géologues nomment Hadéen cette période qui se termina, il y a 3 800.10^6 ans. Au début il n'y avait pas d'atmosphère, et la surface devait offrir un paysage rocheux, couvert de cratères d'impact, dont la Lune et Mercure donnent encore une image. Or, il y a 4 000.10^6 ans, le Soleil était encore jeune, et n'aurait émis que 70 % de l'énergie émise aujourd'hui. La constante solaire n'était que de 950 W/m^2, et dans l'hypothèse de l'atmosphère actuelle, la température n'aurait été que de -20°C (mais, sans atmosphère, la notion de température n'existe pas).

Puis la pression interne et les réactions thermonucléaires du noyau terrestre ont engendré un intense volcanisme accompagné du dégazage de dioxyde de carbone CO_2, de dioxyde d'azote NO_2, de dioxyde de soufre SO_2,, de méthane CH_4, d'ammoniac NH_3 et d'acide chlorhydrique HCL. Il y a 4 533.10^6 ans, Théïa, une planète errante de la taille de Mars, aurait percuté la Terre : outre que, par accrétion, les débris ont formé la Lune, cette planète couverte de glace (à l'image de certains satellites de Saturne et Jupiter) aurait apporté l'eau H_2O.

Il s'est alors constitué une atmosphère très riche en gaz à effet de serre ; la surface de la croûte terrestre en formation connut donc une fournaise similaire à celle qui règne encore sur Vénus : pression de 200 atmosphères et température atteignant peut-être 300°C. L'eau n'existait qu'à l'état de vapeur. Mais, du fait de l'éloignement d'un Soleil encore peu actif, la Terre se refroidit progressivement jusqu'à atteindre celle de la condensation de l'eau entre 4 460.10^6 et 4 300.10^6 B.P.. En 160.10^6 ans, les 1 400.10^6 km^3 d'eau liquide actuellement mesurés constituèrent un immense océan.

Une nouvelle « ère » commença pour la Terre, celle de l'Archéen, entre 3 800 et 2 500.10^6 ans avant notre ère. On a pu établir la température des eaux de l'Océan Mondial de ces époques reculées.

➢ L'oxygène 18 a été piégé dans les silex (SiO_2), car cette roche très ancienne se constitue dans les océans aux dépens de l'oxygène et du silicium dissous. Mais le risque est que le $\delta\ ^{18}O$ se soit modifié lors de variations de température postérieures au dépôt.

➢ Le *Laboratoire d'étude de la matière extraterrestre* (Muséum national d'histoire naturelle) et le *Centre de recherches pétrographiques et géochimiques* (CNRS) ont aussi utilisé le silicium ; très peu soluble dans l'eau, sa composition isotopique aurait mieux résisté aux altérations secondaires du silex.

Les résultats sont sans appel, la température des Océans précambriens était très élevée : entre 70 et 80 °C il y a 3 500.10^6 ans. Elle aurait ensuite reculé fortement il y a 2 500 et 1 000.10^6 ans pour remonter à 30 °C il y a 500.10^6 ans (document 4.1 : les tendances ont été arbitrairement jugées comme « linéaires »).

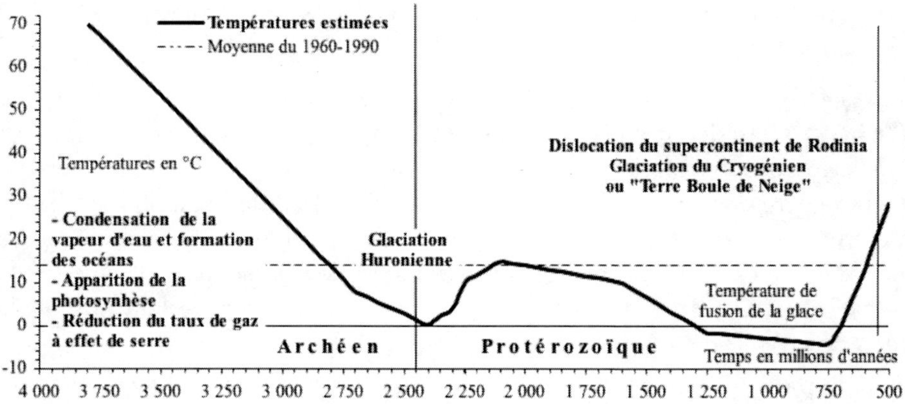

Document 4.1 - Les températures au Précambrien

C'est dans ces conditions que la vie apparut au début de l'Archéen et se développa. Mais l'atmosphère était impropre à la vie aérienne, et les premières formes furent marines. Pour se développer, ces formes de vie primitives avaient besoin de carbone C, d'azote N et d'oxygène O, éléments qu'elles ont puisés dans les ressources marines. Surtout, dès -3 500.10^6 ans, sont apparues les cyanobactéries (ou algues bleu-vert) dont la propriété est d'assimiler les sels d'azote (pour les protéines) et surtout le CO_2 par photosynthèse (et la construction des premiers squelettes). L'océan a alors consommé beaucoup de dioxyde de carbone pour fabriquer des carbonates, alors que la photosynthèse rejetait de l'oxygène O^2. L'atmosphère s'est progressivement appauvrie en gaz à effet de serre pour s'enrichir en oxygène, dont la pression partielle aurait été de 15 % à la fin de l'Archéen (20 % aujourd'hui).

On estime que le lent appauvrissement en gaz à effet de serre aurait abouti à la ***glaciation huronienne*** (-2 400 à -2 100.10^6 ans, la plus ancienne connue) et/ou un recul de l'activité volcanique et des émissions de CO_2. On évoque aussi la réaction de l'oxygène issu de la photosynthèse avec le méthane (un puissant G.E.S.) provoquant une chute des températures vers une moyenne planétaire de 0°C (au minimum climatique).

Mais, depuis -2 500.10^6 ans, l'Archéen avait laissé la place au Protérozoïque (-2 500 à 540.10^6 ans). Il constitue la phase de transition vers une atmosphère riche en oxygène. La vie océanique jusque-là unicellulaire devint pluricellulaire avec les algues rouges. Pour ce qui nous intéresse, la fin du Protérozoïque fut affectée par un très long épisode glaciaire : la ***glaciation de Varanger***, il y a entre 1 000 et 550.10^6 ans.

➢ Le recul des G.E.S. n'explique pas tout. Les continents (riches en granits) se sont individualisés de la croûte océanique (riche en basalte), il y a 1 100.10^6 ans. Cette masse se regroupa pour constituer un seul ensemble, le ***supercontinent de Rodinia***, centré sur l'équateur.

➢ Sous l'action du volcanisme, ***Rodinia*** se brisa, il y a 750.10^6 ans, et les bras de mer ainsi formés ont généré un ***cycle évaporation-précipitation qui a dissous une grande partie du solde de dioxyde de carbone transformé en carbonates dans ces eaux intertropicales***. On estime aussi que l'altération des couches de basaltes issues des volcans consomma aussi du CO_2, avec formation de roches carbonatées.

➢ On parle parfois d'un ***Cryogénien***, ou ***« Terre Boule de Neige »*** qui constitue le cœur de la glaciation de Varenger de -850 à -635.10^6 ans. La glace aurait envahi les continents et une épaisse banquise aurait recouvert les océans par « auto-régénération ». Le froid entretenait les situations anticycloniques, donc un ciel clair, alors que la glace avait un fort pouvoir réfléchissant ou ***« albédo »***. La perte d'énergie par les infrarouges l'emporta sur l'apport solaire.

La glaciation prit fin avec le regroupement des continents en un seul bloc, il y a 550.10^6 ans au début de l'ère primaire ou plutôt du ***Paléozoïque***. Néanmoins, l'histoire des températures du Précambrien fut marquée par un étonnant refroidissement. Entre -3 800 et -2 750.10^6 ans, les températures chutèrent de près de 60°C, mais il faut relativiser : un recul de 60 °C en 1 050.10^6 ans ne constitue qu'un très lent refroidissement de $0{,}06°C/10^6$ années. La planète connut des variations beaucoup plus marquées par la suite.

Toutefois, la deuxième partie du Précambrien fut marquée par le froid pendant 2 150.10⁶ ans : la température moyenne ne fut que de 5°C du fait de glaciations simultanément généralisées, intenses et durables. Au cours de toute cette période, la température fut toujours inférieure à la moyenne 1880-2015.

Par la suite, de la fin du Protérozoïque à nos jours, les températures ont varié entre 9,8°C et 28,2°C (document 4.2) autour d'une moyenne de 20,5°C. Mais 50 % de cette période de 540.10^6 ans ont connu des températures comprises entre 16,5°C et 19,4°C (écart de 2,9°C). Les extrêmes n'ont pas de sens, et en 540.10^6 années, l'écart-type des températures moyennes n'a été que de 3,8°C, ce qui est très peu, car le coefficient de variation de cet écart-type à la moyenne générale - C.V. = 3,8/20,5 - n'est que de 0,2, ce qui signifie que les températures n'ont en moyenne varié que de 2 %.

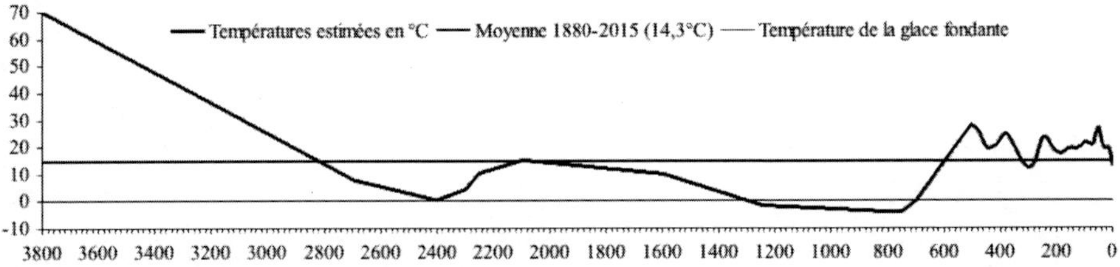

a) Variations des températures estimées en °C, par millions d'années

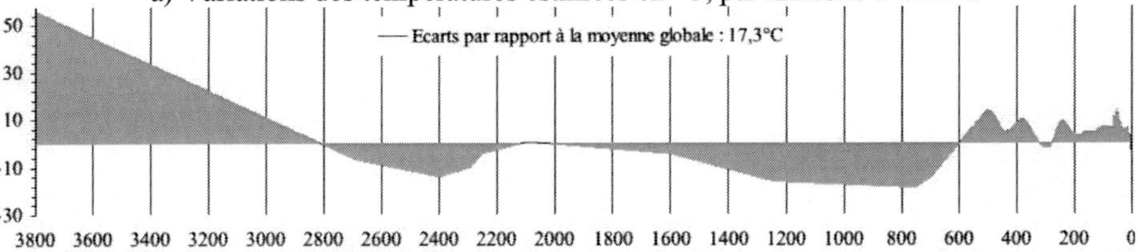

b) Ecarts à la moyenne présumée de 17,3°C

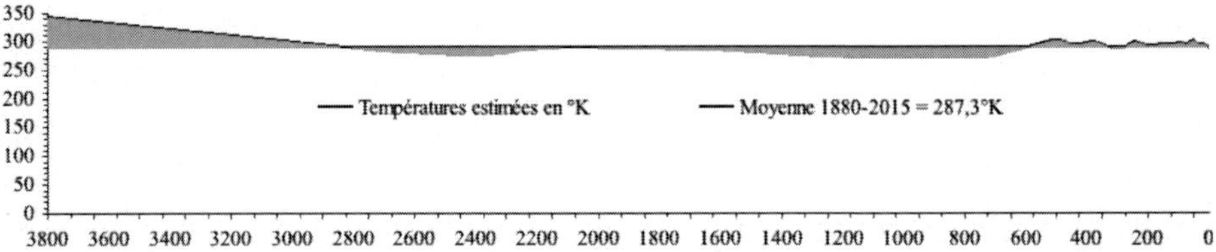

c) Variations des températures absolues en °K

Document 4.2 - Variations des températures du Précambrien à nos jours

Le document 4.2.c rend compte d'une autre réalité ; à l'échelle de l'univers, il faut raisonner en températures absolues. En effet, le froid absolu ou 0°K (degré Kelvin) et de -273°C. Dans ce contexte, l'écart-type reste de 3,8°K, mais doit être rapporté à une moyenne de 293,5°K, le coefficient de variation n'est alors que de 0,01 ou 1 ‰. À l'échelle de l'univers, les températures de notre planète ont été d'une considérable stabilité depuis ½ milliard d'années.

Il ne faut pas raisonner sur le long terme. Les documents 4.2 ont été réalisés au pas de temps d'un million d'années, sur une durée globale de $4\,000.10^6$ ans. Ce qui s'est produit depuis le Précambrien est ramassé sur la droite des graphiques et la période historique n'apparaît même pas. À cette échelle, notre planète paraît se refroidir, et les températures des deux derniers siècles sont négligeables par rapport aux glaciations récurrentes du Quaternaire. En effet, cette représentation montre que sur le long terme, les températures ne sont pas figées, la planète a connu des épisodes très chauds au début et au milieu du Précambrien, puis au cours du paléozoïque, du Mésozoïque et du Cénozoïque. Elle a aussi connu des glaciations : deux très longues et très creusées au Précambrien, mais nous en observerons aussi au cours des âges qui suivirent. Il faut se souvenir que depuis deux à trois millions d'années nous vivons dans l'une de ces périodes glaciaires appelée le Quaternaire

Aussi, jusqu'au Crétacé (au moins), nous conserverons ce pas de temps de 10^6 ans, qui se trouve être l'unité des temps géologiques.

Histoire de la concentration des océans en ^{18}O

Du début du Cambrien à la fin du Crétacé (soit pendant le Paléozoïque et le Mésozoïque), il s'écoula 460.10^6 années, période au cours de laquelle les températures ont été de 20,8°C en moyenne : une température élevée malgré l'occurrence de profondes périodes glaciaires. La valeur approchée des températures de cette longue période et de leurs variations a pu être estimée à partir de la concentration des sédiments marins en oxygène 18 (^{18}O). Le document 4.3 illustre les fluctuations de cette concentration dans les sédiments marins, traduction de la température de l'eau au moment de leur dépôt.

La concentration en ^{18}O fut, en moyenne, de X_i = 28,15 ‰ ; elle a été comprise entre un maximum de 30,7 ‰ il y a 442.10^6 années (à l'interface Ordovicien-Silurien) et un minimum de 25,18 ‰ il y a 275.10^6 années (au milieu du Permien). D'un point de vue statistique, ce sont des variations modestes : l'écart-type n'est que de σ = 1,12 ‰, donnant un coefficient de variation par rapport à la moyenne : $Xi/\sigma = 0{,}04$. Pourtant, cette faible variation traduit de fortes fluctuations thermiques

➢ Au cours du Cambrien (de -530 à -490.10^6 années), la concentration - 27,7 ‰ - fut plutôt inférieure à la moyenne, ce qui poursuit l'augmentation des températures amorcée à la fin du Protérozoïque.

➢ La concentration en ^{18}O s'éleva à 28,7 ‰ au cours de l'Ordovicien (de -490 à -420.10^6 années). Mais elle avait chuté à 25,3 ‰, à son commencement, il y a 485.10^6 années, pour ensuite croître assez régulièrement de 5,4 ‰, en 45.10^6 années (0,12 ‰/10^6 années) jusqu'au « *maximum historique* » de 30,7 ‰ il y a 440.10^6 années. Une telle augmentation de la part de l'oxygène 18 dans les sédiments océaniques (coquilles de mollusques, os des poissons, tests de foraminifère) traduit un refroidissement des eaux marines progressif mais inexorable.

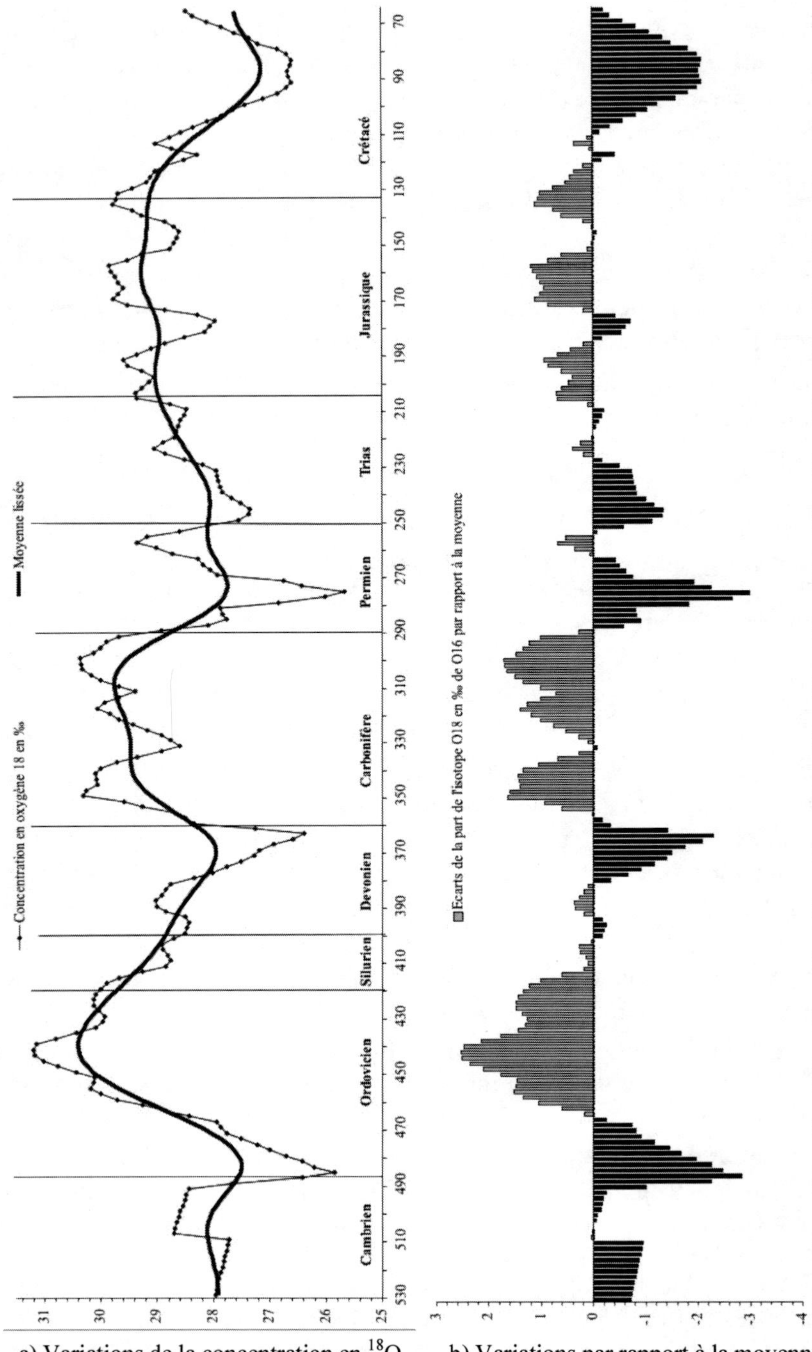

a) Variations de la concentration en ^{18}O. b) Variations par rapport à la moyenne

Document 4.3 - Variations de la concentration relative d'oxygène 18 dans les sédiments océaniques du Cambrien au Crétacé (d'après Veizer et al. 2000)

➢ Le dernier tiers de l'Ordovicien (-442 à -420.10^6 années), l'ensemble du Silurien (-520 à -400.10^6 années) et le Dévonien (-400 à -360.10^6 années) ont fait l'objet d'un recul de la concentration des océans en isotope ^{18}O. Entre -442 et -364.10^6 années, la part de l'oxygène 18 chuta de 4,8 ‰ passant de 30,7 à 25,9 ‰ (78.10^6 années), soit 0,06 ‰/10^6 années. À la fin de l'Ordovicien, et pendant le Silurien et la quasi-totalité du Dévonien, les eaux océaniques se sont réchauffées, au point que même l'eau $H_2{}^{18}O$ pouvait s'évaporer. Certes, ce réchauffement ne fut pas régulier : il s'interrompt à la fin de l'Ordovicien (vers -424.10^6 années), au troisième tiers du Silurien (vers -405. 10^6 années) et à la fin du premier tiers du Dévonien (vers -385.10^6 années). Mais le recul fut inexorable.

➢ Les océans du Carbonifère (-360 à -290.10^6 années) ont été riches en ^{18}O : 29,2 ‰ en moyenne, ce qui traduit une eau devenue plus fraîche. La croissance de la concentration fut d'abord très rapide. De 25,9 ‰ il y a 364.10^6 années, la concentration s'élevait à 29,8 ‰ vers -350.10^6 années (0,28‰/10^6 années). Puis les variations de concentration se sont stabilisées pendant tout le carbonifère, autour d'une valeur moyenne de 29,2 ‰, entre deux minima (eau plus tiède) : 28,1 ‰ vers -330.10^6 années et 28,9 ‰ vers -310.10^6 années, et deux maxima (eaux plus fraîches) : 29,6 ‰ vers -320.10^6 années et 29,9 ‰ vers -300.10^6 années.

➢ Les océans du Permien (-290 à -250.10^6 années) ont connu un déficit global en ^{18}O (27,4 ‰). Mais la réalité a été plus marquée. Les eaux marines se sont d'abord appauvries en isotopes 18 et réchauffées (25,2 ‰ il y a 275.10^6 années), pour s'enrichir (28,8 ‰) et se refroidir vers 260.10^6 années. On sait que ces variations importantes furent accompagnées d'une des plus importantes extinctions majeures de l'histoire de la Terre (95 % des espèces marines).

➢ En 50.10^6 années, le Trias (-250 à -200.10^6 années environ avec des océans encore pauvres en ^{18}O) fut en réalité une période d'enrichissement des océans en cet isotope. La concentration en ^{18}O avait reculé à la fin du Permien 26,8 ‰ il y a 245.10^6 années. Mais elle s'est accrue jusqu'au début du Jurassique 28,8 ‰ il y a 205.10^6 années. Les océans, d'abord plus tièdes, se sont à nouveau refroidis.

➢ Dans leur ensemble, les Océans jurassiques furent frais et riches en oxygène 18 : 28,7 ‰. Cette moyenne cache des réchauffements et des concentrations minimales : 27,5 ‰ vers -180.10^6 années, 28,1 ‰ vers -145.10^6 années ; entrecoupés de refroidissements et de pointes de concentration : 29,1 ‰ il y a 190.10^6 années, 29,3 ‰ vers -170 et -155.10^6 années, et 29,2 ‰ vers -135.10^6 années, à l'approche du Crétacé. Les eaux du Lias ont eu tendance à se réchauffer, celles du Dogger à se refroidir et celles du Malm à se réchauffer à nouveau.

➢ Le fonctionnement du Crétacé (-130 à -65.10^6 années environ) n'est pas sans rappeler le Permien. Les océans ont commencé par connaître un recul inexorable de leur concentration en oxygène 18 (donc un réchauffement). La concentration passa de 29,2 ‰ il y a 13.10^6 années à 26,1 vers -90.10^6 années. Les eaux du cœur de cette série géologique connurent une stabilisation de leur concentration en ^{18}O moyenne autour de 26,12 ‰ entre -92 et -84.10^6

années. Puis la concentration s'éleva régulièrement pour atteindre 28 ‰ « *le jour de la chute de la météorite géante du Yucatan* » et pendant l'occurrence de l'éruption volcanique cataclysmale qui mit en place les « *Trapps du Deccan* ».

Cette description-analyse s'imposait, car cette variation de la concentration des océans en isotope ^{18}O de l'oxygène fut accompagnée d'une variation de la température de l'atmosphère (document 4.5 ci-après). En attendant, revenons sur la courbe de concentration océanique en oxygène 18 (document 4.3a) et de sa variation par rapport à la moyenne Cambrien-Crétacé (28,1 ‰) La moyenne lissée rend mieux compte des tendances. Jusqu'au premier quart de l'Ordovicien, la concentration était modérée, ce qui traduit des eaux relativement tièdes. Mais la part de l'oxygène 18 a connu deux forçages : l'une au cours de l'Ordovicien et du Silurien, l'autre pendant le Carbonifère. Les eaux furent riches en isotope ^{18}O et plutôt froides. Ce phénomène fut toutefois interrompu au cours du Dévonien et surtout au Permien (faible concentration et eaux chaudes). Puis la plus grande partie du Mésozoïque (Trias, Lias, Dogger et Malm) fit l'objet d'une nouvelle période de concentration qui, elle-même, ne sera interrompue que par le recul du Crétacé accompagné d'un réchauffement des eaux marines

Le processus semble cyclique, mais irrégulier …

- Faible réchauffement de -530 à -480.10^6 années = 50.10^6 ans.
- Fort refroidissement de -480 à -440.10^6 années = 40.10^6 ans.
- Fort réchauffement de -440 à -370.10^6 années = 70.10^6 ans.
- Fort réchauffement de -370 à -310.10^6 années = 60.10^6 ans.
- Fort et rapide refroidissement de -310 à -280.10^6 années = 30.10^6 ans.
- Lent refroidissement de -280 à -130.10^6 années = 150.10^6 ans.
- Rapide réchauffement de -130 à -80.10^6 années = 50.10^6 ans.
- Rapide refroidissement du fini-Crétacé de -80 à -65.10^6 années = 15.10^6 ans.

… Ce qui a permis à Jan Veitzer (Professeur à l'Université d'Ottawa : voir bibliographie) de restituer les températures au cours du Paléozoïque et du Mésozoïque selon un pas de temps moyen de 2.10^6 années (document 4.4).

Reconstitution de 500.10^6 années des températures

La température moyenne fut de 20,3°C, mais l'écart-type est de 4,1°C (coefficient de variation de 20 %), ce qui est assez élevé et transcrit des fortes variations de températures au cours de ce demi-milliard d'années.

La tendance polynomiale au second degré traduit un refroidissement généralisé pendant 230.10^6 années. Du Cambrien au Carbonifère : les extrema furent de 29,1°C, il y a 505.10^6 années, au milieu du Cambrien, et de 11,8°C il y a 300.10^6 années, à la fin du Carbonifère. Les écarts à la moyenne de 20,3°C passèrent de 8,8°C à -8.5°C (écart absolu de 17,3°C) …

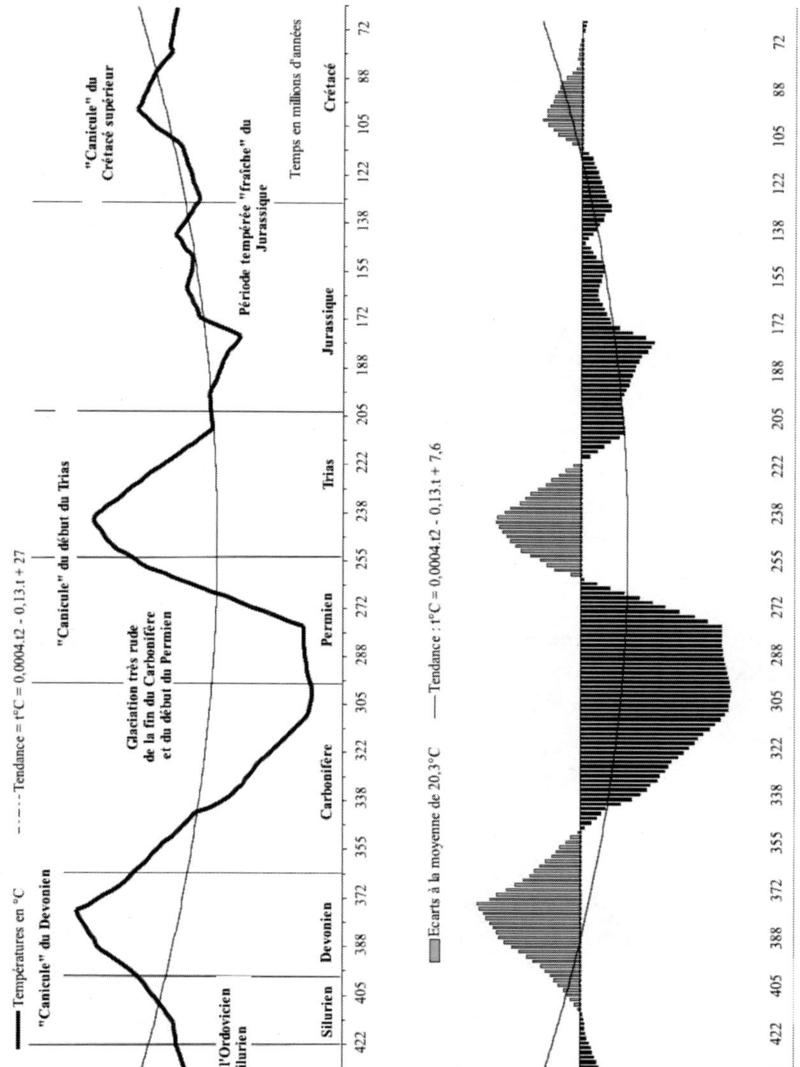

a) Variations des températures estimées b) Ecarts à la moyenne de 20,3°C

Document 4.4 - Variations estimées de la température du Cambrien au Crétacé (d'après les mesures publiées par Veizer et al. 2000)

… Il est vrai que le recul moyen n'était que de 0,08°C/10^6 années, d'une part, et cette tendance cache des oscillations à moins long terme, d'autre part.

➢ Le Cambrien fut le système le plus chaud depuis la fin du Précambrien : 27,8°C, soit 7,5°C au-dessus de la moyenne (et 13°C au-dessus de la température moyenne de 2014).

➢ À l'inverse, l'Ordovicien fut marqué par un recul assez régulier des températures, lesquelles régressèrent de 27,4°C, il y a 490.10^6 années à 20°C 68.10^6 années plus tard en passant par un minima de18,8°C, il y a 445.10^6 années. En effet, les températures sont devenues inférieures à la moyenne entre 457 et 415.10^6 années ; ce qui a constitué la première grande glaciation du Paléozoïque, celle de la fin de l'Ordovicien et du début du Silurien.

➢ Mais les températures se sont accrues durant le Silurien, remontant de 20°C vers -422.10^6 années et 22,2°C il y a -400.10^6 années (moyenne = 20,9°C).

➢ Cette croissance s'est poursuivie jusqu'au milieu du Dévonien avec une « canicule » de 26°C, il y a environ 280.10^6 années (5,7°C au-dessus de la moyenne). Bien que la température soit redescendue à la fin de ce système (21,9° il y a 360.10^6 années) le Dévonien fut assez chaud : 24°C (3,8°C > moyenne).

➢ Chaud à son commencement (21,9°C il y a 360.10^6 années), le Carbonifère devint « glacial » à l'aube du Permien (12,2°C vers -290.10^6 années) avec un minimum de 11,2°C vers -302.10^6 années. (8,5°C < moyenne). Globalement, il fut frais : 15,5°C.

➢ Les températures sont passées sous la moyenne entre -350.10^6 années (premier quart du Carbonifère) et -262.10^6 années (dernier quart du Permien). Ces dates encadrent la plus intense glaciation du Paléozoïque, celle du Carbonifère-Permien de -320 à -280.10^6 années, avec une température moyenne de 12,4°C soit un écart de 7,9°C par rapport à la moyenne (-2,4°C < 2014). Il en résulta une extinction massive estimée à 95 % de la vie animale sous-marine et 75% des espèces continentales.

À partir du Permien, les températures ont connu une tendance à la croissance, certes irrégulière, car on observe deux reculs : l'un à 12,3°C il y a 280.10^6 années (milieu du Permien) et l'autre à 20,1°C (limite Crétacé-Tertiaire).

➢ En effet, de 12,3°C au milieu du Permien, les températures sont remontées à 22,5°V au début du Trias, il y a 245.10^6 années. Ce premier système du Mésozoïque fut globalement tiède (21,3°C soit 1°C > moyenne). Il connut aussi une « canicule » au cours de son premier tiers : 25°C il y a 240.10^6 années. Mais l'ambiance s'est rafraîchie jusqu'au début du Jurassique : 18°C il y a environ 200.10^6 années.

➢ Au Jurassique, les températures ne sont passées que de 18 à 18,7°C (moyenne de 18,5°C inférieure de près de 2°C à la moyenne du Cambrien au Crétacé). Ce fut une période tempérée chaude (environ 4°C > actuel) marquée par un « coup de fraîcheur » à la fin du Lias (16,2°C il y a 180.10^6 années), suivi par des épisodes plus chauds au Dogger (19,4°C vers -170.10^6 années) et au Malm (20,1°C vers -140.10^6 années). Le Jurassique fut très favorable à l'expansion de la biodiversité.

➢ Inversement, le Crétacé fut plus instable quant à ses températures. La moyenne (20,5°C) et les extrema (18,7°C vers -130.10^6 années et 20,1°C il y a 65.10^6 années) masquent une évolution qui n'est pas sans rappeler celle du Dévonien. Les températures ont crû régulièrement au cours du Crétacé inférieur pour atteindre 22,4°C vers -100.10^6 années (2,2°C > moyenne et 7,6°C au-dessus de la moyenne de 2014). Elles ont ensuite reculé jusqu'à la « limite K/T » (20,1°C) et le « cataclysme du Yucatan ».

Les travaux de Jan Veizer ont été contestés, notamment son article paru dans « Nature » en 2000 où il avait comparé les variations de la température des eaux tropicales (rapport $^{18}O/^{16}O$) à celles du rayonnement cosmique galactique. Il en avait en effet déduit que la concentration atmosphérique en dioxyde de carbone et son effet de serre, n'étaient peut-être pas la principale cause des fluctuations des températures ; nous y reviendrons.

Pourquoi une telle diversité thermique ?

En premier lieu, la répartition des masses continentales a continuellement été remise en question depuis la fin du Précambrien. Tantôt les continents n'ont formé qu'un seul ensemble, tantôt ces « ***Pangées*** » se sont plusieurs fois disloquées en plusieurs « ***radeaux continentaux*** ». Afin d'illustrer cette répartition, nous avons repris les cartes établies en 1997 par Christopher Scotese de l'Université du Texas à Arlington (document 4.5).

La conséquence est indirecte, mais il faut se rappeler que la Terre possède une atmosphère et une hydrosphère, que c'est leur température qui est déterminante. L'air et l'eau sont froids aux pôles et chauds à l'équateur, mais cette différence thermique génère des vents (entre les anticyclones et les dépressions), auxquels sont associés des courants marins (chauds ou froids). Le document 4.5 montre que la géographie des continents et des océans n'a jamais cessé de se modifier. On peut simplifier le processus en évoquant trois cas de figure :

➢ Les continents et les océans peuvent se trouver disloqués, et c'est la situation actuelle : six continents (Amérique du Nord, Amérique du Sud, Eurasie, Afrique, Australie et Antarctique) et cinq océans. Près des basses latitudes, l'atmosphère se charge de vapeur d'eau que les vents dispersent sur l'ensemble du globe. Ce gaz à effet de serre joue son rôle, et la température globale est plutôt élevée. Le mouvement des courants chauds vers les eaux polaires réchauffe les côtes occidentales et étend les aires d'évaporation vers les pôles.

➢ À l'inverse, si les continents se rassemblent (Rodinia, Pangée) leur partie centrale est éloignée des côtes, les vents y parviennent secs et, par effet de continentalité, l'aridité domine (chaude ou froide selon la latitude). La vapeur d'eau, gaz à effet de serre, s'y raréfie, alors que les roches, souvent dénudées, génèrent un important albédo avec perte d'énergie par réflexion dans la journée, et par rayonnement infrarouge la nuit. À côté de variations thermiques diurnes existent surtout des variations saisonnières : hivers froids et étés chauds. Ce contraste réduit la température moyenne.

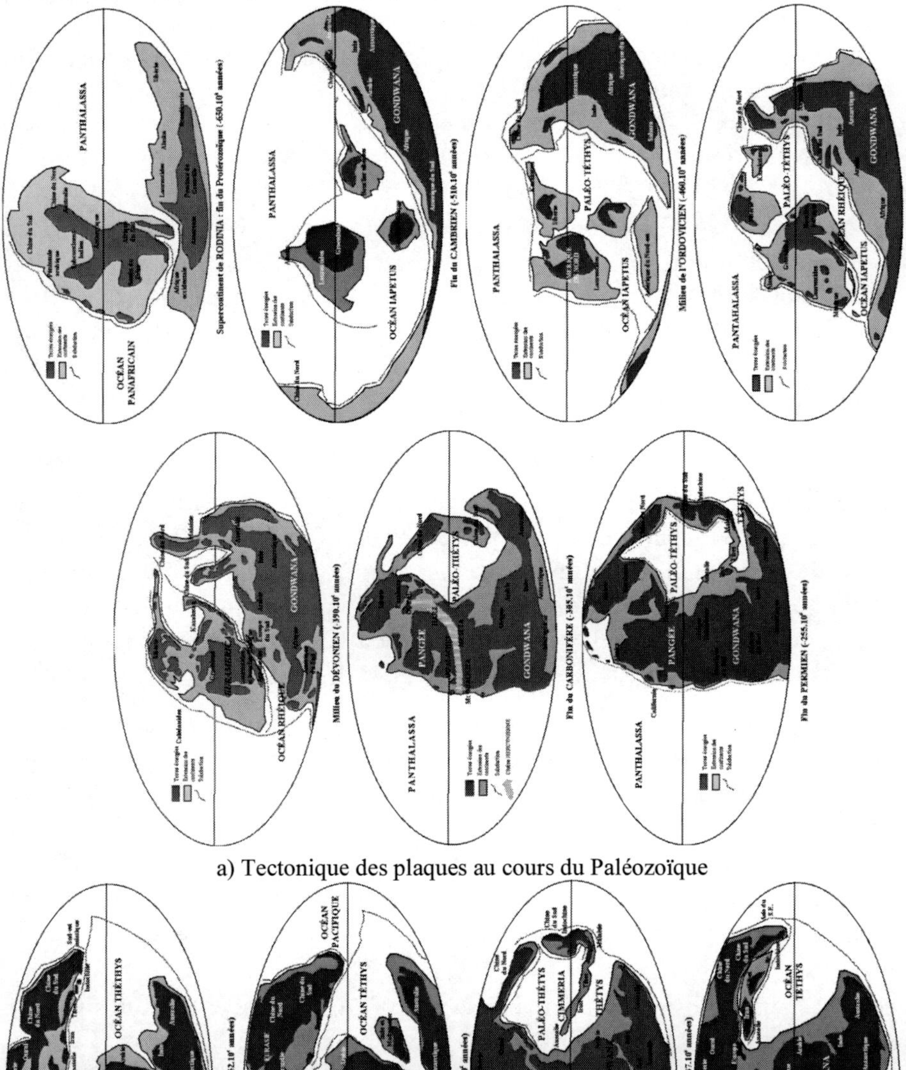

a) Tectonique des plaques au cours du Paléozoïque

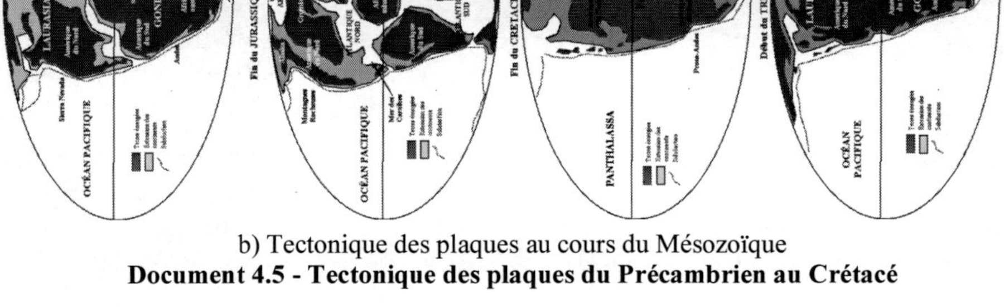

b) Tectonique des plaques au cours du Mésozoïque

Document 4.5 - Tectonique des plaques du Précambrien au Crétacé

➢ Cette « dérive des plaques continentales » peut les conduire tout ou partie en position polaire arctique ou antarctique. Les vents apportent alors des précipitations solides génératrices d'une couverture neigeuse qui ne fond pas en été et finit par y constituer un inlandsis (Antarctique actuel). Or, c'est un lieu sec (faute de vapeur d'eau) et à fort albédo. Ce milieu glaciaire s'auto-entretient : d'une part, l'énergie s'échappe vers l'espace par rayonnement infrarouge, et, d'autre part, l'inlandsis est une « *machine à faire du froid* ». Pour fondre, la glace est « énergétivore », ses eaux de fontes refroidissent les océans bordiers, les vents qui s'en échappent (vents catabatiques) sont glacés. La température moyenne de la planète peut alors devenir très basse.

Il existerait bien sûr des situations intermédiaires, mais la tectonique des plaques a aussi des conséquences directes :

➢ Au centre des océans, la construction des dorsales océaniques par afflux de basalte issu du manteau connaît des phases de repos (aujourd'hui) et d'accélération (au Cénomanien par exemple). Le niveau du plancher océanique se « soulève » et avec lui le niveau moyen des océans. Il se produit une « transgression » des eaux marines sur les continents dont la superficie recule devant celles des océans. L'évaporation devient plus soutenue, avec un important effet de serre.

➢ Mais les plaques océaniques convergent en d'autres points, il y a même collision des plaques continentales (aujourd'hui sub-continent indien et Asie). De ces processus de subduction, résulte la formation de chaînes de montagnes pouvant faire obstacle à la circulation atmosphérique. À l'abri de ces reliefs, les continents connaissent l'aridité et l'accroissement de leur albédo. D'une manière plus globale, les continents entrant en collision se soulèvent et leur partie sous-marine peut alors émerger. Il y a alors régression marine, réduction de la production de vapeur et augmentation de l'albédo. Les grandes phases d'accélération de la subduction ont souvent été accompagnées d'un recul des températures.

➢ Enfin, les phases de subduction sont aussi accompagnées de phénomènes volcaniques qui expulsent soit des gaz à effet de serre (CO_2, H_2O), soit des poussières et des aérosols qui se dispersent dans la haute atmosphère dont l'opacité réduit le rayonnement solaire, mais aussi accroît l'albédo en altitude.

En un demi-milliard d'années, la planète a connu à plusieurs reprises la combinaison de ce type de situations.

Le Cambrien inaugure la Paléozoïque. Dès la fin du Précambrien, les plaques continentales s'étaient regroupées en un immense continent unique, le supercontinent de Rodinia. Vers -530.10^6 années, une moitié se trouvait à cheval sur l'équateur, et l'autre moitié en position polaire antarctique, séparées par un étroit chenal.

➢ En subodorant une circulation atmosphérique organisée autour d'un système d'Alizés de secteur est et de Grands Frais de secteur ouest, on en déduirait que des courants marins redistribuaient les eaux marines entre les régions tropicales et polaires.

➢ Le Cambrien fit aussi l'objet de plusieurs transgressions marines (document 4.6), issues de la tectonique des plaques. Les dorsales océaniques ont occupé un volume considérable, et dès l'aube du Cambrien, Rodinia avait commencé à se disloquer, et les transgressions auraient recouvert de vastes zones continentales, séparées par des mers épicontinentales, chaudes et peu profondes. Les régions intertropicales étaient surtout occupées par les océans Iapetus et Panthalassa. Les vents y favorisèrent la circulation des eaux chaudes tropicales, même si le continent de Gondwana restait proche de l'Antarctique. Ainsi s'explique la « canicule » du Cambrien, avec un relatif appauvrissement des eaux en ^{18}O.

➢ Mais ces flux se heurtaient à une barrière continentale méridienne alors que la masse continentale antarctique était couverte de glace. Ce sont des eaux froides qui circulaient ; aussi le Cambrien se termina-t-il dans une ambiance périglaciaire aux moyennes latitudes.

Avec l'Ordovicien, les masses continentales ont commencé à se regrouper :

➢ Gondwana s'étant positionné à cheval sur l'équateur, la circulation zonale des eaux marines de surface fut perturbée, attirant les eaux froides antarctiques vers le nord.

➢ Mais la biodiversité commençait à s'accroître, les mers connurent la multiplication des récifs coralliens. La photosynthèse aurait consommé le dioxyde de carbone, apparemment abondant. La vie était surtout marine, ce CO_2 atmosphérique (autre puissant gaz à effet de serre) aurait peu à peu été absorbé.

➢ Il y a 470 à 450.10^6 années, les mers se sont progressivement refroidies, le taux de ^{18}O s'est accru, démontrant une ambiance glaciaire jusqu'au Silurien (document 4.6 = importance des dépôts glaciaires).

Le Silurien resta frais, malgré une tendance au réchauffement

➢ Le continent de Gondwana commença à s'éloigner des hautes latitudes australes, et son inlandsis commença à se résorber.

➢ Les températures commencèrent à remonter.

➢ Aux basses latitudes, un autre supercontinent, appelé « ***Laurasia*** » commençait à se constituer. Longtemps un étroit passage permit la circulation zonale des eaux tropicales, avec éventuellement un contournement par le nord de Laurasia. Les eaux s'appauvrirent en ^{18}O dans une ambiance climatique plus chaude. Le Dévonien fut une période chaude (T°C de 26 à 30°C) : le gradient thermique entre les pôles et l'équateur fut l'un des moins marqué.

➢ On estime que c'est au Dévonien que les continents tropicaux (Laurasia) commencèrent à se couvrir de forêts. La conséquence fut, une fois encore, une progression de la consommation du CO_2 atmosphérique (encore important).

➢ La réduction de ce gaz à effet de serre fut responsable du refroidissement amorcé au Dévonien moyen.

Le Carbonifère est alors marqué par un important recul des températures

➢ Du Carbonifère au Permien, la collision entre Laurasia et Gondwana donnait naissance à un nouveau supercontinent : la Pangée de direction méridienne.

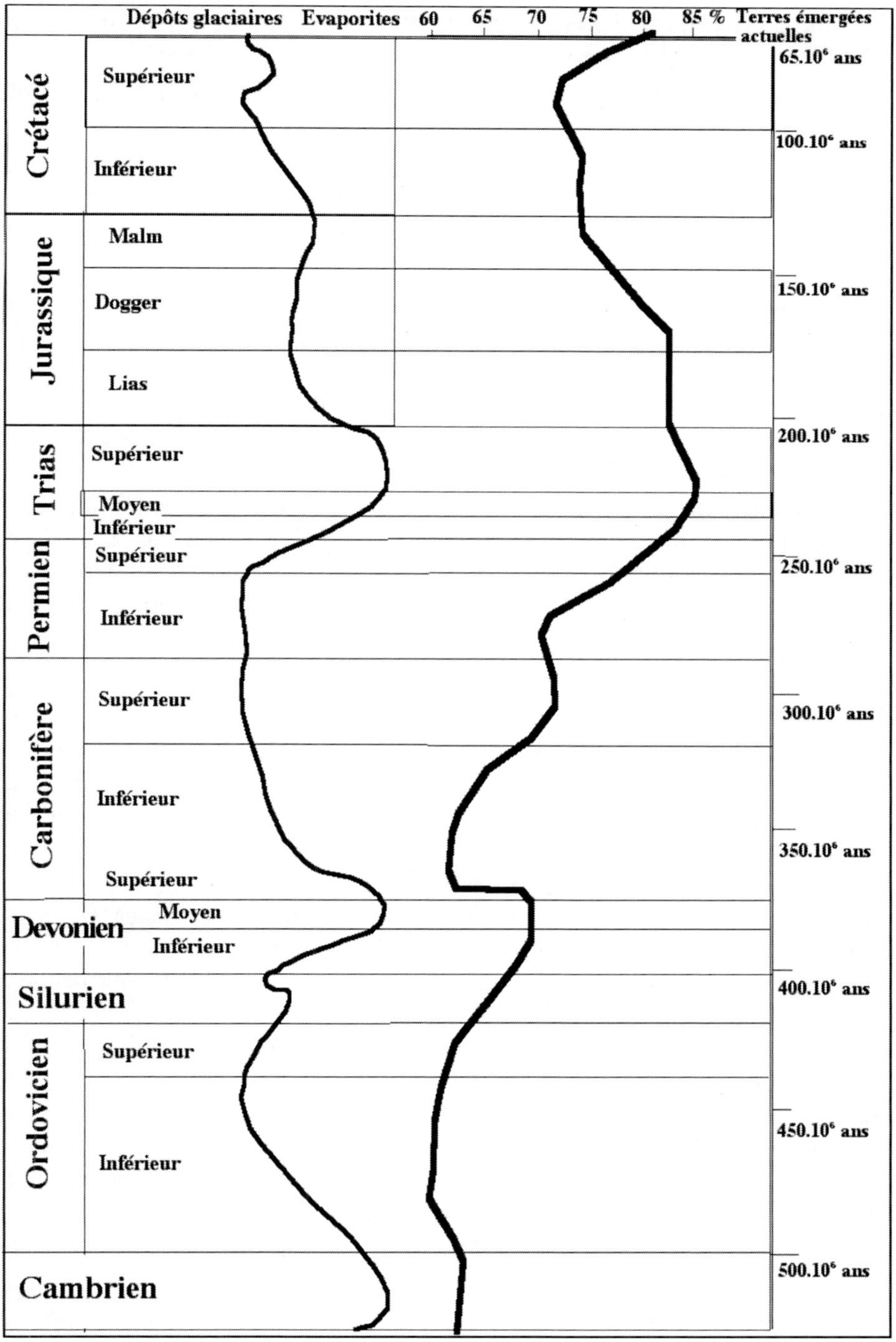

Document 4.6 - Dépôts glaciaires et évaporites, fluctuations de la surface des terres émergées du Cambrien au Crétacé

➢ D'une part, les deux extrémités du supercontinent se sont retrouvées à des latitudes polaires ; deux inlandsis (arctique et antarctique) se sont constitués.

➢ D'autre part, cette « *Pangée* » faisait obstacle à la circulation océanique zonale, favorisant les descentes d'eaux froides issues des deux inlandsis.

Le Dévonien a été marqué par le regroupement équatorial et un Gondwana qui avait dérivé dans l'hémisphère sud

➢ Le monde connut la très importante glaciation du Permo-carbonifère. Entre 380 et 300.10^6 années, la température moyenne chuta de 26°C à 11,8°C. À ce moment, la surface des terres émergées recula du fait du stockage de la glace près des pôles.

Le froid perdura jusqu'au milieu du Permien

➢ La paléontologie indique aussi une quasi-disparition des forêts de type tropical humide. La partie centrale de la Pangée, devenue continentale, aurait subi une aridité intense et son albédo fut suffisant à maintenir un milieu froid. L'extrapolation des dosages de l'oxygène 18 océanique semble indiquer des amplitudes thermiques de 40°C.

➢ La collision entre Laurasia et Gondwana donna naissance à l'Oural, une chaîne méridienne de l'ampleur de l'Himalaya. Elle faisait obstacle à la circulation atmosphérique zonale, ce qui aggrava l'aridité et les contrastes thermiques. Enfin, la régression marine ne fut jamais aussi intense, ce qui aggravait les contrastes thermiques.

➢ Mais au Permien moyen, le climat commença se réchauffer.

Si la température augmenta, la sécheresse perdura au Trias

➢ Au début du Trias, la Pangée faisait encore obstacle à la circulation méridienne, mais le Gondwana n'est plus en position polaire, ce qui autorisait la poursuite du radoucissement des températures. Le Trias est d'ailleurs marqué par la disparition des dépôts d'origine glaciaire.

➢ Cependant la taille massive de la Pangée, encore intacte, continua de modérer l'influence océanique : on subodore la présence de vastes étendues désertiques, ce que prouverait l'abondance des formations gréseuses et des évaporites (sel de mine) assez caractéristiques d'un environnement continental à saison humide brève mais violente (document 4.6).

➢ Surtout, il y a 200.10^6 ans 50 % de la biodiversité marine ont disparu, alors que la température de l'air aurait atteint 25°C. L'expansion rapide de la Thétis, océan en formation, a provoqué la libération de plusieurs milliers de gigatonnes de méthane, CH_4, un très important gaz à effet de serre, piégé dans le plancher océanique : l'eau aurait été empoisonnée, l'air se serait réchauffé, pendant tout le milieu de Trias.

Avec le Jurassique, commence la dislocation de la Pangée

➢ Au Lias, l'ensemble se déplaça vers le nord, avec une Laurasia fortement polaire et englacée, avec la facile redistribution d'eau froide vers les moyennes et basses latitudes, responsable de l'occurrence d'une période plus fraîche : 18°C à la fin du Trias et 16,2°C il y a 180.10^6 ans.

➢ Mais au Dogger et surtout au Malm, la Laurasia se sépara du Gondwana, avec la constitution d'un bras de mer entre la Téthys et le Pacifique. La circulation zonale des eaux tropicales pouvait contrarier la descente des eaux polaires et expliquer ainsi le réchauffement de la fin du Jurassique : 20,1°C il y a 140.10^6 ans

➢ La surface des continents reculant progressivement au profit des aires océaniques, la répartition des températures élevées fut favorisée.

Le Crétacé fut une période au climat très tranché

➢ La dislocation de la Pangée s'étant affirmée, la distribution des continents prit une « allure plus actuelle » avec la naissance des Océans Arctique et Atlantique et la dérive de l'Antarctique vers le pôle austral. Les eaux tropicales pouvaient plus facilement circuler entre ces continents, assurant un redoux thermique.

➢ En effet, le début de cet étage avait été marqué par un rafraîchissement amorcé à la fin du Jurassique. La présence de dépôt glaciaire est même reconnue au Berriasien. Par la suite, les températures remontèrent jusqu'au Crétacé supérieur, 18,7°C il y a 130.10^6 ans à 22,4°C vers -100.10^6 ans.

➢ La Téthys se connecta aux Océans tropicaux, ce qui permit d'adoucir le climat global. Mais il faudrait surtout impliquer la reprise de la tectonique et l'occurrence d'une importante activité volcanique ayant surtout diffusé du dioxyde de carbone. La paléontologie témoigne de ce réchauffement : des fossiles de plantes tropicales ont été retrouvés au nord de l'Alaska et au Groenland, les dinosaures ont vécu par 75 degrés de latitude sud.

➢ Par la suite, le Crétacé s'est refroidi : 20,1°C à la veille du « cataclysme » qui préluda à la fin de la domination des Dinosaures et à l'extinction massive de la limite K/T (Crétacé-Tertiaire en allemand) : 20,1°C il y a 65.10^6 ans.

Cette « *dérive des continents* » n'est que de $0,1.10^3$ m/an, elle est aussi de 100 km/10^6 années et en 500.10^6 années, du Cambrien au Crétacé, elle a pu jouer un rôle majeur dans la répartition des climats. Il faut toutefois faire aussi intervenir d'autres événements.

➢ La biogéographie s'est considérablement modifiée. Au début du Cambrien, la vie était exclusivement marine, avec des continents désertiques. C'est la colonisation forestière du Dévonien qui modifia les échanges entre la flore et l'atmosphère avec la consommation de CO_2, le dégagement de vapeur d'eau par évapotranspiration. Or, l'eau est le principal gaz à effet de serre, la présence ou l'absence d'un couvert forestier pouvait modifier la teneur atmosphérique en eau. Une glaciation, la continentalité, la naissance d'une chaîne de montagne méridienne provoquant une réduction du couvert végétal, réduisaient l'humidité atmosphérique pour en accroître l'impact thermique global.

➢ Surtout, d'autres processus géologiques ont pu intervenir : indirectement, points chauds et subductions génèrent des dégazages de gaz à effet de serre. Mais les volcans gigantesques envoient surtout des cendres dont l'effet est inverse en arrêtant le rayonnement solaire. On pense que la formation des trapps (très épais dépôts volcaniques) de Sibérie orientale a aussi participé à la glaciation du Permien et à l'extinction massive qui suivit.

- Un important volcanisme sous-marin affecta le fond de l'Océan Pacifique au Crétacé moyen. Les basaltes jaillirent le long de la dorsale océanique. Le niveau des océans s'éleva, favorisant la transgression des eaux chaudes tropicales. Ce pourrait être la véritable cause de la « canicule » du Crétacé supérieur.
- Jan Viser a aussi souligné le rôle des variations du rayonnement cosmique.

Il y a 65.10^6 années, une extinction massive est survenue du fait de la chute d'une météorite géante et probablement de la formation des trapps du Deccan, quand le sub-continent indien, détaché de l'Afrique, passa au-dessus d'un point chaud (puissant panache d'énergie issu du manteau et géographiquement fixe). Le refroidissement, consécutif à la dispersion des poussières d'impact et/ou volcaniques, fut de courte durée. Si nous plaçons ici une rupture dans notre analyse, c'est que le pas de temps se réduit. L'évolution climatique et géologique de la planète n'a pas été modifiée, mais elle est mieux connue.

Cinquième chapitre
Le Cénozoïque et le signe d'un refroidissement

La limite K/T (Crétacé-Paléocène) est aussi une limite des connaissances, notamment celle de la précision du dosage des isotopes, et, par voie de conséquence, celle des températures. En effet, l'unité de temps passe du million d'années au Mésozoïque, à 200 000 ans au Cénozoïque et à 15 000 ans au Pléistocène (Quaternaire ancien). Une telle finesse met en évidence des processus insaisissables auparavant.

La cause principale des variations des températures restait d'origine interne à notre planète, avec principalement la répartition relative des continents et des océans du fait de la tectonique des plaques. La planète changea plusieurs fois de visage avec, alternativement des continents regroupés ou dispersés, en position polaire ou tropicale. Les seuls événements décelables à court terme ont été les accélérations des épisodes volcaniques : trapps de Sibérie au Permien, épanchements sous-marins dans le Pacifique au Crétacé, probable rôle des trapps du Deccan à la limite K/T (contemporains de la chute d'une météorite).

Avec le Cénozoïque, l'éclatement de la Pangée sera marqué par l'ouverture de l'Atlantique et la distribution des terres émergées en six continents.

➢ Les deux Amériques se coupèrent de l'Eurasie et de l'Afrique, mais elles restèrent longtemps séparées par un « détroit » au niveau du Panama. Mais cette dérive vers l'ouest engendra une subduction donnant naissance à un ensemble montagneux méridien de l'Alaska à la Terre de Feu (Rocheuses et Andes).

➢ La Téthys qui séparait l'Afrique de l'Eurasie se referma peu à peu par subduction et collision, il n'en reste que la Méditerranée. Simultanément, le subcontinent indien entra en collision avec l'Asie. La conséquence fut l'occurrence d'un ensemble montagneux zonal de la Péninsule Ibérique au Yunnan.

➢ Enfin, l'Australie dériva vers le sud, alors que l'Antarctique se retrouvait « définitivement » en position polaire.

Au cours de cette période, plus courte (65.10^6 années), tout se passa comme si « *le temps s'accélérait* ». Nous avons déjà écrit que l'unité de temps passa peu à peu du million au millier d'années. Des processus, jusque-là indéterminables, ont commencé à marquer le climat, notamment des phénomènes astronomiques dus à l'instabilité de la rotation de la Terre sur elle-même et autour du Soleil.

La période est donc divisée en deux : le Cénozoïque, du Paléocène au Pliocène, et le Pléistocène, majeure partie du Quaternaire, court à l'échelle géologique mais interminable à l'échelle humaine.

De la Limite K/T à la fin du Pliocène

Il s'écoula 61 à 62.10^6 années, soit l'essentiel de la période. Rappelons que la division se fait par comparaison des écosystèmes du moment avec l'écosystème actuel.

➢ Au Paléocène (9.10^6 ans, de -65 à -56.10^6 années), la faune et la flore sont encore essentiellement archaïques. Mais les mammifères et les oiseaux commencent à peupler le créneau laissé libre par les dinosaures. Surtout, les angiospermes, ou plantes à fleurs colonisèrent les continents. Or, plus que leurs prédécesseurs, ce sont des plantes à photosynthèse très active et consommatrices de CO_2 (donc à forte influence sur les températures)

➢ À l'Eocène (22.10^6 ans, de -56 à -34.10^6 années), le monde vivant se rapproche des formes actuelles (qui restent très minoritaires). Notamment l'Éocène est marqué par l'émergence des premiers mammifères modernes.

➢ L'Oligocène (11.10^6 ans, de -34 à -23.10^6 années) marqua une pause : Heinrich Ernst von Beyrich souligna la rareté de nouveaux groupes de mammifères, en relation avec une extinction massive au début de l'étage (impact d'une météorite en baie de Chesapeake et/ou en Sibérie).

➢ Au Miocène (18.10^6 ans, de -23 à -5.10^6 années), Charles Lyell avait souligné une poursuite de la stagnation écologique. Les forêts tropicales firent place aux savanes dont les graminées se diversifièrent, et se révélèrent capables d'assimiler le dioxyde de carbone. Cependant, la faune des mammifères rassemblait déjà la plupart des genres et des espèces actuels.

➢ Au Pliocène ($2{,}5.10^6$ ans, de -5 à $-2{,}5.10^6$ années), les faunes marines et terrestres sont quasiment modernes. Mais les forêts tropicales furent réduites à l'équateur, au profit des savanes à graminées. Les forêts tempérées décidues ont conquis les latitudes moyennes, alors que les forêts de résineux et les toundras couvraient les hautes latitudes de l'hémisphère nord. C'est à ce moment que l'Antarctique se couvrit d'un inlandsis. La diversité des paysages annonçait une diversité analogue des climats, avec des températures contrastées.

➢ Enfin, la Pléistocène ($2{,}49.10^6$ ans de -2,5 à $-0{,}012.10^6$ années) sera, pour nous, l'époque des grandes glaciations quaternaires. La faune et la flore sont constituées par des genres et des espèces qui pour la plupart existent encore. Mais les forêts reculèrent au profit des savanes, des prairies, des steppes arides et des toundras.

Par souci d'homogénéité, la concentration des sédiments océaniques en oxygène 18 (document 5.1) restera le « *fossile directeur* » de la reconstitution des températures moyennes. Au cours du Crétacé (très long : 65.10^6 années), du Paléocène (court : 9.10^6 années) et pendant les 5 premiers millions d'années de l'Eocène, la tendance fut à la réduction de la part de l'^{18}O dans les sédiments. Autour d'une moyenne de 27.15 ‰, la concentration recula de 29,2 à 28 ‰.

➢ Ce fut un faible repli, de 0,02 ‰/10^6 années, mais assez continu, avec un léger pic dans la deuxième moitié du Crétacé et surtout au tout début de l'Eocène. La température des océans se réchauffait lentement avec, pour ce qui concerne le début du Cénozoïque, un refroidissement au Paléocène et un réchauffement au début de l'Eocène.

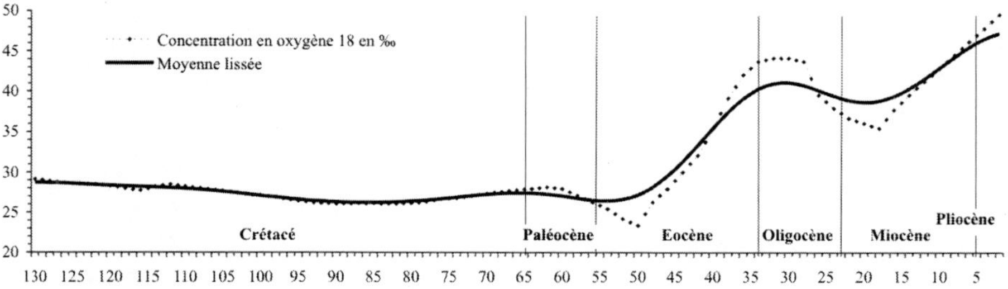

a) Concentration relative $^{18}O/^{16}0$

b) Ecarts à la moyenne Cambrien-Pliocène estimée à 29,4 ‰

Document 5.1 - Variations de la concentration relative d'oxygène 18 dans les sédiments océaniques du Crétacé au Pliocène (d'après Veizer et al. 2000).

➢ Pendant tout ce temps, la concentration des sédiments en oxygène 18 resta inférieure à une moyenne générale depuis le début du Cambrien, et estimable à 29,4 ‰.

➢ Mais, il y a 50.10^6 années, cette concentration en ^{18}O commença à augmenter, signe d'un refroidissement généralisé des océans. De 23.4 ‰, la part de cet isotope grimpa à 44,2 ‰ au début de l'Oligocène, il y a 35.10^6 années. En 15.10^6 années, la part de l'oxygène 18 océanique s'est accrue de 20,8 ‰, soit 1,4 ‰/10^6 années.

➢ Certes, cette concentration recula au début du Miocène : 35,5 ‰ il y a 18.10^6 années, signe d'un réchauffement des eaux marines. Puis la croissance a repris jusqu'à l'aube du Quaternaire : 49,6 ‰ il y a 2.10^6 années.

De telles variations ont été observées au cours du Paléozoïque et du Mésozoïque (document 4.3), mais le pas de temps était beaucoup plus long, de l'ordre de la dizaine de millions d'années. Les systèmes du Paléozoïque et du Mésozoïque étaient extrêmement longs : 49.10^6 années pour les cinq systèmes du Paléozoïque, 62.10^6 années pour les trois systèmes du Mésozoïque. Avec le Cénozoïque, nous entrons dans des durées plus brèves : le Paléocène et l'Oligocène ne durèrent que 10.10^6 années, l'Eocène et le Miocène furent plus longs : 21.10^6 et 18.10^6 années, mais le Pliocène fut très bref : à peine $2,8.10^6$ années. Que dire du Quaternaire : $2,58.10^6$ années dont $2,568.10^6$ années pour le seul Pléistocène (généralement glaciaire).

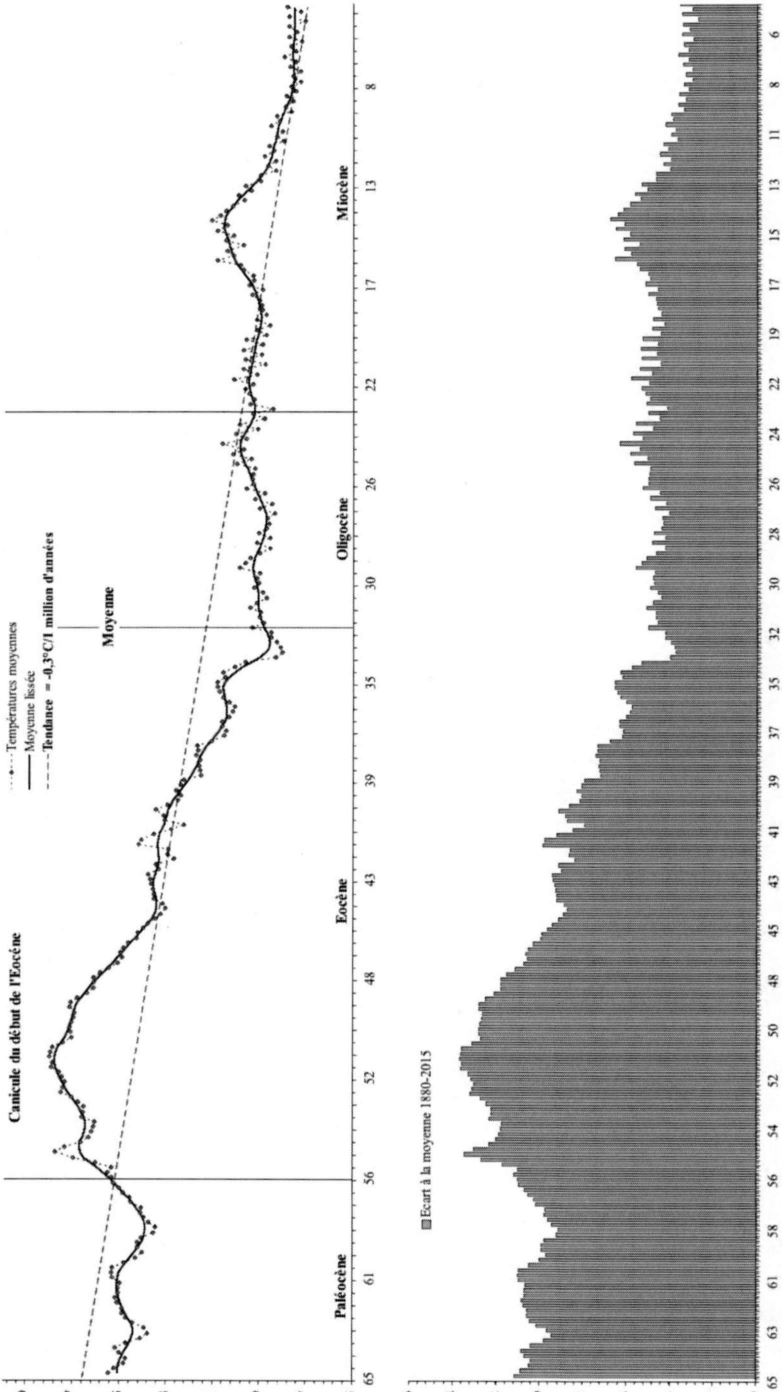

Document 5.2 - Variations des températures du Paléocène au Miocène (à gauche) et écarts par rapport à la moyenne 1880-2015 : 14,2°C (à droite).

Mais cette rapidité est récente et les températures globales ont été plus facilement restituées (documents 4.8 et 4.9). Nous avons été conduits à diviser le Cénozoïque (dont fait partie le Quaternaire) en deux ensembles : un Cénozoïque « ancien » du Paléocène au Miocène (document 5.2 : pas de temps moyen de 200 000 ans) et un Cénozoïque récent (document 5.3 : pas de temps de 15 000 ans).

Du Paléocène à la fin du Miocène, les températures ont régressé de 9,2°C/10^6 années, passant de 25,7°C à 16,5°C entre -65.10^6 et -5.10^6 années, à l'aube du Pliocène (document 5.2), tout en restant supérieures de 7,5°C environ à la moyenne 1880-2015. On retiendra que le climat restait plus chaud qu'aujourd'hui.

Le Paléocène (-65 à -55,8.10^6 années) était déjà chaud.

➢ Certes, on y relève des pulsations mineures - « frais » avec 23,6°C vers -63,3.10^6 années, « chaud » avec 25,7°C vers -60,4.10^6 années et à nouveau « frais » avec 23,1°C vers -58,7.10^6 années. Mais, globalement, les températures furent plutôt stables : Xi = 24.7°C avec un très faible écart-type σ = 0,7°C soit un coefficient de variation Xi/σ = 2,8 % seulement.

➢ Des écosystèmes de type intertropical atteignaient les moyennes latitudes des deux hémisphères (50° //). La flore de l'Alaska était elle-même quasi tropicale humide.

➢ L'explication généralement admise porterait sur un niveau marin anormalement élevé (document 5.3).

Dans les derniers millénaires du Paléocène les températures commencèrent à s'élever.

➢ En effet, vers -58,5.10^6 ans, les températures générales se sont mises à croître pendant 7,6.10^6 années, pour atteindre 28,4°C vers -51.10^6 ans (document 5.2).

➢ Les continents, de plus en plus restreints se sont presque entièrement couverts de forêts tropicales. Faune et flore (notamment des hautes latitudes) ont alors connu une phase d'extinction importante dont les foraminifères benthiques et de nombreux mammifères terrestres dont des primates.

➢ Cette crise climatique fut contemporaine du « rift » de l'Atlantique nord, dont le volcanisme de la dorsale médio-atlantique en formation aurait provoqué l'injection de gaz à effet de serre dans l'atmosphère : émission directe de CO_2 et surtout la décomposition des hydrates de méthane (ou clathrates), un composé organique naturellement présent dans les fonds marins, et certains talus continentaux.

➢ Or le méthane (CH_4) a un effet de serre 25 fois plus fort qu'un kilogramme de CO_2. Il expliquerait ainsi l'augmentation de 5°C des températures moyennes entre la fin du Paléocène et le premier quart de l'Eocène.

➢ Entre -55,8 et -44,3.10^6 années, les températures furent élevées Xi = 26,2°C, c'est la « ***canicule du début de l'Eocène*** » qui correspond aussi à une importante radiation des espèces végétales et animales, et à une augmentation de la biodiversité.

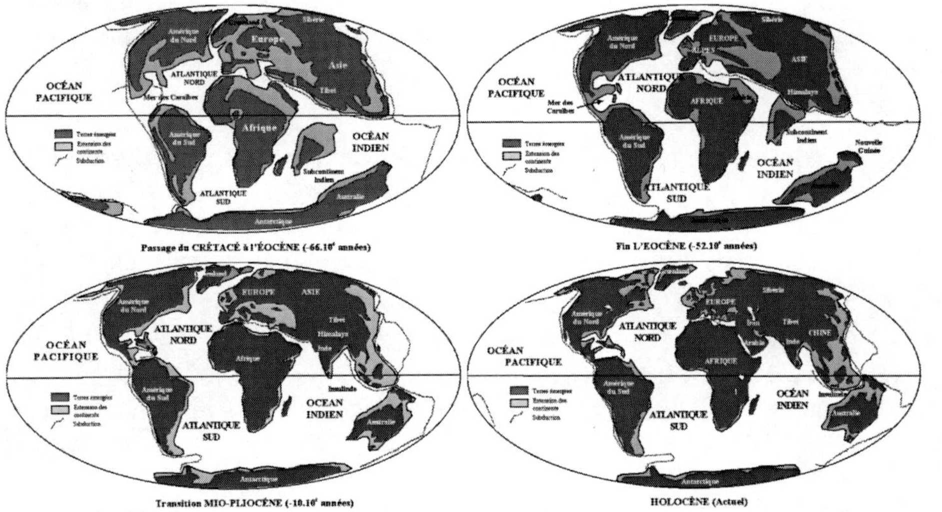

Document 5.3 - Démantèlement de la Pangée au cours du Cénozoïque

L'Eocène commença donc par une « canicule » (-55 à -45. 10^6 ans) pour ensuite se refroidir.

➢ Ce fut la conséquence de l'ouverture de l'Atlantique Nord et de l'émission de CO_2 et CH_4 déjà évoquée. Mais l'ouverture de cet océan modifia la circulation des courants océaniques ; les eaux tropicales ont plus facilement atteint les hautes latitudes sur une planète dont la géographie des océans tendait vers la situation actuelle (document 5.3) On estime parfois que la température des eaux de surface a pu atteindre 15°C au voisinage des pôles, principalement dans l'hémisphère sud.

➢ Mais si, globalement, l'Eocène (-55,8 à -33,9.10^6 années) connut une température moyenne proche de celle du Paléocène - Xi = 24,3°C - l'écart-type est plus élevé - σ = 2,5°C - et le coefficient de variations Xi/σ = 10,5 % traduit une instabilité, soit en réalité une chute des températures. Les températures avaient commencé à décroître dès -50,9.10^6 années, un processus qui courut jusqu'à la fin de l'Eocène. De 28,4°C il y a 50,9.10^6 années, elles descendirent à 17,3°C vers -33,3.10^6 années, à la fin de l'Eocène.

➢ Ce n'était pas une nouveauté, on l'observa maintes fois au Paléozoïque et au Mésozoïque, mais le processus fut rapide : moins de 20 millions d'années.

L'Oligocène (-33,9 à -23,03.10^6 années) connut donc un changement radical.

➢ L'Antarctique avait atteint une situation polaire qu'elle ne quittera plus. Il se réalisa alors un processus bien connu des climats quaternaires. Avec une température de 15°C attribuée aux parties méridionales des grands océans, les perturbations cycloniques de l'hémisphère sud apportèrent des précipitations neigeuses sur ce continent.

➢ Du fait de la durée de la nuit polaire, génératrice de temps clair et de pertes d'énergie, les névés, à fort albédo, cessèrent de fondre entre deux hivers, et le continent commença à se couvrir d'une calotte glaciaire. Avec les échanges thermiques internes aux océans, l'hydrosphère se refroidit.

➢ Une conséquence pourrait être une répartition climatique zonale plus tranchée. En effet, les moyennes et hautes latitudes de l'hémisphère nord se sont couvertes de forêts décidues à aulne, charme, chêne, bouleau, signe d'une variation thermique saisonnière plus tranchée.

➢ Le climat apparaît relativement tiède - Xi = 19,2°C (plus chaud qu'aujourd'hui) avec un faible écart-type - σ = 1,1°C (Xi/σ = 5,8 %), traduction d'une relative stabilité thermique (Maximum = 20,9°C vers -29,3.10^6 années, minimum = 17,5°C vers -27,4.10^6 années). Mais, comparé à l'Eocène, le climat était déjà frais.

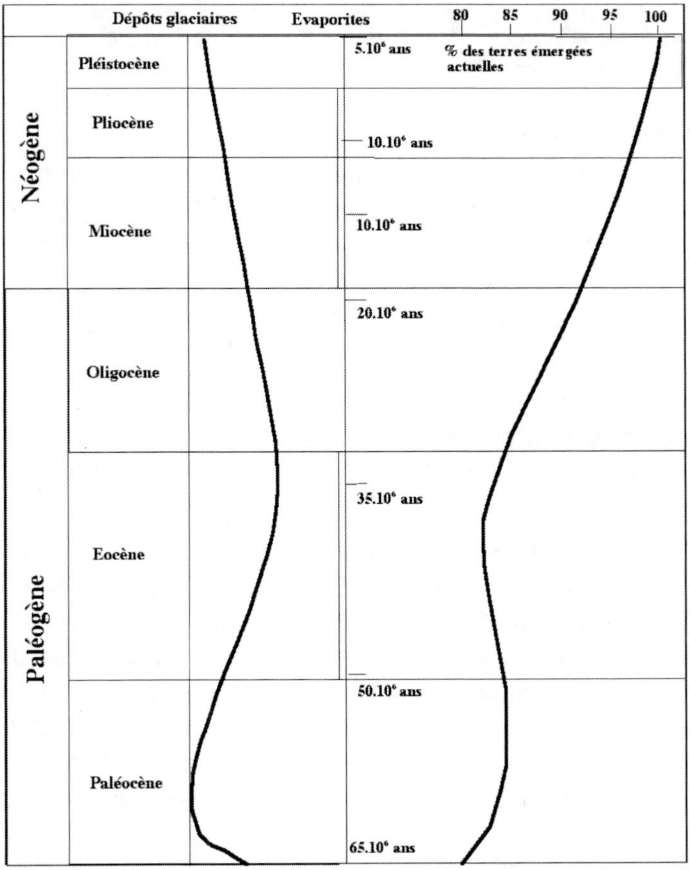

Document 5.4 - Répartition des évaporites et des dépôts glaciaires (à gauche) et de la part relative des aires continentales (à droite)

Le Miocène (-23,03 à -5,33.10^6 années) connut un climat plus indécis.

➢ Au début, la stabilité thermique persista $5{,}2.10^6$ années, (document 5.2). La température moyenne fut de 18,9°C et stable (σ = 0,9°C et Xi/σ = 4,6 %). Puis le Miocène connut une nouvelle « *vague de chaleur* » : la température a atteint 20-21°C. Pendant $5{,}8.10^6$ années, la moyenne fut de 19,8°C. Toutefois, la fin du Miocène fit l'objet d'un nouveau recul des températures : 19,8°C il y a $12{,}2.10^6$ années et 16,5°C vers -5.10^6 années à l'aurore du Pliocène.

➢ Les forêts de l'hémisphère nord ont alors pris une physionomie dont il reste des traces. Dans leurs secteurs méridionaux (faces S.E et S.W des continents), la forêt resta « subtropicale » et sempervirente (les forêts chinoises et méditerranéennes en donnent encore une image). Aux moyennes latitudes (45-55°//), leurs façades océaniques continuèrent à porter une forêt décidue de bouleaux, de charmes, de hêtres, de chênes, témoignages d'hivers devenus rudes. Enfin, en bordure de l'Océan Arctique, seule une forêt de résineux, sempervirente, pouvait subir les contraintes thermiques d'un hiver devenu très long.

➢ Dans l'intérieur de ce qui devenait l'Eurasie et l'Amérique du Nord, la prairie et la steppe, adaptées à un milieu plus sec du fait de l'éloignement des côtes, remplaçaient les forêts de l'Eocène. Or ce sont des écosystèmes très gourmands en dioxyde de carbone par photosynthèse, à forte albédo, et coresponsables du refroidissement.

➢ En effet, la fraîcheur accompagnait un autre processus, la régression des océans, pour partie due au stockage de glace sur l'Antarctique et à la réduction du volume des eaux de surface au fur et à mesure qu'elles se refroidissaient (document 5.4).

➢ Les dépôts glaciaires, qui avaient été importants au début du Paléocène, disparurent au milieu de l'Eocène, du fait de sa canicule. Mais, à partir de l'Oligocène (et jusqu'à la fin du Pléistocène), les dépôts issus de formations glaciaires sont devenus de plus en plus fréquents (document 5.4). Or, simultanément, les continents, dont la part avoisinait 80 à 85 % de leur surface actuelle, ont commencé à s'étendre de façon continue. On entrait dans une ère nouvelle.

Avec le Pliocène, le temps s'est accéléré ou plutôt les environnements et leurs conditions climatiques sont mieux connus, du fait de mesures réalisées sur un pas de temps plus bref : une quinzaine de milliers d'années. Il faut donc changer de représentation (document 5.5). En effet, le Pliocène, commencé il y $5{,}3.10^6$ années, est arbitrairement clos en $1{,}8.10^6$ B.P. (ou $2{,}1.10^6$ B.P. selon d'autres critères). Il se divise en trois étages : Zancléen (-5,3 à $-3{,}5.10^6$ années), Plaisancien (-3,5 à $-2{,}6.10^6$ années) et Gélasien (-2,6 à $1{,}8.10^6$ années). Il laissa la place au Quaternaire dont nous ne traiterons ici que le Pléistocène inférieur (-1,8 à -1.10^6 années).

➢ Les températures ont décru (document 5.5a), mais il y a $2{,}75.10^6$ années, elles passèrent en dessous de la moyenne 1880-2015 (14,2°C) et le climat devint plus froid qu'aujourd'hui. En effet, les Montagnes Rocheuses ...

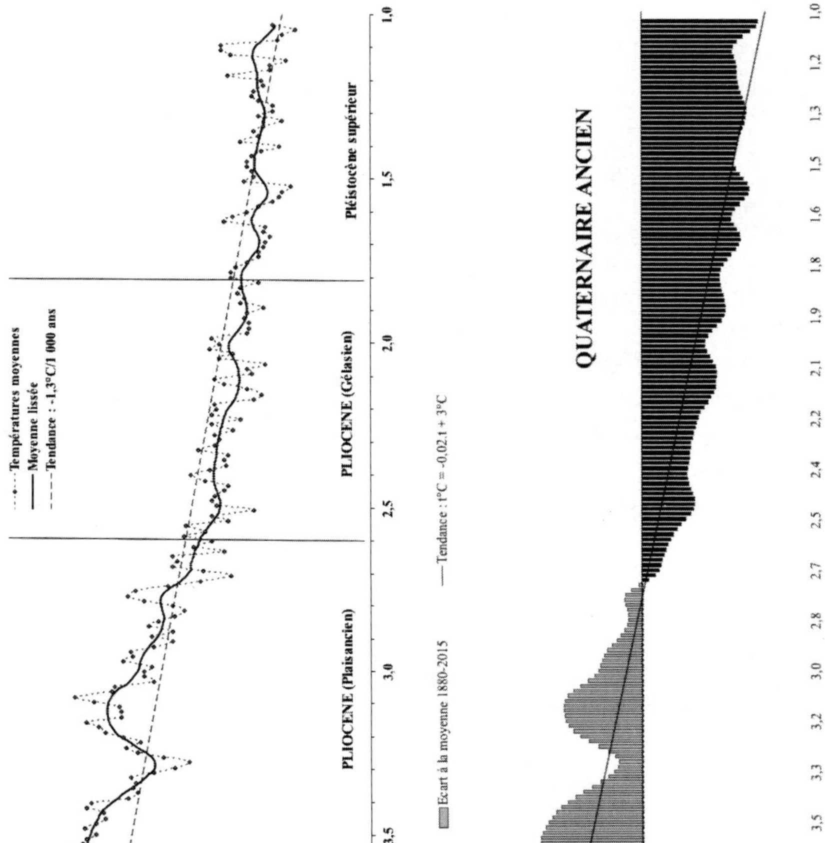

Document 5.5 - Variations des températures du Miocène au Pléistocène ancien (à gauche) et écarts par rapport à la moyenne des températures de 014 : 14,3°C (à droite)

… et les boucliers de l'hémisphère nord - Québec et Scandinavie - furent recouverts par de gigantesques inlandsis. Le Quaternaire fut globalement froid.

➢ Du début du Pliocène à la fin du Pléistocène moyen, les températures ont reculé de 0,02°C tous les 15 500 ans. Aussi la moyenne de Xi = 14,6°C (supérieure à 2014) ne traduit pas la réalité. L'écart-type est σ = 1,8°C et Xi/σ = 13 % ; les températures furent donc très instables.

La moyenne lissée du document 5.5a révèle des variations cycliques plus ou moins régulières. Si on analyse visuellement la courbe de cette moyenne lissée, on compte 39 phases alternativement de croissance ou de recul des moyennes thermiques. Elles duraient 105 000 ans en moyenne. Mais ces pulsations sont de durée variable : 340 000 ans pour la plus longue et 40 000 ans pour la plus brève. En effet, si on examine à nouveau la courbe on observe des ondulations longues perturbées par des oscillations courtes. Le traitement des 39 pulsations révèle deux modes de variations.

➢ Il existe des variations, ou plutôt des pulsations thermiques longues. Les températures ont 22 fois monté ou décru pendant 180 000 ans en moyenne. On aurait alors un système d'oscillations moyennes de 360 000 ans de longueur d'ondes.

➢ Ces oscillations longues sont perturbées par des pulsations plus brèves. Nous en avons compté 35 pendant lesquelles la température monta ou descendit pendant 90 000 ans en moyenne. Elles correspondraient à des longueurs d'onde de 180 000 ans.

➢ Au cours des pulsations longues, les températures auraient varié de 0,4°C, contre 0,2°C pendant les pulsations courtes.

Nous avons insisté sur ces pulsations, car nous verrons qu'elles se rapprochent de la périodicité des phénomènes astronomiques, dont nous reparlerons ci-dessous. La cause des modifications du climat après le Crétacé reste explicable par la tectonique des plaques, mais seulement sur les longues durées.

Les causes des glaciations pliocènes et quaternaires

Sur une courte période (géologiquement parlant), d'autres explications peuvent être apportées. Mais, d'abord, il faut remettre les événements à leur juste place. Notre planète aurait connu six grandes glaciations …

➢ Glaciation Précambrienne de Pongola	Vers -2 900.10^6 années
➢ Glaciation Précambrienne de l'Huronien	-2 400 à -2 100.10^6 années
➢ Glaciation Précambrienne du Cryogénien	-950 à -570.10^6 années
➢ Glaciation Paléozoïque de l'Ordovicien	-450 à -420.10^6 années
➢ Glaciation Paléozoïque du Permo-Carbonifère	-360 à -260.10^6 années
➢ Glaciation Cénozoïque du Quaternaire	Depuis 2,6.10^6 années

… En effet, le cycle des glaciations du Quaternaire appartient à un ensemble qui sera probablement long (entre 30 et 300.10^6 années au vu des glaciations du

Phanérozoïque). On ignore souvent la cause des grandes glaciations du Précambrien, même si on évoque des processus tectoniques ou astronomiques. Il est même possible que les causes astronomiques que nous allons décrire aient joué. Mais pour ce qui concerne le Pléistocène, on peut affirmer que les conditions géographiques (répartition des continents issue du démantèlement de la Pangée, répartition méridienne des océans facilitant la circulation des eaux marines, maintien de l'Antarctique en position polaire) ont soutenu l'œuvre de conditions astronomiques favorables.

Mais, il a fallu des facteurs déclenchants : depuis l'Oligocène, la surface relative des continents s'est accrue, ce qui favorisait les contrastes thermiques entre l'équateur et les pôles (la chaleur spécifique des continents est moins forte que celle des océans, qui sont de véritables « *volants thermiques*). La situation s'est aggravée avec la fermeture de l'isthme de Panama.

Conséquences de la fermeture de l'isthme de Panama : tant qu'il existait un espace entre les deux Amériques, l'eau circulait entre l'Atlantique et le Pacifique. Les alizés entraînaient les eaux de surface à partir du Golfe de Guinée en un double courant équatorial (au nord et au sud de l'équateur) jusqu'aux îles de la Sonde, voire vers les côtes de l'Afrique de l'Est.

Mais, les alluvions amenées par les fleuves ont peu à peu fermé le bras de mer, à l'image des cordons de galets fermant les lagunes littorales (Languedoc, Venise, Littoral Balte). Le ***Smithsonian Tropical Research Institute*** et le ***C.N.R.S.*** en ont recherché une datation au travers de l'âge des zircons pris dans les alluvions. Les résultats confirmeraient une fermeture précoce, vers le milieu du Miocène, il y aurait 13 à 15.10^6 années. On sait que l'une des conséquences fut écologique avec des échanges entre la faune et la flore nord et sud-américaines.

Pour ce qui nous concerne, cette fermeture a interrompu la circulation zonale des eaux océaniques intertropicales. Au niveau des Caraïbes, les deux courants nord- et sud-équatoriaux de l'Atlantique furent contraints de bifurquer : l'un vers les côtes du Brésil, l'autre vers celles du Mexique et du sud des Etats-Unis. C'est celui-ci qui nous intéresse. Cette branche nord est devenue le Gulf Stream, prolongé par la Dérive Nord-Atlantique en direction de l'Europe et du Grœnland.

➢ Les eaux chaudes tropicales se sont alors déplacées vers le nord-ouest, alors que, de l'Arctique, de l'eau froide descendait le long du Détroit de Davis.

➢ La Dérive Nord Atlantique accompagnée des Grands Frais (ou Westerlies) apportait de l'air tropical océanique chaud et humide.

➢ Peu à peu, les perturbations cycloniques apportèrent de la neige sur le Grœnland qui se couvrit d'un inlandsis, comme cela avait été le cas sur l'Antarctique.

Un processus identique pouvait se produire sur le bouclier Canadien, en Amérique du Nord, le bouclier Fennoscandien en Europe du Nord-ouest, et, dans le Pacifique oriental, sur les Montagnes Rocheuses. Il suffisait que des conditions favorables au déclenchement d'une glaciation soient réunies. Or, cela dépendait de conditions particulières :

➢ La concentration des masses continentales aux moyennes latitudes de l'hémisphère nord, une tectonique commencée à l'Eocène et largement concrétisée au Pliocène.

➢ Des conditions astronomiques défavorables : hémisphère nord éloigné du Soleil en hiver, axe de rotation fortement incliné de façon que ce même hémisphère soit moins éclairé en cette même saison.

Cette situation serait apparue au cours du Pliocène, et ces causes furent définies dès 1941 par l'astronome et mathématicien croate Milutin Milankovic dans sa « ***Théorie astronomique du climat*** »

La Théorie de Milankovic peut être ici présentée assez simplement. C'est aux moyennes latitudes que se construit le climat. Dans le deuxième chapitre, nous avons expliqué que la quantité d'énergie parvenant au sol dépendait de l'***éloignement du Soleil*** et de l'***inclinaison de l'axe de rotation*** (document 2.2). Au niveau du sol, cet apport énergétique dépend de l'***incidence des rayons solaires***, laquelle ***varie selon la latitude et la saison*** (document 2.3).

➢ Au solstice d'été de chaque hémisphère, l'apport d'énergie solaire est de 149 W/m^2 au 45e//, valeur comprise entre 160 W/m^2 au tropique et 118 W/m^2 au cercle polaire. Au solstice d'hiver de chacun des mêmes hémisphères, l'apport n'est que de 59 W/m^2 au 45e//, valeur comprise entre 118 W/m^2 au tropique et 0 W/m^2 au cercle polaire.

➢ Pour une variation de l'incidence de 23° 26', la perte d'énergie entre l'été et l'hiver est de 60 % : une valeur considérable (au niveau de chaque tropique, la variation saisonnière n'est que de 26 %).

➢ Or, après le démantèlement de la Pangée, les continents se sont en partie concentrés de part et d'autre du 45e// de l'hémisphère nord. Aujourd'hui, près de la moitié des terres émergées (aire globale de 148 714 379 km^2) se trouve concentrée aux moyennes latitudes entre le 25e et le 65e//nord (document 2.4).

Milutin Milankovic calcula que du fait de la gravité des autres planètes du système solaire, d'une part, et du décentrement du globe terrestre par rapport à son axe de rotation, d'autre part, la distance entre l'hémisphère nord et le soleil varia lentement, alors que, simultanément, l'inclinaison de l'axe oscillait autour du centre de la Terre. Entre 1911 et 1958, Milutin Milankovic effectua ses calculs pour les latitudes comprises entre les 55° et 65°// nord, et en calcula les variations de l'insolation des 600 000 dernières années. Il mit en évidence l'existence de plusieurs périodicités proches de 400 000 ans, 100 000 ans, 40 000 ans et 20 000 ans (document 5.6).

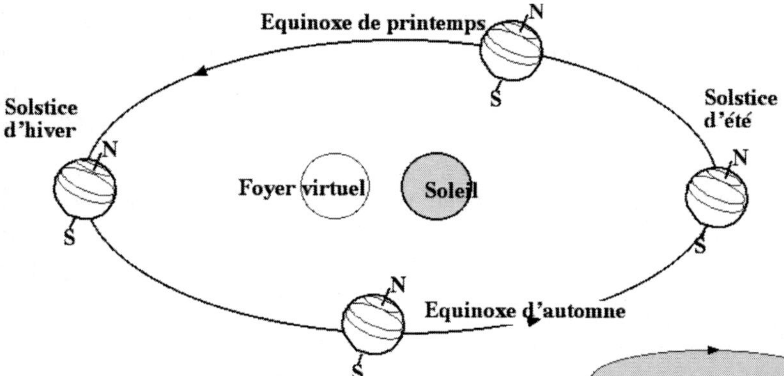

a) Translation de la Terre autour du Soleil

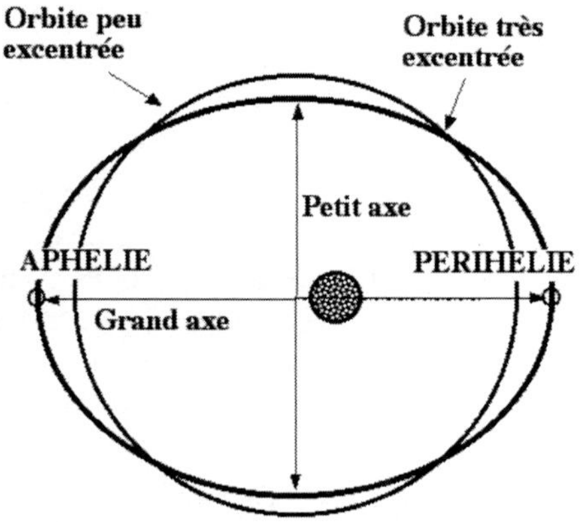

b) Aplatissement de l'orbite terrestre

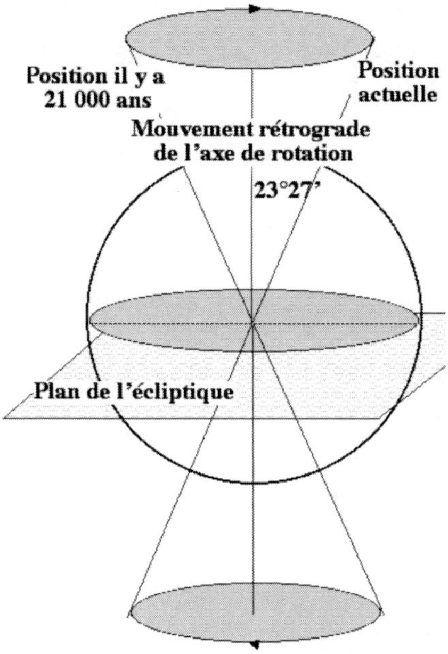

c) Précession des équinoxes

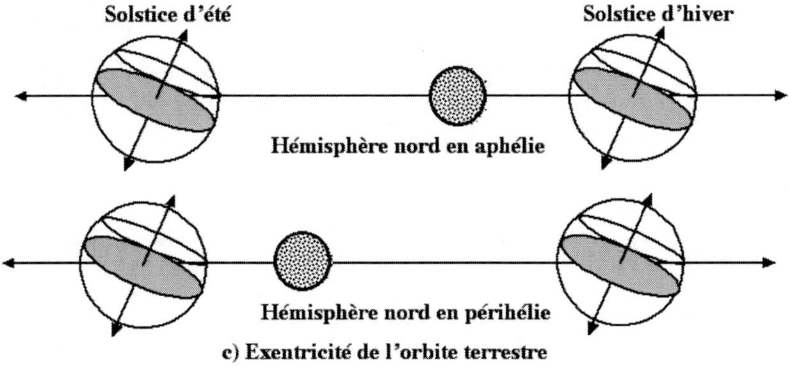

c) Exentricité de l'orbite terrestre

Document 5.6 - La théorie astronomique du climat

La Terre effectue une orbite elliptique autour du Soleil. Or l'aplatissement de cette orbite (quotient $\mathbf{Q_t}$ du grand axe et du petit axe) varie selon une période de retour de 413 000 ans.

➢ Actuellement, l'orbite terrestre est peu aplatie ($\mathbf{Q_t}$ **= 0,016**) et au solstice d'été le 45e// reçoit 147 W/m^2, aux équinoxes.

➢ Il y a 400 000 ans, l'indice était de $\mathbf{Q_t}$ **= 0,06**, le 45e// ne recevait que 119 W/m^2 aux mêmes équinoxes (réduction de 20 %).

La durée de l'orbite terrestre (365,256363004 jours) n'est pas un multiple de 24 heures (durée du jour). La Terre ne présente pas toujours le même hémisphère, au même instant, au Soleil.

➢ Actuellement, l'hémisphère nord est incliné vers le Soleil (situation estivale) en position d'aphélie (distance maximale du Soleil). La Terre reçoit peu d'énergie en été mais plus en hiver, donc les étés sont « *frais* » et les hivers sont « *doux* ». L'évaporation estivale est modeste et l'air polaire océanique est moins humide ; en hiver, les précipitations solides ***ne permettent qu'un enneigement pérenne de la haute montagne*** et l'interdisent sur les boucliers arctiques (en dehors du Grœnland).

➢ Si à l'inverse l'été correspond au périhélie et l'hiver à l'aphélie, la Terre reçoit beaucoup d'énergie en été et moins en hiver, donc il y a des étés « *chauds* » et des hivers « *froids* ». L'évaporation estivale sur les océans est intense, et l'air tropical est très humide. Sa rencontre avec un air polaire très froid génèrerait d'importantes précipitations neigeuses sur les boucliers. ***Que cette masse ne puisse fondre au cours de quelques milliers d'étés et la situation glaciaire est amorcée***.

➢ On estime à 100 000 ans la fréquence des variations de cette excentricité.

La Terre connaît des variations de l'obliquité de son axe de rotation. Cette inclinaison, actuellement de 23°26'30", relève des interactions gravitationnelles que la Terre subit de la part des autres planètes. Elle varie de 47,6" par siècle et passe par 2 extrêmes : 22,1° et 24,5° dont la fréquence de retour serait de 41 000 ans. Actuellement, l'énergie reçue au cercle polaire est de 118 W/m^2 au solstice d'été. Dans l'hypothèse de l'inclinaison minimale (22°10'), elle serait de 113 W/m^2, et pour l'inclinaison maximale (24°50) elle serait de 120 W/m^2. ***Ces faibles variations ont leurs plus larges conséquences sur l'insolation à la latitude du cercle polaire arctique***. On devine deux cas de figure :

➢ L'inclinaison est maximale : 24,5° : le 65e // de l'hémisphère nord reçoit une grande quantité d'énergie en été : ***la glace a du mal à s'y maintenir***. C'est la situation actuelle.

➢ L'inclinaison est minimale : 22°1' : le 65e// reçoit peu d'énergie, aussi ***la neige ne fond pas entre deux hivers et des glaciers peuvent se mettre en place***.

Il faut enfin prendre en compte la « précession des équinoxes ». Du fait de l'irrégularité de la répartition des continents, massés dans l'hémisphère nord, la Terre « *tourne comme une toupie mal réglée* », ce qui provoque un balancement régulier appelé « *précession* », et l'axe de rotation terrestre décrit un cône dont un tour complet est effectué en 25 800 ans environ. Vues de l'hémisphère nord, deux solutions se présentent.

➢ Si, en phase de périhélie, l'axe terrestre est incliné vers le soleil au niveau du pôle sud, l'hémisphère nord reçoit le minimum de rayonnement et l'été boréal est plus frais. Mais si l'axe terrestre est incliné vers le soleil au niveau du pôle nord, l'hémisphère nord reçoit le maximum de rayonnement : l'hiver boréal est plus tiède. ***C'est la situation actuelle***

➢ Si, en phase d'aphélie, l'axe terrestre est incliné vers le soleil au niveau du pôle nord, l'hémisphère nord reçoit le maximum de rayonnement : l'été boréal plus chaud. Mais si l'axe terrestre est incliné vers le soleil au niveau du pôle sud, l'hémisphère nord reçoit le minimum de rayonnement : l'hiver boréal est plus froid. ***Le contraste thermique est élevé entre l'été et l'hiver, et ce serait la meilleure situation pour une accumulation de la glace près de l'Arctique***.

Ces quatre conditions se conjuguent ou s'opposent, et il en résulte des situations intermédiaires plus ou moins favorables à la douceur climatique ou au froid. Mais, après la fermeture de l'isthme de Panama, le Gulf Stream et la Dérive Nord-Atlantique ont apporté de l'eau chaude vers l'Arctique. Cette eau porte une masse d'air océanique, chaude et humide, capable de déverser des précipitations abondantes sur les reliefs : Montagnes Rocheuses canadiennes, Bouclier Canadien, Grœnland, Bouclier Scandinave, Alpes et Pyrénées. Quand les conditions astronomiques étaient favorables au froid (forte inclinaison de l'axe, été de l'hémisphère nord en aphélie), les précipitations neigeuses étaient abondantes et l'hémisphère nord se couvrait de glace à proximité de l'Arctique.

Les glaciations plio-quaternaires et les stades isotopiques

On a longtemps utilisé la « *chronologie alpine* ». Dès 1909, Penck et Brückner publièrent une synthèse de leurs recherches sur les témoignages des glaciations alpines sur le piémont bavarois. Leur chronologie se fondait sur la succession des terrasses fluviatiles construites par les affluents du Danube : la Günz, la Mindel, la Riss et la Würm. Ils avaient ainsi relevé l'étagement de quatre nappes alluviales : une basse terrasse et une haute terrasse, en dessous de deux alluvionnements plus anciens qu'ils dénommèrent « *Deckenscotter* » récent et ancien. Il est vrai que chacune de ces terrasses est aussi rattachée à des dépôts morainiques.

Ils utilisèrent la méthode des naturalistes : on décrivait une coupe caractéristique, ou stratotype, puis on définissait un étage auquel on donnait le nom du stratotype, par tradition. Penck et Brückner décidèrent de classer les glaciations selon l'ordre alphabétique. Ainsi, aux quatre niveaux furent rattachés quatre épisodes glaciaires nommés glaciations du ***Günz***, du ***Mindel***, du ***Riss*** et du ***Würm***. Les épandages fluvioglaciaires de Bavière, de Suisse et d'Alsace (*Sundgauschotter*) s'en distinguent et l'on ajouta un cinquième système, celui de ***Donau*** (Danube). Enfin, on a aussi reconnu des formations plus anciennes, ***pré-Donau***, des poussées glaciaires nommées *Staufenberg* et *Ottobeuren Schotter*, qu'on regroupe aussi dans la très ancienne glaciation de ***Biber***, un autre affluent du Danube, ce qui respecte la nomenclature alphabétique.

Plus au nord, le long du front glaciaire de Scandinavie, les auteurs établirent une autre chronologie avec les glaciations de ***Brüggen***, des ***Eburons***, de ***Ménape***, de l'***Elster***, de la ***Saale*** et de ***Weichsel*** (la Vistule). Enfin, en Amérique du Nord, à partir des dépôts issus des inlandsis du Bouclier Canadien et des Rocheuses, on avait reconnu les glaciations du ***Nebraska***, du ***Kansas***, de l'***Illinois***, et du ***Wisconsin***.

Ces terminologies sont tombées en désuétude devant les révélations du dosage de l'isotope ^{18}O. Les prélèvements effectués dans les sédiments benthiques océaniques ont permis d'effectuer un dosage pointu de la part de l'oxygène 18. C'est à partir de ces résultats que la chronologie des climats quaternaires a pu être réalisée, et, par voie de conséquence, la reconstitution des températures moyennes (document 5.7 a et b).

Huit cent mille ans ne couvrent pas tout le Quaternaire, mais permettent de donner une idée des climats qui se sont succédé au moment où les premiers humains pénétraient en Europe. Le document 5.7.a de gauche rend compte du dosage de l'isotope ^{18}O depuis ces 800 000 ans. Cette période correspond grossièrement à la polarité actuelle, celle qui suivait l'inversion de Jamarillo. La concentration est en dents-de-scie …

Minima	775	720	680	600	490	395	315	185	105	60 10^3 ans
Maxima	800	745	705	525	425	335	260	140	60	15 10^3 ans

… Ce qui donne un temps de retour moyen de 80 ans pour les minima et de 87.10^3 ans pour les maxima.

On a ainsi établi l'existence de 21 pulsations majeures, appelées « *stades isotopiques* », numérotées de 1 (pour la plus récente) à 21 pour la plus ancienne. Comme nous vivons actuellement un interglaciaire, les stades impairs correspondent à un déficit de concentration, donc à des océans tièdes, voire chauds. À l'inverse, les stades impairs se rapportent à un excès de l'isotope dans les océans, lesquels pouvaient être frais, voire très froids. La moyenne des concentrations de stades impairs est de 4,1 ‰, et celle des stades pairs est de 4,6 ‰. La différence est modeste, mais a suffi à multiplier les stades chauds et froids, ce qui est en relation avec la variation de l'obliquité de l'axe terrestre.

Cela ruinait en partie les chronologies de Penck et Brückner. Selon eux, les 800 000 dernières années auraient connu les glaciations du Günz, du Mindel, du Riss et du Würm…

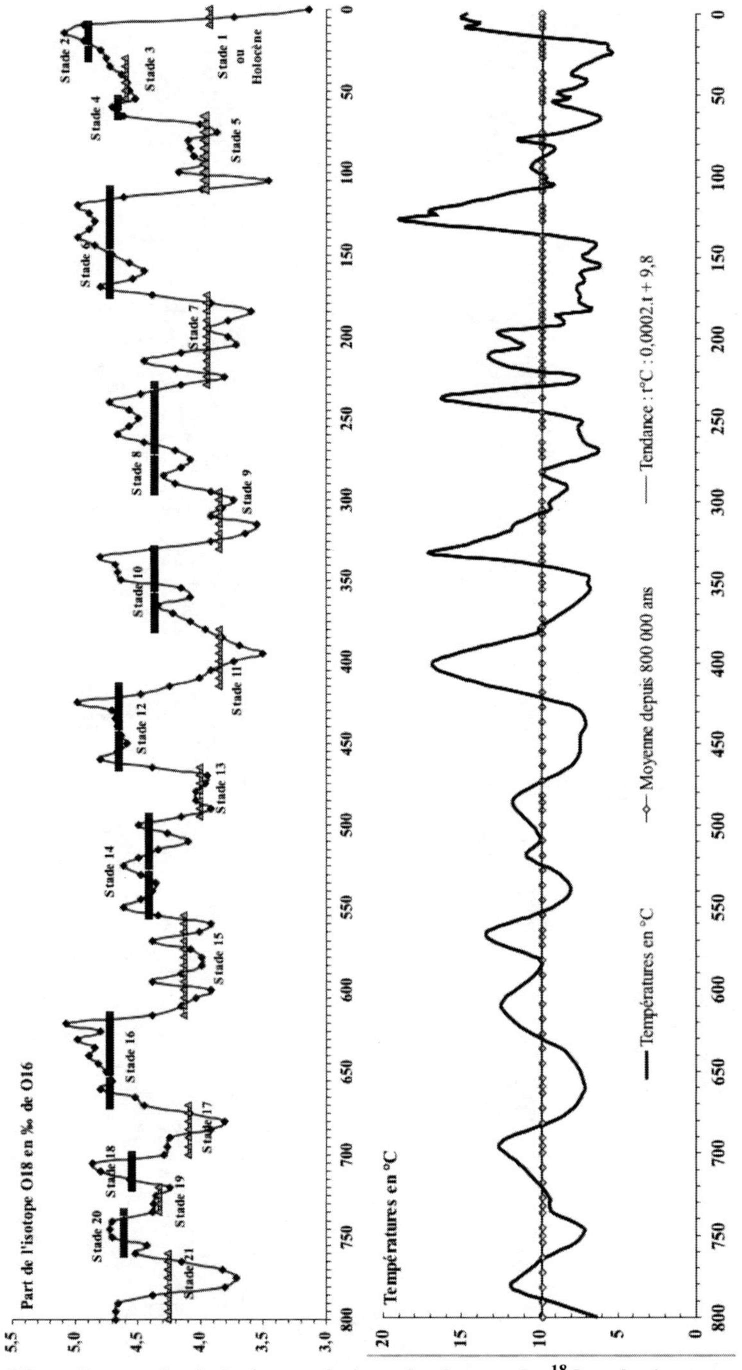

Document 5.7.a - De gauche à droite, variations du dosage du ^{18}O océanique et restitution probable des températures moyennes (d'après les forages EPICA).

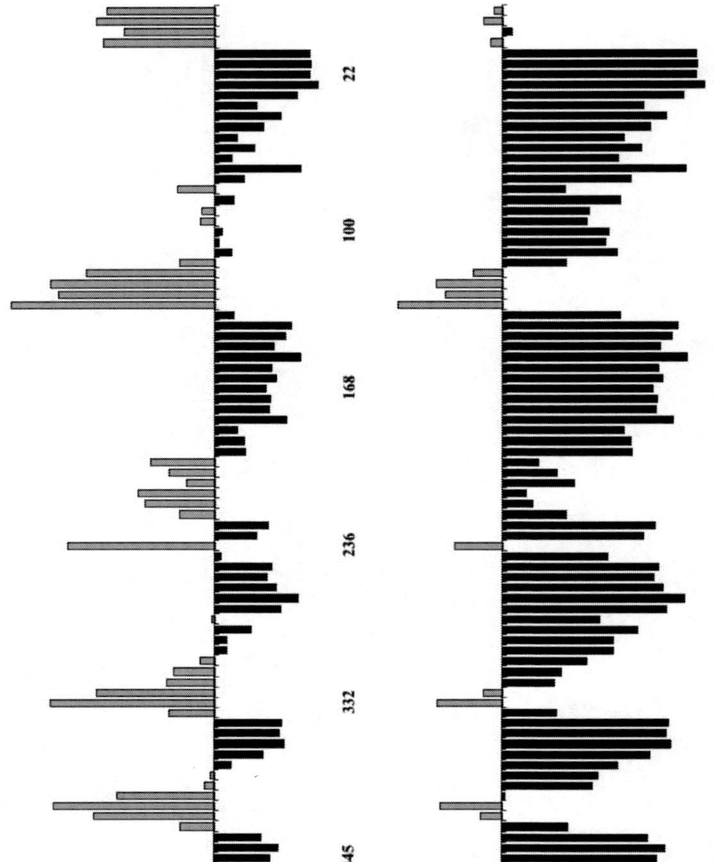

Document 5.7.b - Ecart des températures par rapport à une moyenne : à gauche, l'illustration porte sur l'écart à la moyenne des 800 000 dernières années (9,8°C) et il illustre une succession d'épisodes froids et chauds. À droite, le calcul porte sur la moyenne 1880-2015 (14,2°C) afin de souligner que le Quaternaire fut très froid.

… Dans les faits, il y aurait eu une dizaine d'épisodes froids, séparés par autant d'épisodes chauds. En réalité, on doit nuancer. Si les épisodes froids sont creusés et longs, les glaciers peuvent pérenniser sur des dizaines de milliers d'années. La glace réclame beaucoup d'énergie calorifique pour fondre. Si les épisodes chauds sont brefs et moins marqués, la glace ne fondait pas entièrement. Il s'agit des stades et interstades des préhistoriens, périodes courtes plus ou moins chaudes ou plus ou moins froides qui ont accidenté les phases d'englacements (Günz, Mindel, Riss et Würm, ou Elster, Saale et Weichsel).

Le document 5.7.a de droite illustre la correspondance thermique probable :

Mini.	800	750	660	580	550	440	350	270	223	150	65	25 10^3 ans
	6,3	7,3	7,1	10,0	8,0	7,0	6,8	6,2	7,5	6,0	6,1	5,3 °C
Max.	780	700	600	570	490	400	330	230	125	75	55	3 10^3 ans
	11,8	12,6	12,5	13,4	11,7	16,9	17,0	16,3	18,7	11,5	9,1	14,5°C

… On retrouve sommairement la même succession de 21 stades alternativement froids (ou frais) et chauds (ou tièdes).

➢ Il a fait plutôt froid entre 800 000 et 650 000 ans, ce qui correspondrait à la glaciation du Günz.

➢ Entre 600 000 et 550 000 ans, il fit plus chaud : interglaciaire Günz-Mindel.

➢ Puis il fit à nouveau froid entre 550 000 et 500 000 ans : le Mindel et surtout entre 450 000 et 120 000 : la glaciation du Riss. Mais entre les deux, les températures avaient remonté vers -400 000 ans : interglaciaire Mindel-Riss. La concentration en ^{18}O fut très fluctuante et explique des évènements très chauds : 16,9°C vers -400 000, 17°C vers -330 000 et 16,3°C vers -240 000 ans. Mais la température recula à 6,8°c et 6,2°c il y a 355 000 et 270 000 ans.

➢ Il fit très chaud entre 120 000 et 100 000 ans, c'est l'interglaciaire Riss-Würm, qui fut plus chaud qu'aujourd'hui : 18,7°C il y a environ 125 000 ans, avec une transgression marine importante. Partout sur les côtes sismiquement stables de la planète, les plages fossiles de l'Eémien (interglaciaire Riss-Würm) sont situées à quelques mètres au-dessus du niveau des plages actuelles.

➢ Enfin, le climat s'est considérablement refroidi entre -100 000 et -10 000 ans, au cours de la glaciation würmienne, concernée par les stades isotopiques 5, 4, 3 et 2. La température passa par deux minima très creusés 6,1°C, il y a 65 000 ans et 5,3°C il y a 25 000 ans. Les températures ont fluctué : 11,5°C il y a 75 000 ans (apogée de l'Homme de Neandertal), 9,1°C vers -45 000 ans (arrivée d'Homo Sapiens en Europe Occidentale), et 14,7°C il y a 9 000 ans, le Würm est terminé.

Sur le document 5.7.b, nous avons calculé l'écart à la température moyenne des 800 000 dernières années : 9,8°C (à gauche) et à la moyenne 1880-2014 : 14,2°C (à droite). Le graphique de gauche illustre une succession d'épisodes plus chauds et plus froids, avec une accentuation des écarts il y environ 400 000 ans, avec aussi des glaciations plus creusées : -190 000 à 135 000 ans (fin du Riss) et -75 000 à -10 000 ans (ensemble du Würm). Le graphique de droite rétablit la réalité, le Pléistocène a été globalement froid, achèvement d'un processus amorcé à la fin du Crétacé. Les phases plus chaudes que le XXe siècle ont été rares, mais vers -400 000 ans, -330 000 ans, -120 000 ans, il fit plus chaud de 2 à 3°C qu'aujourd'hui. Le réchauffement post-glaciaire (de -10 000 à nos jours), pour chaud qu'il fut, 14,5°C, resta modéré.

En réalité, en passant à un pas de temps plus court, il est possible de nuancer ces remarques et d'y associer l'évolution de l'homme.

Sixième chapitre
Le Pléistocène et ses dernières glaciations

Le Pliocène s'est officiellement achevé il y a $2{,}588.10^6$ ($\pm 0{,}00510^6$) années. En effet, en 2009, l'***Union Internationale des Sciences Géologiques*** a choisi cette date pour marquer l'avènement du Quaternaire. Elle correspond sommairement à celle de la fermeture de l'Isthme de Panama ($-2{,}5.10^6$ ans), un événement qui a permis le détournement des eaux de l'Atlantique intertropicale vers le Golfe du Mexique (Gulf Stream), leur pénétration dans l'Atlantique du Nord-est (Dérive Nord-Atlantique), et l'alimentation des perturbations cycloniques en vapeur d'eau et enfin une pluviométrie abondante sur les sommets des massifs anciens des Îles Britanniques et de la Scandinavie.

Les modifications cycliques de l'excentricité de l'écliptique et de l'inclinaison de l'axe de rotation de la Terre, ont pu pleinement jouer leur rôle. Que l'hémisphère nord soit plus éloigné du Soleil en hiver, et que l'axe terrestre soit plus incliné, les précipitations neigeuses dominaient. Le moment critique se produisait lorsque la neige ne fondait plus entre deux hivers.

Un inlandsis en plaine et des calottes plus étroites dans les Îles et les montagnes finissaient par se constituer. Les plus vastes ont recouvert les moyennes latitudes de l'hémisphère nord ; soit, d'ouest en est, la calotte des Rocheuses, les inlandsis du bouclier canadien, du Grœnland, des Îles Britanniques, du bouclier fennoscandien, et quelques calottes glaciaires éparses sur les hauteurs de Sibérie et de l'Altaï. Plus au sud, les calottes glaciaires ont recouvert les Pyrénées, le Massif Central, les Vosges, les Alpes, l'Apennin, les Balkans, les Carpates, le Caucase, l'Indou Kouch et l'Himalaya.

Une fois constituées, ces masses de glaces présentent une grande stabilité. La chaleur latente de fusion de la glace à 0 °C est de 333.10^3 J/kg, cela signifie qu'il faut beaucoup d'énergie pour fondre une calotte glaciaire ou un inlandsis. Or, la masse de glace est difficile à réchauffer, car elle se tient tout de même à des latitudes élevées (les rayons solaires restent obliques en été), elle possède un fort albédo (elle réfléchit les rayons solaires plus qu'elle ne les absorbe), son point le plus haut est très élevé (4 030 m au centre de l'Antarctique actuel), ce qui situait la plupart des inlandsis bien au-dessus de la limite des neiges éternelles.

Quand les conditions astronomiques conduisaient vers un interglaciaire, ces masses de glaces résistèrent longtemps. Mais dès que le seuil de chaleur latente de fusion de la glace était atteint, la disparition ne demandait que quelques dizaines de siècles.

Le traitement des données concernant le dosage de l'isotope ^{18}O (notamment par l'Université de Californie) à partir des forages dans les glaces de l'Antarctique à VOSTOK (Antarctique russe) et dans le cadre du projet E.P.I.C.A. (European Project for Ice Coring in Antarctica) avait permis de reconstituer les températures depuis 800 000 ans, dans le chapitre précédent. Plus on avance dans le temps, meilleure est la précision, et les documents 6.1 et 6.2 illustrent les résultats depuis 250 000 ans, du milieu du Pléistocène moyen à l'Holocène, et depuis 40 000 ans, pour l'ensemble du Pléistocène récent, soit la glaciation würmienne.

Les températures depuis 250 000 ans

Le document 6.1 couvre en fait les glaciations du Riss et du Würm, et l'interglaciaire qui les sépara, si l'on revient à l'ancienne, mais bien pratique, nomenclature (celle que les géologues appellent parfois celle des géographes).

Si nous situons, comme la plupart des scientifiques, le début de l'Holocène vers -12 000 ans, la température de cette partie du Pléistocène fut de 9,2°C, soit 5°C de moins que la référence 1880-2015 de 14,2°C. Si ce fut globalement une phase froide, il faut la scinder en plusieurs ensembles :

➢ De -250 000 à -180 000 ans, les températures restèrent plus élevées : X_i = 10,2°C en moyenne. Mais l'écart-type fut de σ = 2,4°C donnant un coefficient de variation σ/Xi = 23 % ; en effet, le froid mettait du temps à s'installer. À des interstades froids (7,4° vers -220 000 ans et 6,6°C vers 180 000 ans), on oppose des interstades chauds (16,2°C vers -240 000 ans, 13,1°C il y a 210 000 ans et 12,5°C vers -195 000 ans). Ces interstades coïncident avec une excentricité en contradiction avec l'inclinaison de l'axe, le froid était moins intense. À ce moment aussi, les inlandsis n'étaient pas entièrement constitués et le « volant thermique » constitué par la glace ne jouait que partiellement.

➢ Entre -180 000 et -140 000 ans, le froid fut plus intense : X_i = 7°C, et plus régulier σ = 2,4°C et σ/Xi = 5 %. Les inlandsis étaient constitués, et les stades et interstades s'en trouvèrent nivelés. L'hémisphère nord subissait la phase la plus active de la glaciation rissienne ou stade isotopique 7. On sait aussi que les moraines terminales des inlandsis de cet âge se situaient plus au sud que ceux de la glaciation suivante, ce qu'on attribue à un climat, certes froid, mais plus arrosé.

➢ Puis les conditions astronomiques glissèrent vers l'interglaciaire de l'Eémien, le seuil de chaleur latente de fusion de la glace fut atteint entre -140 et -135 000 ans et les inlandsis se sont résorbés. C'est le début du stade isotopique 5, c'est-à-dire l'interglaciaire Riss-Würm de -140 000 à -110 000 ans. Il fut chaud X_i = 12,7°C, dont 18,6°C vers -125 000 ans, mais irrégulier σ = 4,2°C et σ/Xi = 33 %.

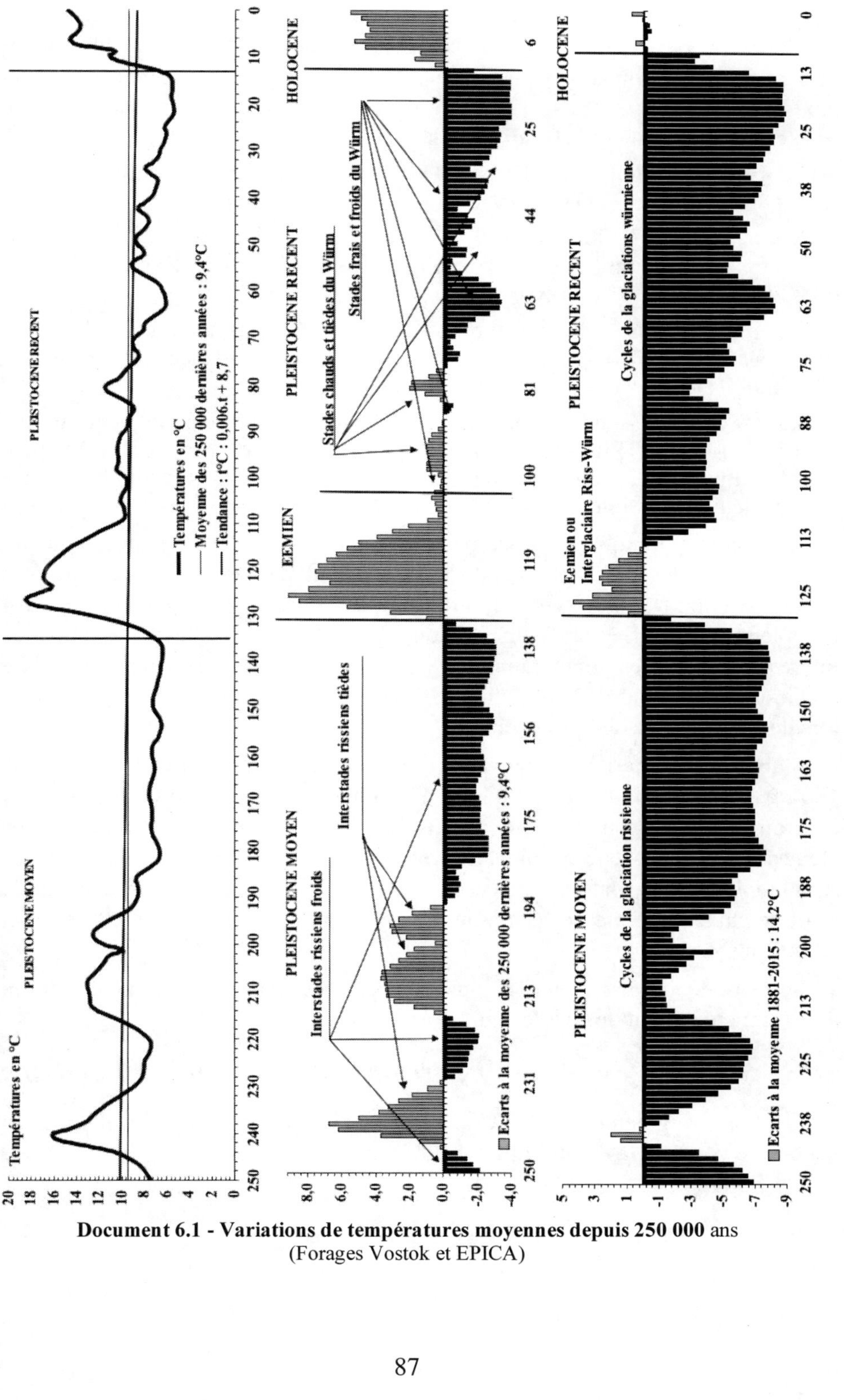

Document 6.1 - Variations de températures moyennes depuis 250 000 ans
(Forages Vostok et EPICA)

La situation astronomique redevint glaciaire vers -110 000 ans. Les graphiques révèlent que le froid s'intensifia, même si des stades et interstades accidentèrent le repli des températures. C'est le cycle würmien correspondant aux stades isotopiques 5, 4, 3 et 2 : le recul de la concentration des océans en oxygène 18 confirme ce refroidissement.

➢ Le froid fut d'abord modéré de -110 000 à -70 000 ans et assez stable : X_i = 9,8°C, σ = 0,7°C et σ/Xi = 7 %.

➢ Mais, entre -70 000 et -55 000 ans, la conjonction de conditions astronomiques favorables généra un coup de froid : X_i = 7,4°C (dont 6,3°C il y a 60 000 ans), σ = 11°C et σ/Xi = 14 %.

➢ Si la température remonta entre -55 000 et -30 000 ans : X_i = 7,9°C, elle resta instable : σ = 0,7°C et σ/Xi = 10 %, et sa tendance fut au recul : 1°C/10 000 ans.

➢ La fin de la période (-30 000 à -13 000 ans) fut particulièrement froide : X_i = 6°C, dont 5,4°C il y a 21 000 ans. C'est pourtant, en Europe, l'avènement d'une culture très évoluée, celle des Magdaléniens ; preuve de l'immense possibilité d'adaptation de l'espèce humaine.

Les autres graphiques du document 6.1 n'ont d'intérêt que de mieux illustrer la succession de stades et interstades. Le calcul de l'écart par rapport à la moyenne entre -250 000 et aujourd'hui : 9,4°C, fait parfaitement ressortir l'ampleur du froid à la fin de chaque glaciation, mais aussi la remontée impressionnante des températures au cours des interstades plus tièdes. Ce graphique illustre aussi la brutalité et l'ampleur de la hausse des températures lors de l'occurrence de l'Holocène.

Mais le calcul de l'écart par rapport à la moyenne de référence : 14,2°C de 1880 à 2015, rappelle surtout que le Pléistocène fut un épisode très froid de l'histoire récente de la Terre, que l'Eémien fut très bref, mais nettement plus clément que l'Holocène qui apparaît relativement « frais ». L'accent reste mis sur la rapidité de la fonte des glaces tant à la fin du Riss que du Würm, quand le seuil de chaleur latente de fusion de la glace était atteint, il y a 140 000 ans et 13 000 ans.

Le recours à un pas de temps plus court permet de mieux appréhender la fin du Würm et le début de l'Holocène.

Les températures depuis 40 000 ans

Elles ont augmenté de 0,3°C par millénaire (document 6.2), mais nous venons de voir que la réalité fut différente.

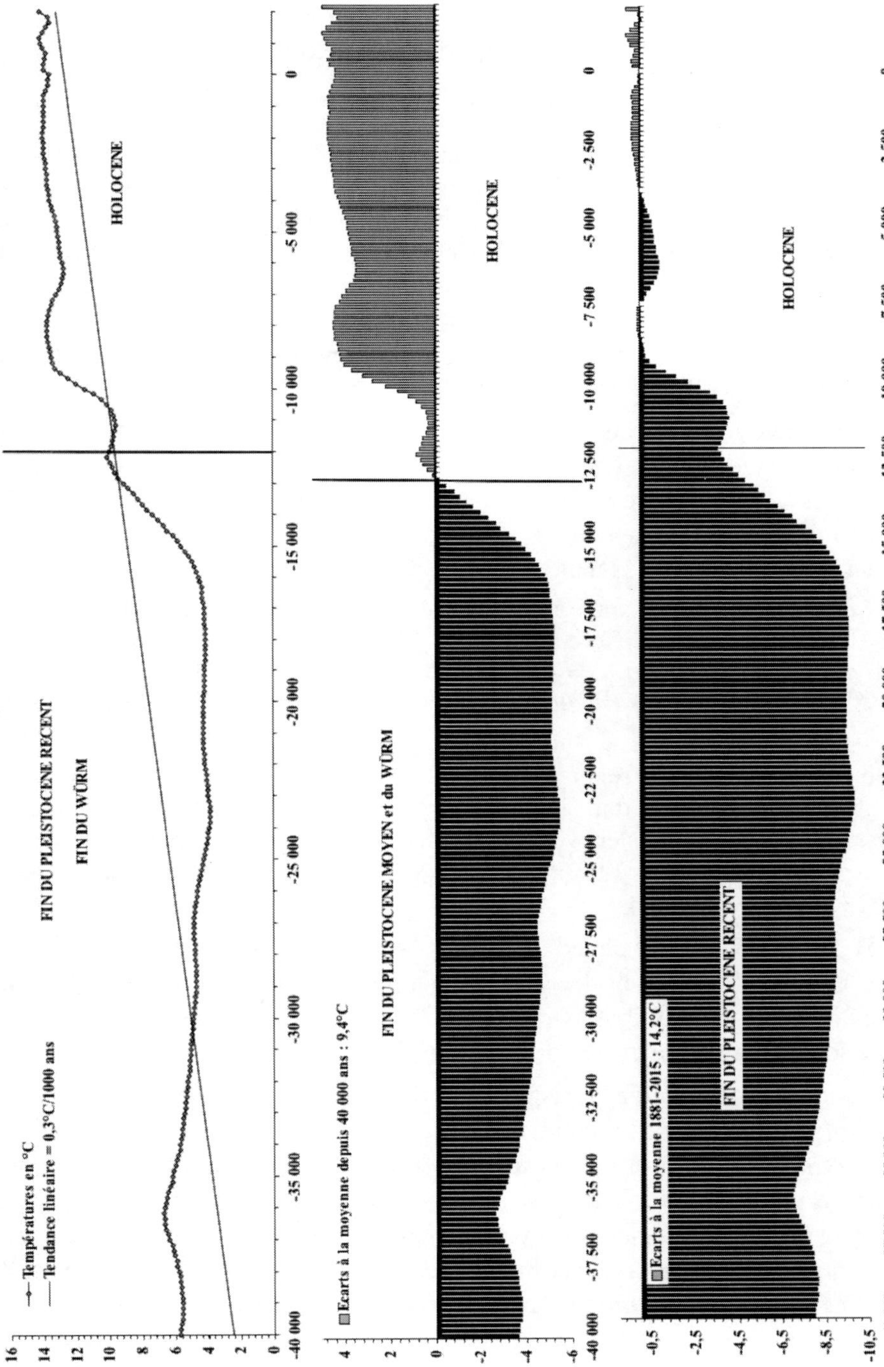

Document 6.2 - Variations de températures moyennes depuis 40 000 ans.
(Forages Vostok et EPICA)

➢ De -40 000 à -36 000, la température augmenta de 5,7 à 6,7°C, avec une moyenne X_i = 6°C. Puis elles ont décru de -36 000 (6,7°C) à un minimum de 3,9°C il y a 23 000 ans. Ces températures restèrent alors très froides : X_i = 4,2°C entre -23 000 et -16 000 ans, avec une grande stabilité : σ = 0,1°C et σ/Xi = 2 %.

➢ Alors s'amorça une remontée spectaculaire de - 16 000 à -12 000 ans. La moyenne est X_i = 7,2°C, mais l'écart-type fut σ = 1,9°C, soit un coefficient de variation σ/Xi = 26 %. En effet, la température moyenne passa de 4,3°C, il y a 16 000 ans à 10,1°C vers -12 000 ans. Cette différence de 5,8°C équivaut à une croissance de 1,6°C/100 ans : une valeur considérable.

➢ Si le réchauffement marqua le pas de -12 000 à -11 000 ans, la moyenne annuelle passant de 10,1°C à 9,6°C, il reprit entre -11 000 et - 9 000 ans, passant de 9,6°C à 13,2°C, soit une progression de 2,2°C/100 ans.

Le passage du Pléistocène à l'Holocène se réalisa donc avec une progression thermique très élevée : en 7 000 ans, les températures auraient progressé de près de 9°C, et cela à l'échelle d'une moyenne planétaire. Les graphiques du document 6.2, illustrant les variations thermiques en fonction d'une moyenne, donnent une image plus pédagogique des faits.

➢ L'écart à la moyenne générale depuis 40 000 ans (9,4°C) fait état de deux mondes thermiquement différents. Avant -12 000 ans, les températures furent en moyenne inférieures de Xi = 4°C à cette moyenne de 9.4°C (σ = 1,3°C, σ/Xi = 33 %). Après -12 000, à l'Holocène, l'écart est quasi symétrique : Xi = 3,7°C (σ = 1,3°C, σ/Xi = 37 %).

➢ L'écart à la moyenne-repère de 14,2°C (1880-2015) reste négatif jusqu'en 8 500 B.P, soit assez tard dans l'Holocène (c'est seulement autour de cette date que les grands inlandsis achevèrent leur fonte). L'écart moyen fut de Xi = -7,7°C (σ = 2,2°C, σ/Xi = 29 %). Après cette date, l'écart ***resta négatif* : Xi = -0,02°C** (σ = 0,4°C, σ/Xi = 1 708 %).

L'Holocène ne fut pas chaud. Entre -7 000 et -4 000 ans, la moyenne ne fut que de 13°C avec un déficit de 1,6°C par rapport à la moyenne 1880-2015. Cet écart alarma les climatologues quand on observa l'accroissement progressif, puis rapide de températures au cours du XXe et du XXIe siècle.

Mais déjà la transition Pléistocène-Holocène avait eu des conséquences écologiques importantes (document 6.3). Nous avons retenu quinze paysages types : ***inlandsis et glaciers***, ***déserts polaires*** (barren grounds des Anglo-Saxons), ***toundra et prairie alpine***, ***forêt boréale et alpine***, ***forêt océanique de conifères***, ***forêt tempérée et laurisylve***, ***prairie arborée***, ***prairie ou steppe***, ***forêt méditerranéenne***, ***désert aride et hyperaride***, ***semi-désert***, ***sahel*** (ou scrub, bush ou caatinga), ***savane***, ***savane arborée et forêt claire*** (décidue en saison sèche) et ***forêt ombrophile équatoriale*** (sempervirente).

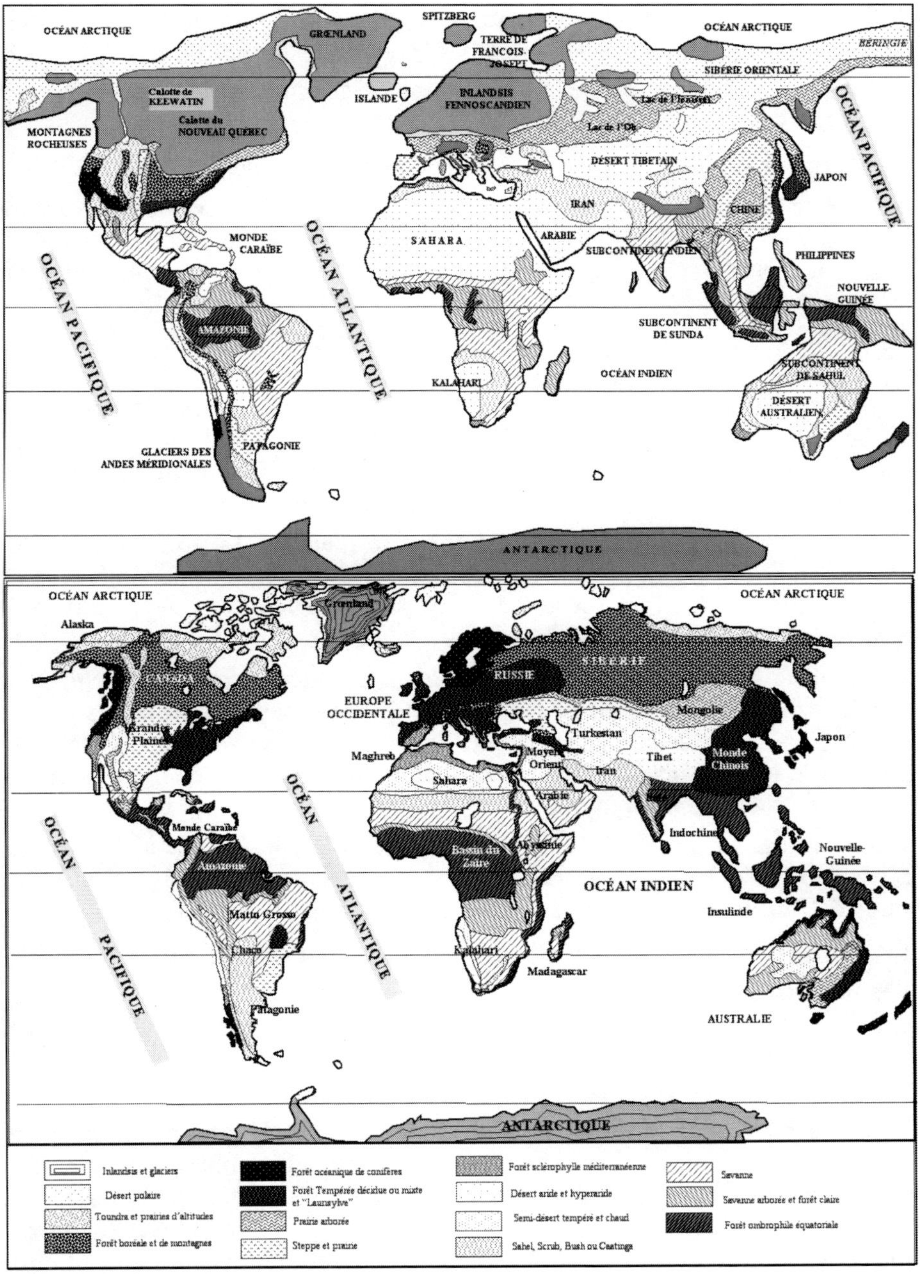

Document 6.3 - Les écosystèmes zonaux au cœur du Würm et à la veille du Néolithique

L'ensemble des glaciations du Quaternaire présente un tronc climatique commun : si les moyennes latitudes de l'hémisphère nord ont connu l'englacement quasi généralisé associé à des écosystèmes périglaciaires et tempérés froids, l'ensemble de la planète connut une réduction drastique des précipitations du fait d'océans moins étendus, d'une circulation océanique moins active et surtout d'une extension des anticyclones tropicaux et polaires, aux dépens de la circulation cyclonique des moyennes latitudes, mais aussi de la Mousson. Ainsi, le pourtour des inlandsis fut en général sec, alors que la zone intertropicale était frappée par l'aridité.

Quels furent les paysages du Würm (document 6.3 en haut) ?

➢ Les hautes latitudes furent envahies par les glaces : l'Amérique du Nord au nord de l'Ohio et du Missouri actuels, l'Europe occidentale entre l'Oural et l'Atlantique. Plus à l'est, en Sibérie, régnait la toundra, voire les « barren grounds ».

➢ Les moyennes latitudes proches ou au sud du 45°// ont surtout connu des paysages ouverts : la prairie dans le meilleur des cas, plus généralement la toundra. La forêt se réfugia vers les parties les plus méridionales, ou soumises à la « douceur de l'océan » : Californie, « Vieux Sud » et Floride, deltas des fleuves chinois, sud-est australien. L'Europe fut particulièrement éprouvée, la forêt fut reléguée à l'abri des vents du nord : plaine pannonienne, Colchide.

➢ La zone tropicale fut très éprouvée par la sécheresse. La forêt ombrophile faillit disparaître d'Afrique, elle fut reléguée au centre de l'Amazonie et dans les montagnes de l'Asie du Sud-est. Le paysage typique des tropiques fut celui de la savane plus ou moins arborée, près de l'équateur.

➢ Mais qu'on s'en éloignât, l'aridité prenait vite le dessus avec les formations semi-arides du Sahel, ou scrub, ou bush selon les continents. Surtout, les grands déserts continentaux de l'Ancien Monde se sont largement étendus. Le Sahara gagna vers le nord et le sud, sans solution de continuité avec les milieux arides de l'Asie Centrale : Arabie, Iran, Tibet.

➢ Enfin, la régression des océans avait relié la Nouvelle-Guinée à l'Australie, élargi l'isthme de Panama et surtout relié l'Amérique du Nord à l'Asie par l'isthme de Beringie (assèchement du détroit de Béring).

Le réchauffement holocène modifia la donne (document 6.3, en bas).

➢ Les inlandsis ont fondu, à l'exception du Grœnland et de l'Antarctique. Les océans remontèrent de 120 m en quelques millénaires (certains y reconnaissent le mythe universel du Déluge). Sous ces hautes latitudes, la forêt boréale (ou taïga) et la toundra ont colonisé les terres jusque-là gelées.

➢ Sous les moyennes latitudes de l'hémisphère nord, la prairie fut reléguée dans les contrées froides et peu arrosées du centre des continents : Grandes Plaines d'Amérique du Nord, Pampa de l'Argentine, Steppe russe, ukrainienne, sibérienne et mandchoue. Partout ailleurs, les formations ouvertes furent remplacées par la forêt. Les milieux désertiques se sont rétrécis et l'on sait qu'il y a 7 000 ans, le Sahara était moins aride.

➢ Enfin, entre les tropiques, le retour des pluies zénithales, la réactivation de l'équateur météorologique et de la Mousson ont réduit les espaces réservés à la savane au profit des forêts décidues et ombrophiles. L'extension actuelle des savanes africaines serait anthropique : les méfaits de l'emballement de l'agriculture sur brûlis associée à la pression démographique.

Or, des populations de chasseurs-cueilleurs s'étaient adaptées au monde du Würm, en Europe et en Asie notamment. Il leur a fallu s'adapter à une modification irréversible de leur environnement, dans un contexte bien plus contraignant, avec des moyens bien plus modestes que ce qu'on nous promet pour les siècles à venir.

Cependant, le milieu holocène lui-même ne fut pas figé, et les températures ont continué de fluctuer.

Du Pléistocène au XXIe siècle

Avant d'analyser en détail les fluctuations climatiques des 12 000 dernières années, il faut comparer la fin du Pléistocène et le déroulement de l'Holocène selon le même pas de temps, soit une unité moyenne de 150 ans. En prenant comme concept que les variations thermiques brèves sont linéaires, la courbe des températures a été décomposée en 23 phases de durées très variables puisque la plus longue s'étendit sur 5 667 ans et la plus courte sur 333 ans seulement.

Période	Durée	Tendance linéaire	d.t°C/1000 ans
40 000 à 38 800	1 200	T°C = -0,0001.t + 0,6	-0,1°C
38 800 à 36 170	2 630	T°C = 0,0005.t + 24,3	0,5°C
36 170 à 34 170	2 000	T°C = -0,0005.t - 11,6	-0,5°C
34 170 à 28 500	5 670	T°C = -0,0002.t - 0,8	-0,2°C
28 500 à 27 170	1 330	T°C = 0,0001.t + 8,7	0,1°C
27 170 à 23 830	3 340	T°C = -0,0003.t - 3,9	-0,3°C
23 830 à 21 330	2 500	T°C = 0,0002.t + 7,9	0,2°C
21 330 à 17 830	3 500	T°C = -0,00004.t+ 3,4	-0,04°C
17 830 à 16 330	1 500	T°C = 0,0002.t + 6,8	0,2°C
16 330 à 12 170	4 160	T°C = 0,0015.t + 28,9	1,5°C
12 170 à 11 170	1 000	T°C = -0,0005.t + 3,7	0,5°C
11 170 à 9 170	2 000	T°C = 0,0022.t + 33,5	2,2°C
9 170 à 8 500	670	T°C = 0,0005.t + 17,5	0,5°C
8 500 à 7 700	800	T°C = 0,00001.t + 13,8	0,01°C
7 700 à 6 170	1 530	T°C = -0,0008.t + 7,6	-0,8°C
6 170 à 2 000	4 170	T°C = 0,0003.t + 14,7	0,3°C
2 000 à 830	1 170	T°C = -0,00004.t + 13,9	-0,04°C
830 à 1	829	T°C = -0,0004x + 13,6	-0,4°C
1 à 330	330	T°C = 0,001.t + 13,6	1°C
330 à 670	340	T°C = -0,0005.t + 14,1	0,5°C
670 à 1170	500	T°C = 0,0009.t + 13,2	0,9°C
1170 à 1670	500	T°C = -0,0013.t + 15,8	-1,3°C
1670 à 2010	340	T°C = 0,002.t + 10,1	2°C

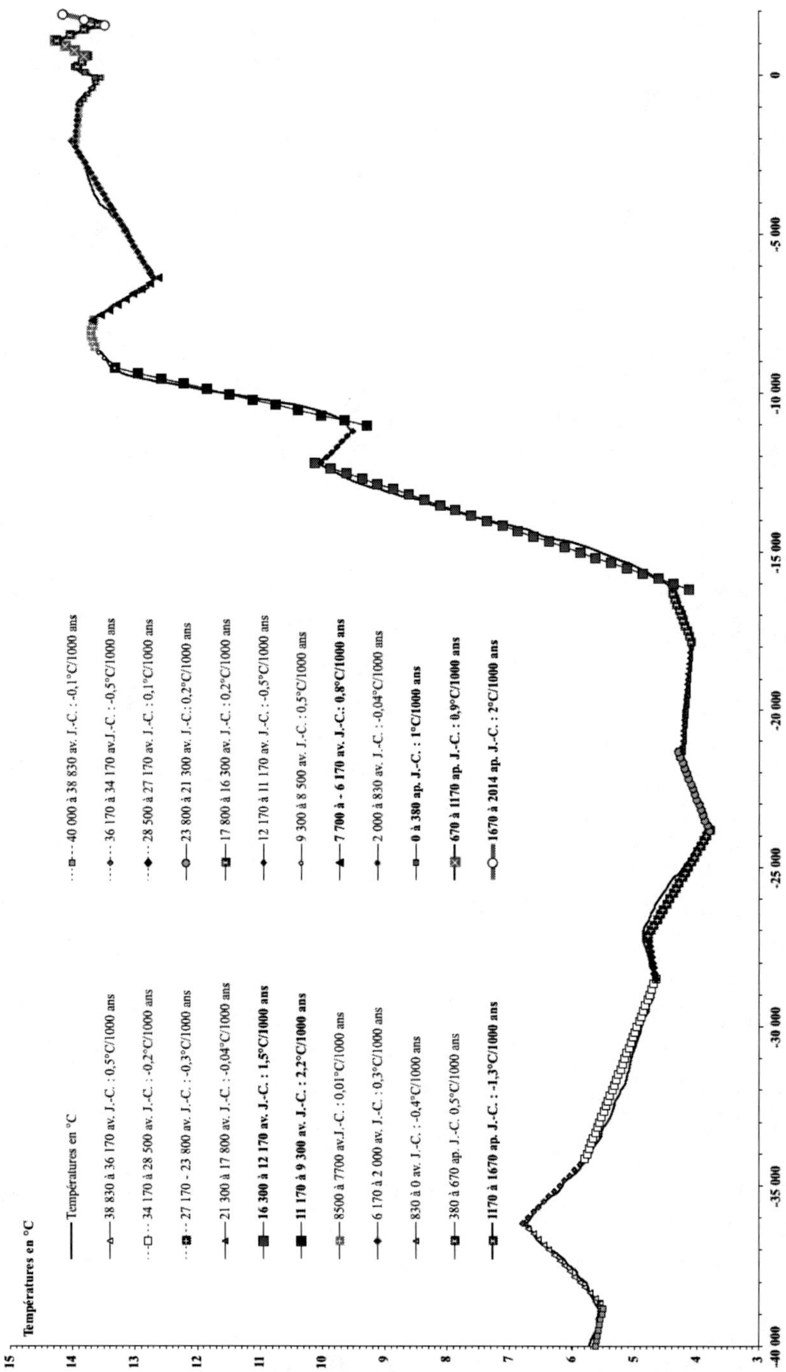

Document 6.4 - Modélisation thermique du Würm et de l'Holocène

Pendant 23 700 ans, entre -40 000 et -16 300 ans (environ) les températures, très basses (4,9°C) ont globalement reculé de 5,7 à 4,3°C. Ce recul fut irrégulier, et divisé en 9 pulsations qui, par trois fois, rendent compte de brefs réchauffements, avec des températures maximales moins rudes : 6,7°C vers 37 160 B.P, 4,9°C il y a 27 150 et 4,2°C vers -21 300 ans. Mais les maxima cachent des minima très creusés, dont le minimum würmien : 3,9°C il y a 23 300 ans. Cependant les variations furent modérées : pas de réchauffements ni de refroidissements spectaculaires. Sur l'ensemble de la période, le recul, de 0,01°C/1 000 ans, fut à peine perceptible. Même en prenant les pulsations en compte, les phases de croissance thermique furent comprises entre 0,1 et 0,5°C par millénaire (X_i = 0,25°C/1 000 ans) et les périodes de recul ont connu des variations comprises entre -0,04 et -0,5°C par millénaires (X_i = -0,23°C).

Nous avons vu que brutalement la température augmenta fortement pendant 8 000 ans, entre -16 300 et -8 300 ans sur le document 6.4. D'après ce calcul plus précis, la température passa de 4,3°C à 13,7°C, soit, en moyenne de 0,54°C/1 000 ans. Cette croissance est accidentée par quatre pulsations (tableau ci-avant). La croissance fut très rapide entre -18 300 et 12 170 ans, la température passant de 4,3 à 10,1°C, soit 1,5°C/1 000 ans. Nous savons qu'elle marqua le pas pendant 1 000 ans, entre -12 170 et -11 170, reculant à 9,6°C (0,5°C/1 000 ans). La croissance a repris à une allure rapide pendant 2 000 ans, de -11 170 à -9 170 ans, pour atteindre 13,4°C. Ce fut la croissance la plus rapide : 2,2°C/millénaire). Bien que ralentie (0,5°C/1 000 ans), la croissance s'est encore maintenue pendant 670 ans, jusqu'en -8 500 pour atteindre 13,7°C.

Entre 8 500 et le XXIe siècle, les glaciations sont terminées et les écosystèmes, comme le climat, relèvent de l'Holocène. Les températures restèrent élevées : 13,6°C (nous rappelons que les températures exprimées par les documents 6.2 et 6.4 ont été calculées par les chercheurs de l'Université de Californie d'après les dosages de l'oxygène 18 dans les carottes de Vostok et d'E.P.I.C.A, selon un pas de temps moyen de 170 ans). Le rapport entre l'écart-type (σ = 0,4°C) et la moyenne (X_i = 13,6°C) n'est que de 3 %, ce qui est modeste. En fait, les températures, calculées tous les 170 ans, furent stables, passant par un minimum de 12,7°C, entre -63 300 et -6 170, et ***un maximum de 14,2°C qui, il faut le souligner, correspond à l'avènement des années 2000***.

Pour l'instant, nous en tiendrons aux pulsations visibles entre -8500 et 2000 (10 500 ans).

➢ Dans un premier temps, les températures restèrent relativement stables jusqu'en -7 700, ne reculant que de 0,01°C/1 000 ans en 800 ans.

➢ Puis, au cours du Néolithique, les températures reculèrent de 13,7°C en -7 700 à 12,7°C en -6 170, soit 0,8°C/millénaire. Or, ce type de variations, brèves mais importantes, sera une caractéristique des temps historiques.

➢ La température passa de 12,7 à 14°C de -6 170 à -2 000. La période protohistorique et le début de l'Antiquité auraient connu une amélioration des conditions climatiques (un pas de temps plus court nous montrera que cette croissance ne fut pas régulière). Elles se sont stabilisées pendant près de 1 200 ans, entre -2 000 et -830 environ, autour d'une moyenne élevée de 13,9°C.

➢ Un nouveau recul se profila entre 830 av. J.-C. et « 0 » (en fait il n'y a pas d'année 0, la chronologie passe de -1 à 1). Il fut bref : 830 ans, et modéré : 0,4°C/1 000 ans). Mais il fut le précurseur d'une suite de variations thermiques brèves et importantes. La température grimpa de 13,6 à 13,9°C en 380 ans, soit 1°C/millénaire, elle recula à 13,8°C, dans une moindre proportion de 380 à 670, soit 0,5°C/1000 ans. Puis on note l'occurrence d'une croissance rapide : de 13,8°C en 670 à 14,2°C en 1170 : 0,9°C/millénaire. Suit un recul important jusqu'en 1670 : de 14,2 à 13,6°C ou 1,3°C/millénaire (on sait qu'il s'agit du « Petit Âge de Glace »).

➢ Aujourd'hui, nous sommes dans une phase de croissance qui se serait amorcée au cours du XVIIIe siècle (avec des pulsations) et qui apparaît effectivement en cours à cette échelle de temps, et surtout rapide : 2°C/1000 ans.

Mais avant d'analyser les variations holocènes, il faut souligner que l'Europe fit l'objet d'un refroidissement important qui y a prolongé les processus glaciaires et périglaciaires.

Le Tardiglaciaire

Le climat commença à se réchauffer vers 15 000 av. J.-C. En effet, peu après le minimum du Würm récent, les conditions astronomiques sont progressivement redevenues celles d'un interglaciaire : *aplatissement réduit de l'orbite terrestre, été boréal en aphélie*, *inclinaison de l'axe proche de sa valeur actuelle*. Les inlandsis n'ont pu se maintenir que du fait de l'importante chaleur spécifique de la glace, et le franchissement du seuil thermique menant à une fonte rapide entraîna la déglaciation de l'hémisphère nord. La fonte des inlandsis eurasiatiques et américains provoqua un relèvement de 100 à120 m du niveau moyen des océans. Cependant, l'Atlantique Nord se retrouva envahi par les eaux de fonte de l'Inlandsis canadien, très froides (t°C = 0°C) ce qui eut pour conséquence un blocage fréquent du Gulf Stream et des vagues de froid sur l'Europe occidentale. On nomme *Tardiglaciaire* cette ultime avancée des glaces alpines accompagnée d'une reprise du froid.

Le Tardiglaciaire est différent du Würm car le froid ne relève plus de conditions astronomiques, mais de la circulation des eaux sur l'Atlantique Nord. Les documents 6.2 et 6.4 rendent compte des températures globales, et les évènements fini-würmiens et post-würmiens que nous évoquons ne concernent qu'une infime partie de la planète : l'Europe du Nord-ouest et les coups de froid du Tardiglaciaire n'y sont pas décelables. Aussi avons-nous repris un croquis théorique évoquant cette transition européenne du Würm et de l'Holocène (document 6.5).

Le Würm s'acheva par l'*interstade de Lascaux,* entre 15 000 et 13 000 av.J.-C.). Les pollens de l'Abri Fritsch, fouillé par le Dr Allain et F. Trottignon, rendent compte d'un réchauffement assez sensible, car la prairie steppique des rivages de la Méditerranée et la steppe-toundra de l'Europe médiane furent progressivement remplacées par des *forêts claires décidues*. C'est à ce moment que la culture solutréenne s'est épanouie.

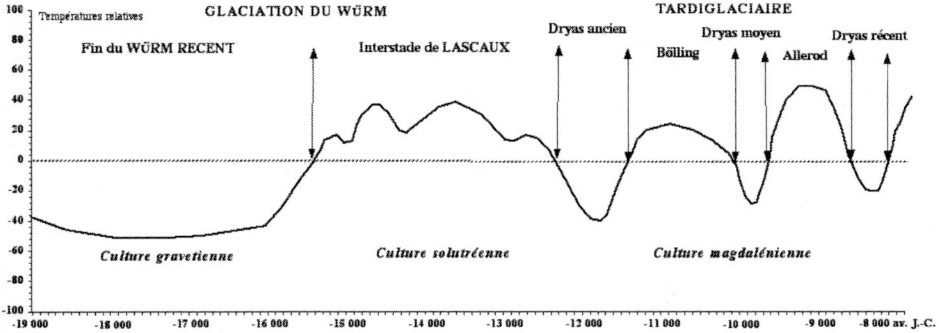

Document 6.5 - Fin de la glaciation würmienne et du Tardiglaciaire.
(Chronologies culturelles et climatiques associées)

Avant 13 000 av. J.-C., le flux des eaux de fonte saisonnières de l'inlandsis canadien se jetait dans les lits proglaciaires du Missouri et de l'Ohio, puis empruntait la vallée du Mississippi, où il refroidissait les eaux du Golfe du Mexique. Au contact de l'isthme de Panama et des très vastes Antilles, au climat plus tempéré, cette eau froide entraînait une aridité côtière, un phénomène physique qui survient quand la mer est plus froide que les terres émergées. Aujourd'hui, les eaux froides du Courant de Humboldt entretiennent l'aridité du désert chaud d'Atacama.

Après 13 000 av. J.-C., ce flux d'eau douce et froide emprunta la voie du Saint-Laurent. Les eaux de l'Atlantique nord furent refroidies à trois reprises, la Dérive Nord Atlantique fut détournée vers le sud, ce qui provoqua des pulsations thermiques alternativement froides et tempérées, mais dans une ambiance climatique plus humide qu'au Würm. En Europe occidentale, les forêts décidues reculèrent à nouveau devant le retour de la *toundra* où dominait une plante commune aujourd'hui dans l'étage alpin : la *dryade* ou *Dryas octopetala*. Aussi, a-t-on donné l'éponyme de *Dryas* à ces flux froids.

➢ *Au Dryas Ancien (13 000 à 11 000 av. J.-C.),* le climat redevint froid. Il connut son minimum thermique vers 12 000 av. J.-C. avec des températures peut-être de 6 à 7°C inférieures à celles que l'Europe connaît actuellement. Les glaciers alpins ont à nouveau envahi les basses vallées.

➢ *Avec l'interstade de Bolling (11 000 à 10 000 av. J.-C.),* le rapport $^{18}O/^{16}O$ dans les coquilles de foraminifères des sédiments de l'Atlantique Nord traduit un réchauffement. La dérive nord-atlantique put reprendre le chemin de la mer de Norvège, l'Islande aurait été libérée de la banquise permanente vers 10 500 av. J.-C. Le long des côtes d'Europe, le réchauffement aurait atteint 4°C/100 ans, accompagné d'une transgression de 30 m.

➢ *Le froid revint au Dryas Moyen (vers 10 000 av. J.-C.),* avec au moins deux oscillations froides, celles d'*Aagelsee* et de *Gerzensee* (nom des lacs helvétiques où elles furent identifiées), accompagnées du retour d'une flore froide à caractère steppique. C'est pourtant dans ce contexte que la culture magdalénienne s'est épanouie.

➢ Un nouveau réchauffement accompagna le bref *interstade d'Allerod* pendant un demi-millier d'années (9 500 à 9 000 av. J.-C.), et la toundra fut progressivement reconquise par une pinède.

➢ Enfin, une nouvelle progression glaciaire a été observée pendant 1 000 ans, de 9 000 à 8 000 av. J.-C.. C'est le *Dryas Récent,* et, à ce moment, le Sahara connut un optimum d'humidité en corrélation avec un progrès de la mousson africaine. On en connaît l'impact sur les civilisations pastorales.

Certains paléoclimatologues estiment que le *Pléistocène* ne prit réellement fin qu'avec le *Dryas Récent*. En effet, vers 8 000 av. J.-C. les conditions astronomiques étaient devenues telles que le climat ne pouvait que se réchauffer. Mais, les sources deviennent aussi plus précises ; on dispose des pollens emprisonnés dans les tourbières, et les arbres qui y ont été ensevelis peuvent être soumis aux techniques de la dendrochronologie.

Septième chapitre
Les températures au cours de l'Holocène

L'Holocène est bref. En simplifiant, il correspond aux 10 000 dernières années. C'est une période trop courte pour que la tectonique des plaques ait joué un rôle planétaire. À l'inverse, les lignes de subduction et/ou de collision entre deux plaques océaniques, une plaque océanique et une plaque continentale, ou deux plaques continentales, conduisent à la forme de volcanisme la plus brutale, avec un risque d'éruption de type plinien (en souvenir de celle du Vésuve décrite par Pline le Jeune). Ces éruptions cataclysmales rejettent des aérosols et des poussières qui peuvent jouer un rôle climatique. Le processus est bref, mais d'extension quasi planétaire. Nous évoquerons le Tambora qui explosa en 1815 et généra un hiver volcanique en 1816.

D'un point de vue thermique, l'Holocène a été globalement chaud. En effet, pris sur une plus longue période, c'est un interglaciaire qui ne fait que commencer. Comme tout interglaciaire, il n'a pas été et ne sera pas uniformément chaud. Les medias aiment souligner (sans trop poser la question du « pourquoi ? ») l'occurrence d'un « interstade » chaud au début du Moyen Âge appelé « Optimum Médiéval », suivi par un autre, froid et humide, le « Petit Âge de Glace » (1550-1850). Nous rappellerons que d'autres pulsations thermiques les avaient précédés et nous vivons un nouveau réchauffement, qu'il soit naturel ou pas.

En effet, on évoque de plus en plus le rôle de l'Homme dans les crises climatiques. L'Holocène correspond effectivement à une période où Homo Sapiens cessa d'être un « chasseur-cueilleur » (un prédateur), pour se transformer en producteur. Du début du Néolithique (entre 10 000 et 6 000 av. J.-C.) au milieu du XVIIIe siècle, son impact sur la nature resta celle d'un agriculteur. La conséquence fut cependant la réduction des espaces occupés par la forêt, la prairie et la savane aux moyennes et basses latitudes. Ces écosystèmes furent remplacés par des champs plus ou moins bien cultivés, avec des conséquences sur l'environnement : érosion des sols, modification de l'évapotranspiration, introduction de plantes parfois inadaptées au milieu, et surtout extinctions dans la faune des grands herbivores et de leurs prédateurs.

Entre 1750 et 1950, Homo Sapiens commença une « *nouvelle existence de prédateur* » en exploitant massivement les ressources forestières et océaniques, d'une part, et celles du sous-sol, d'autre part. Il semblerait que la consommation de bois, et surtout celle des charbons et des hydrocarbures restitue à l'atmosphère et aux océans des masses peut-être « *trop importantes* » de carbone (mais aussi d'azote) fossilisés depuis le Carbonifère. Le rôle climatique de ces rejets est le sujet d'un débat chez les climatologues et les écologistes.

Certains en sont venus à considérer que depuis le milieu du XVIIIe siècle, l'évolution des climats et des écosystèmes est perturbée par les activités humaines. Ils suggèrent d'appeler cette nouvelle « ère » l'Anthropocène.

Que savons-nous des températures de l'Holocène ?

Nous avons déjà évoqué leurs variations à la fin du Würm, au Tardiglaciaire et à la période néolithique, protohistorique et historique (documents 6.1, 6.2, 6.3 et 6.4). Les calculs ont été réalisés à partir de la variation du taux d'Oxygène 18 dans les océans. Mais le pas de temps utilisé avait été au moins de 170 ans, ce que ne permettaient pas d'approfondir les variations brèves, mais visibles, de la période historique.

Nous avons utilisé deux estimations effectuées par l'Université de Californie, à partir des carottes de glaces extraites par les forages de Vostok, en Antarctique, et surtout ceux du programme E.P.I.C.A. Rappelons que ce sigle correspond à « *European Project for Ice Coring in Antarctica* », un programme scientifique organisé par la « *Fondation Européenne de la Science* » auquel participent la Belgique, le Danemark, la France, l'Allemagne, l'Italie, les Pays-Bas, la Norvège, la Suède, la Suisse et le Royaume-Uni. Ce programme vise à enrichir les connaissances climatiques archivées dans les glaces de l'Antarctique, en les comparant aux données obtenues dans les forages réalisés au Grœnland par « *Greenland Ice core Project* » (G.R.I.P.).

Le projet fut initié en 1995, sur deux sites : la station permanente franco-italienne « *Concordia* », ouverte en 1997 sur le Dôme C du Plateau Antarctique, et la station allemande Kohnen ouverte en 2001 en Terre de la Reine Maud. Les premiers résultats furent publiés dans « Nature » en 2004. Nous les avons déjà utilisés pour les documents 5.7 (t°C depuis 800 000 ans), 6.1 à 6.4 (t°C depuis 250 000 ans) et 6.1 (t°C depuis 40 000 ans). Le document 7.1 analyse les températures calculées au siècle près depuis 14 000 ans, et le document 7.2, celles qui furent calculées à 50 années près depuis 10 000 ans. Pour des raisons pratiques, les dates ne seront plus exprimées en « *années avant l'actuel* » ou « *Before Present* » (actuel = 1950), mais en « ***chronologie historique : avant et après Jésus-Christ*** ».

Le document 7.1 permet de rendre compte de la transition Pléistocène-Holocène. Le document 7.1.a rappelle que les températures ont continué de reculer jusqu'en 11 900 av. J.-C. pour ensuite remonter rapidement jusqu'en 11 300 av. J.-C. (13,3°C) et plus lentement jusqu'en 10 000 av. J.-C. (13,8°C) ...

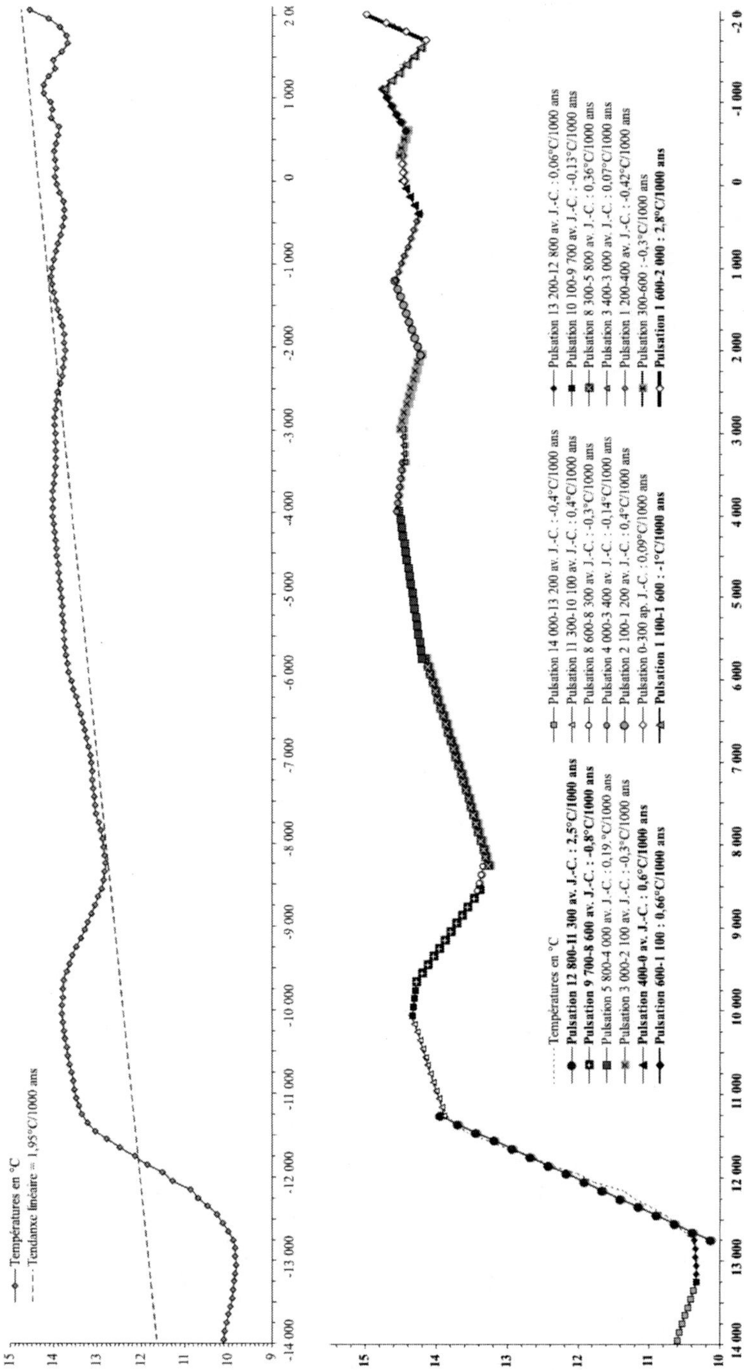

a) Les températures brutes et leurs pulsations

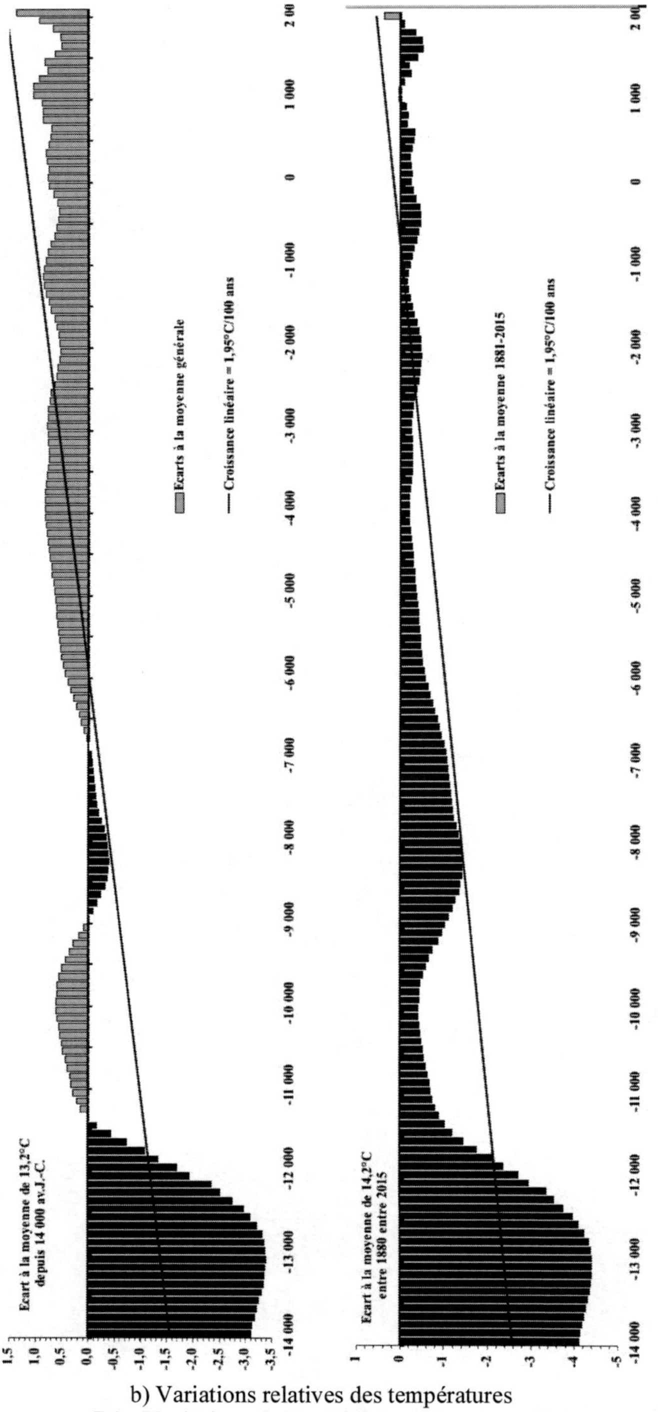

b) Variations relatives des températures

Document 7.1 - Variations de températures depuis 14 000 av. J.-C.

… Elles ont ensuite reculé lentement, puis rapidement jusqu'en 8 300 av. J.-C. (amorce du Néolithique). Par la suite, elles ont remonté jusqu'en 4 000 av. J.-C. pour amorcer des cycles de « *crues et de décrues thermiques* » jusqu'à nos jours.

Les résultats corroborent les documents 6.1 à 6.4, à quelques fractions de degrés près. Mais le document 7.1a, relatif aux pulsations, ajoute quelques précisions.

➢ Les températures ont continué de décroître à raison de 0,4°C/millénaire jusqu'en 13 200 av. J.-C. Elles se sont alors quelque peu stabilisées à une croissance très modeste de 0,06°C/1000 ans. L'interglaciaire aurait commencé, mais la chaleur spécifique de la glace retarda le processus de réchauffement.

➢ La hausse fut brutale (le seuil thermique était franchi) et les températures ont crû de 2,5°C/1000 ans jusqu'en 11 300 av. J.-C. : 10,7°C. Pour connaître un ralentissement à 0,4°C/1 000 ans jusqu'en 10 100 av. J.-C. : 13,8°C.

➢ C'est alors que s'amorça un nouveau recul. D'abord lent : 0,13°C/1000 ans jusqu'en 9 700 av. J.-C., il s'accéléra à 0,8°C/1000 ans jusqu'en 8 600 av. J.-C., pour ralentir à 0,3°C/1000 ans jusqu'en 8 300 av. J.-C. : 12,8°C.

➢ Les températures ont monté lentement pendant le Néolithique, jusqu'en 4 000 av. J.-C.. Mais ce fut une progression lente : 0,36°C/1000 ans jusqu'en 5 800 av. J.-C., et 0,19°C/1000 ans, jusqu'en 40 000 av. J.-C.. (14°C).

➢ La fin du Néolithique connut des variations nombreuses jusqu'en 2 100 av. J.-C., mais dans un contexte chaud : 13,9°C. On relève une alternance de brèves pulsations : -0,14°/1000 ans de 4 000 à 3 400 av. J.-C. (600 ans), + 0,07°C/1000 ans de 3 400 à 3000 av. J.-C. (400 ans) et -0,3°/1000 ans de 3 000 à 2 100 av. J.-C. (900 ans). Ce fut aussi le passage du Néolithique à la Protohistoire, une époque assez troublée en Europe et en Chine.

Le monde a ensuite connu une série de phases plus chaudes ou plus fraîches de 2 100 av. J.-C. à nos jours.

➢ Réchauffement de 2 100 à 1 200 av. J.-C. estimé à 0,4°C/1000 ans

➢ Refroidissement de 1 200 à 400 av. J.-C. estimé à -0,42°C/1000 ans

➢ Réchauffement plus marqué de 400 av. J.-C. à l'An 1 : 0,6°C, mais qui se réduit entre 1 et 300 ap. J.-C. à 0,09°C. Ce fut aussi l'époque des grandes extensions commerciales et impérialistes des Phéniciens, des Grecs et des Carthaginois, puis de la fulgurante ascension de Rome. L'Extrême-Orient connut des croissances économiques semblables en Chine, voire en Inde.

➢ Refroidissement 300 à 600 de notre ère, de -0,3°C/millénaire, ce qui correspond aussi à la crise de l'Empire Romain (Occident et Orient), avec des mouvements des « Peuples de Steppes » vers l'Europe et la Chine, peut-être en relation avec une aridification de l'Asie Centrale.

➢ Réchauffement rapide de 600 à 1 100 estimé 0,7°C/1000 ans, et qui correspond à une première expansion européenne.

➢ Refroidissement aussi brutal de 1 100 à 1 600 : -1°C/1000 ans : le Monde plonge dans le « ***Petit Âge de Glace*** ». Mais ce fut sans conséquences économico-politiques durables, en pleine crise climatique, l'Europe amorça la « première mondialisation » avec la construction d'Empires dans les deux Amériques. L'Anthropocène était proche.

➢ Enfin, les températures ont augmenté (et continuent de le faire) à partir du XVIIe siècle : 2,8°C/1000 ans et 14,6°C en 2000.

Cependant, une précision séculaire est insuffisante à rendre compte des épisodes médiévaux et modernes. Pourtant, les documents 7.1.b sont instructifs. L'illustration graphique de l'écart à la moyenne des 14 000 années fait état d'un refroidissement important entre 9 000 et 7 000 av. J.-C.. Le même type d'illustration, mais en retenant la moyenne 1880-2015, nous rappelle que l'Holocène connut des températures bien inférieures, ***sauf entre 1000 et 1100 de notre ère, et au XXe siècle***.

Depuis 10 000 av. J.-C. il a été possible de reconstituer les variations thermiques à 50 ans près. Nos sources donnent une température de 13,7°C en 9 500 av. J.-C., ce qui corrobore les analyses précédentes. Le document 7.2 illustre aussi les variations brutes et relatives des températures. La tendance linéaire rend compte d'une croissance de 3,6°C/millénaire, sans grand intérêt du fait d'importantes variations. Mais il faut être prudent ; les températures extrêmes ont été de 12,8°C en 6 300 av. J.et 14,6°C après 2000, soit un écart absolu de 1,8°C seulement. L'écart-type : σ = 0,4°C ne traduit qu'un coefficient de variation de 3 % par rapport à la moyenne. En valeur absolue, les températures ont assez peu varié. Mais il semblerait que cela ait suffi à provoquer des troubles dans les écosystèmes et les sociétés humaines.

Globalement (document 7.2 à gauche), les températures sont remontées de 9 800 (12,8°C) à 8 100 av. J.-C. (14,1°C) pour chuter à 12,9°C en 6 300 av. J.-C.. Il y eut, certes, une importante remontée jusqu'en 1 850 av. J.-C. (14,3°C) mais avec de nombreuses inflexions en 5 600, 3 750 et 2 950 av. J.-C.. La période allant de 1 850 av. J.-C.. à 2 000 ap. J.-C. fut particulièrement riche en évènements. Sans entrer dans les détails, les températures ont fortement reculé entre 350 et 100 av. J.-C. (-1,9°C), pour ensuite connaître une époque globalement chaude de 50 à 1 450 ap. J.-C : Xi = 14,3°C. Elles sont redescendues à 13,9°C vers 1600 pour remonter à 14,6 à partir de 2000. Les températures relatives ajoutent une précision :

➢ Les écarts à la moyenne des 10 000 dernières années confirment un refroidissement important entre 7 450 et 4 200 av. J.-C., et un autre refroidissement apparaît vers le début de l'ère chrétienne.

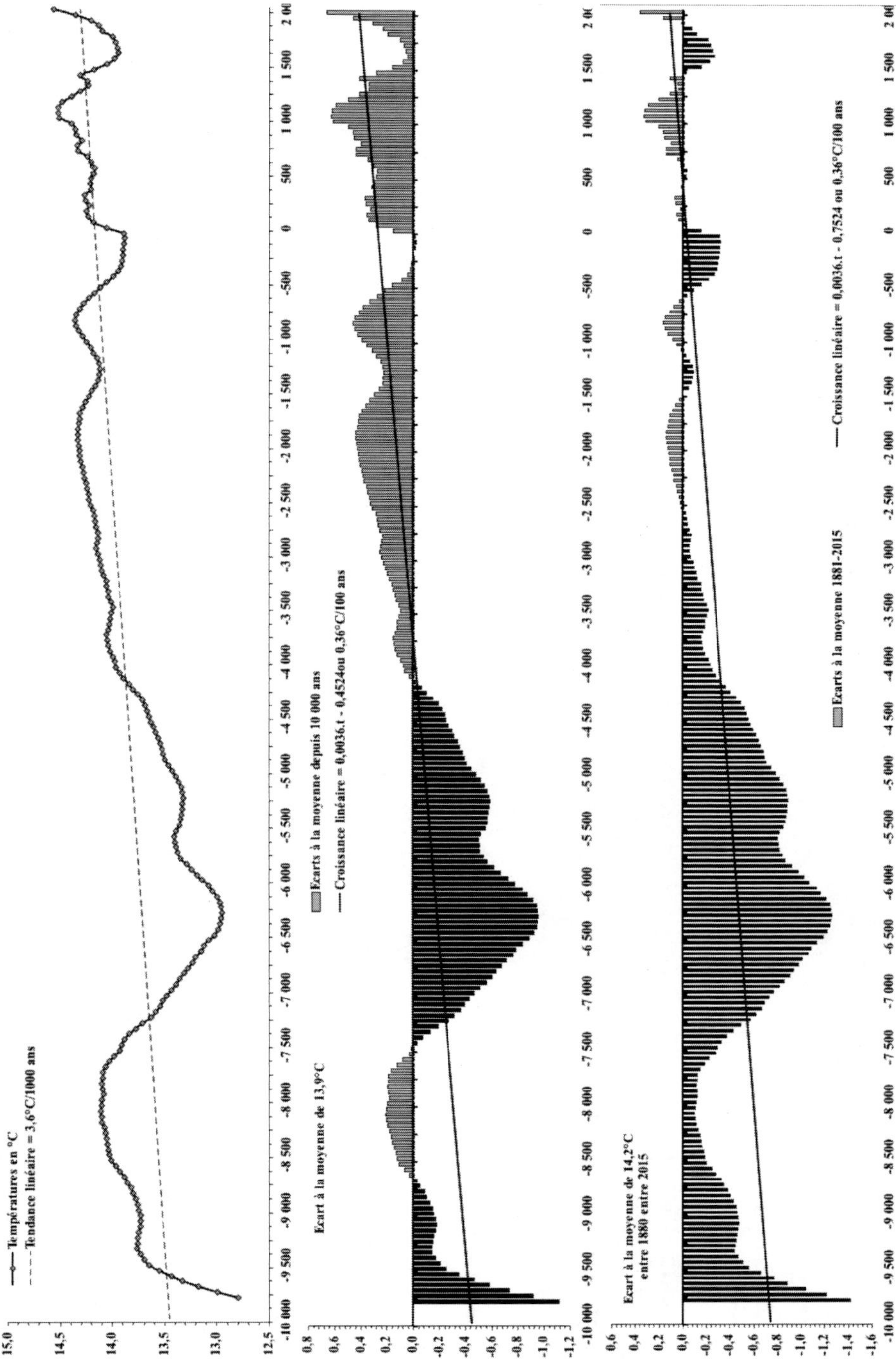

a) Variations brutes et relatives des températures

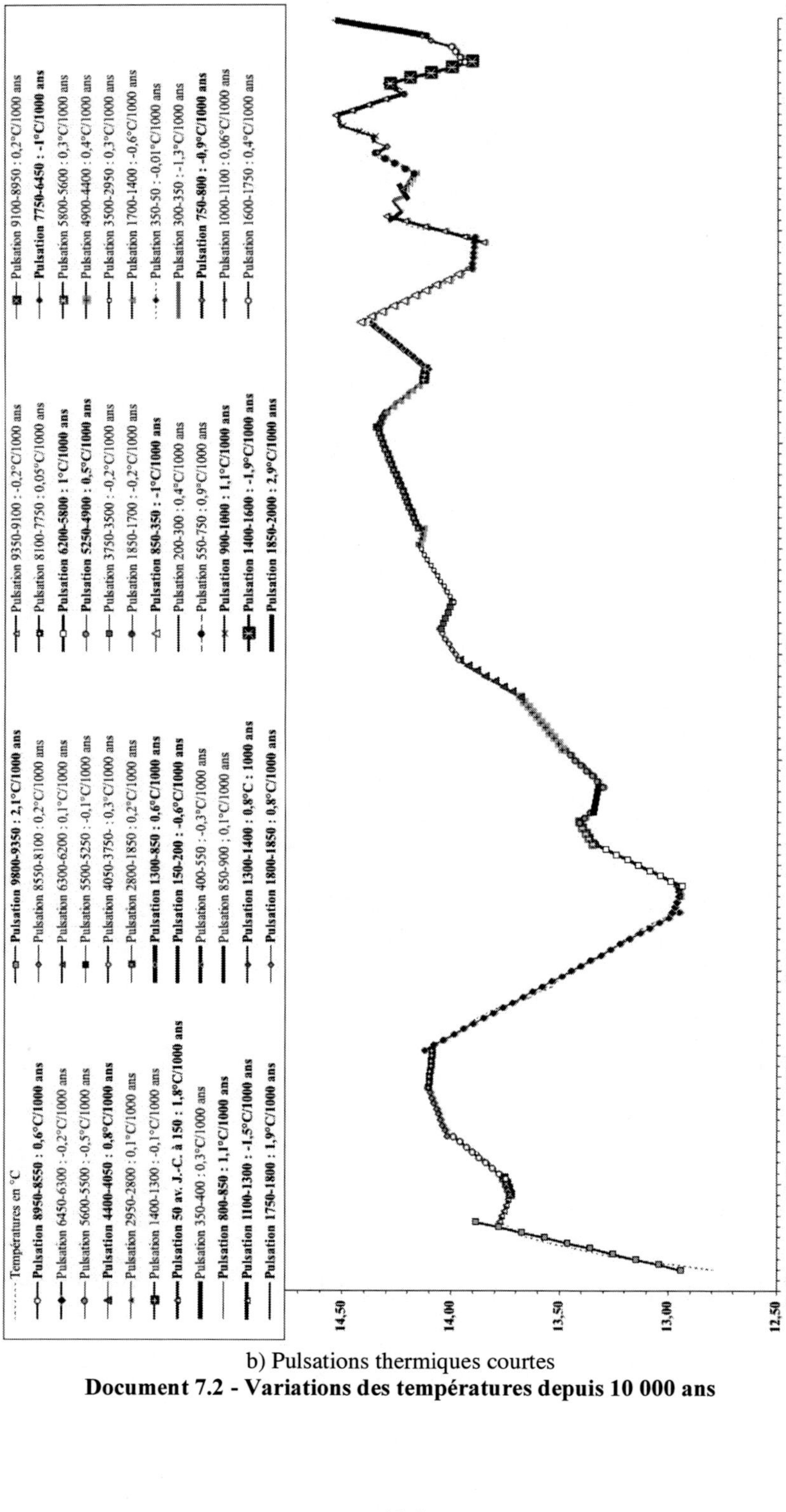

b) Pulsations thermiques courtes

Document 7.2 - Variations des températures depuis 10 000 ans

➢ Mais, si on ne retient que la moyenne 1880-2015, trois refroidissements se précisent à la période historique : entre 1 400 et 1 200 av. J.-C.., 550 et 1 av. J.-C. et 1450 et 1850 de l'ère chrétienne.

Nous avons découpé la période en pulsations traduisant une croissance ou un recul grossièrement linéaire des températures, et l'on observe une certaine périodicité.

Une phase assez chaude : 13,6°C (encadrée par deux minima) se réalisa entre 9 800 et 5 500 av. J.-C..

➢ Les températures ont d'abord augmenté (2,1°C/1000 ans) de 9 800 à 9 350 av. J.-C.. Ensuite on observe un recul de 0,2°C/1000 ans entre 9 350 et 9 100 av. J.-C., suivi d'une croissance modérée de 0,2°C/1000 ans de 9 100 à 8 950 av. J.-C., puis élevée 0,6°C/1000 ans entre 8 950 et 8 550 av. J.-C., pour s'achever par une « relative stabilité » de 0,05°C/1000 ans entre 8 100 et 7 750 av. J.-C..

➢ Le recul fut d'abord rapide et important entre 7 750 et 6 450 av. J.-C., mais plus modéré : 0,02°C/1000 ans de 6 450 à 6 300 av. J.-C.. En 6 300 av. J.-C., les températures sont revenues à celle de 9 800 av. J.-C. : 12,8°C.

➢ C'est un ***interstade chaud dans l'interglaciaire holocène***.

La suite est très différente, les températures ont augmenté, même si la croissance fut irrégulière. Nous retiendrons d'abord la période qui précède l'ère chrétienne, car nous disposerons de mesures plus pointues par la suite.

➢ Le recul fut modéré entre 6 300 et 6 200 av. J.-C. : 0,1°C/1000 ans, puis il s'accéléra : 1°C/1000 ans entre 6 200 et 5 800 av. J.-C., pour ralentir à 0,5°C/1000 ans de 5 600 à 5 500 av. J.-C..

➢ Les températures ont chuté pendant 350 ans : 0,5°C/1000 ans entre 5 600 et 5 500 av. J.-C., mais 0,1°C seulement entre 5 500 et 5 250 av. J.-C..

➢ Ce ne fut qu'un palier et les températures ont crû de 5 250 à 3 750 av. J.-C. : 0,5°C/1000 ans (5250-4900 av. J.-C.), 0,4°C/1000 ans (4900-4400 av. J.-C.), 0,8°C/1000 ans (élevé : 4400-4050) et 0,3°C/1000 ans (4050-3750 av. J.-C.)

➢ Un nouveau recul est alors intervenu : 0,2°C/1000 ans entre 3750 et 350 av. J.-C..

➢ La température moyenne s'est à nouveau accrue : 0,3°C/1000 ans entre 3500 et 2950 av. J.-C., puis de 0,2°C/1000 ans de 2 800 à 1 850 av. J.-C., avec une courte interruption : recul de 0,1°C/1000 ans entre 2 950 et 2 800 av. J.-C..

➢ Cette progression fut interrompue pendant 550 ans : 0,2°C/1000 ans (1850-1700), 0,6°C/1000 ans (1700-1400) et 0,1°C/1000 ans (1400-1300).

➢ La période se termina par un réchauffement rapide et important entre1 300 et 850 av. J.-C. (0,6°C/1000 ans), suivi d'un refroidissement très creusé de 850 à 350 av. J.-C. (1°C/1000 ans)

➢ ***La fin de la période antique fut marquée par une évidente crise climatique***, qui annonce les difficultés rencontrées au cours du Moyen Âge.

La période historique suivante : le Haut et le Bas-Empire, le Moyen Âge et la période Moderne et Contemporaine, ont fait l'objet d'évènements sur lesquels nous reviendrons. Après une relative stabilité sous la République (350 à 50 av. J.-C.) : recul négligeable de 0,01°C/1000 ans, on observe un « interstade chaud » entre 50 av. J.-C. et 1600 de notre ère.

➢ Les températures ont commencé par connaître une forte hausse sous le Haut Empire : 1,8°C/1000 ans de 50 av. J.-C. à 150 ap. J.-C. Ce fut d'ailleurs une période économiquement faste.

➢ Suit une période très indécise de 150 à 550 ap. J.-C. Les pulsations très courtes se sont succédé : -0,6°C/1000 ans pendant 50 ans (150-200), 0,4°C/1000 ans pendant 100 ans (200-300), -1,3°C/1000 ans pendant 50 ans (300-350), 0,3°C/1000 ans pendant encore 50 ans (350-400) et -0,3°C/1000 ans de 400 à 550 (150 ans). On sait qu'en Europe cette période fut très mouvementée, la romanité ayant fait place aux royaumes barbares. Byzance, elle, était en proie aux agressions des slaves et des musulmans.

➢ Puis les températures ont augmenté pendant 550 ans, de 550 à 1100. Ce ne fut pas sans quelques accidents, après une progression de 0,9°C/1000 ans entre 550 et 750, on a subi 50 ans de refroidissement : 1,1°C/1000 ans entre 750 à 800. La croissance reprit néanmoins de 850 à 900 (0,1°C/1000 ans) et surtout de 900 à 1000 (1,1°C/1000 ans), pour se stabiliser de 1000 à 1100 (0,06°C/1000 ans). ***Ce fut contemporain de l'embellie culturelle et économique de la Renaissance carolingienne, de la période Romane et Gothique***.

➢ C'est alors que les températures ont fortement chuté vers le ***Petit Âge de Glace*** : 1,5°C/1000 ans entre 1100 et 1300, léger redoux de + 0,8°C/1000 de 1300 à 1400, et chute « verticale » de 1400 à 1600 : -1,9°C/1000 ans. Si la Guerre de Cent Ans fût accompagnée de désastres sanitaires, démographiques et économiques, c'est en grande partie du fait de la situation politico-militaire elle-même, mais il est vrai que le contexte climatique était défavorable. Cependant, quitte à nous répéter, il n'occulta pas la Renaissance culturelle et économique du XVIe au XVIIIe siècle.

➢ L'Anthropocène commença au plus creux du Petit Âge de Glace, mais les températures avaient commencé à croître depuis 1600 : 0,4°C/1000 ans de 1600 à 1750, 1,9°C/1000 ans de 1750 à 1800, 0,8°C/1000 ans de 1800 à 1850 et 2,9°C/1000 ans de 1850 à 2000.

Pour le sceptique que je suis, l'Anthropocène et ses industries lourdes ne sont peut-être pas les seuls responsables du réchauffement …

Les enseignements de la dendrochronologie

Pour les périodes récentes, c'est un outil plus précis que le dosage des isotopes. Il a permis de calculer des températures moyennes annuelles, notamment la série publiée par Moberg, A., et al. 2005 et les travaux de Craig Loehle en 2007.

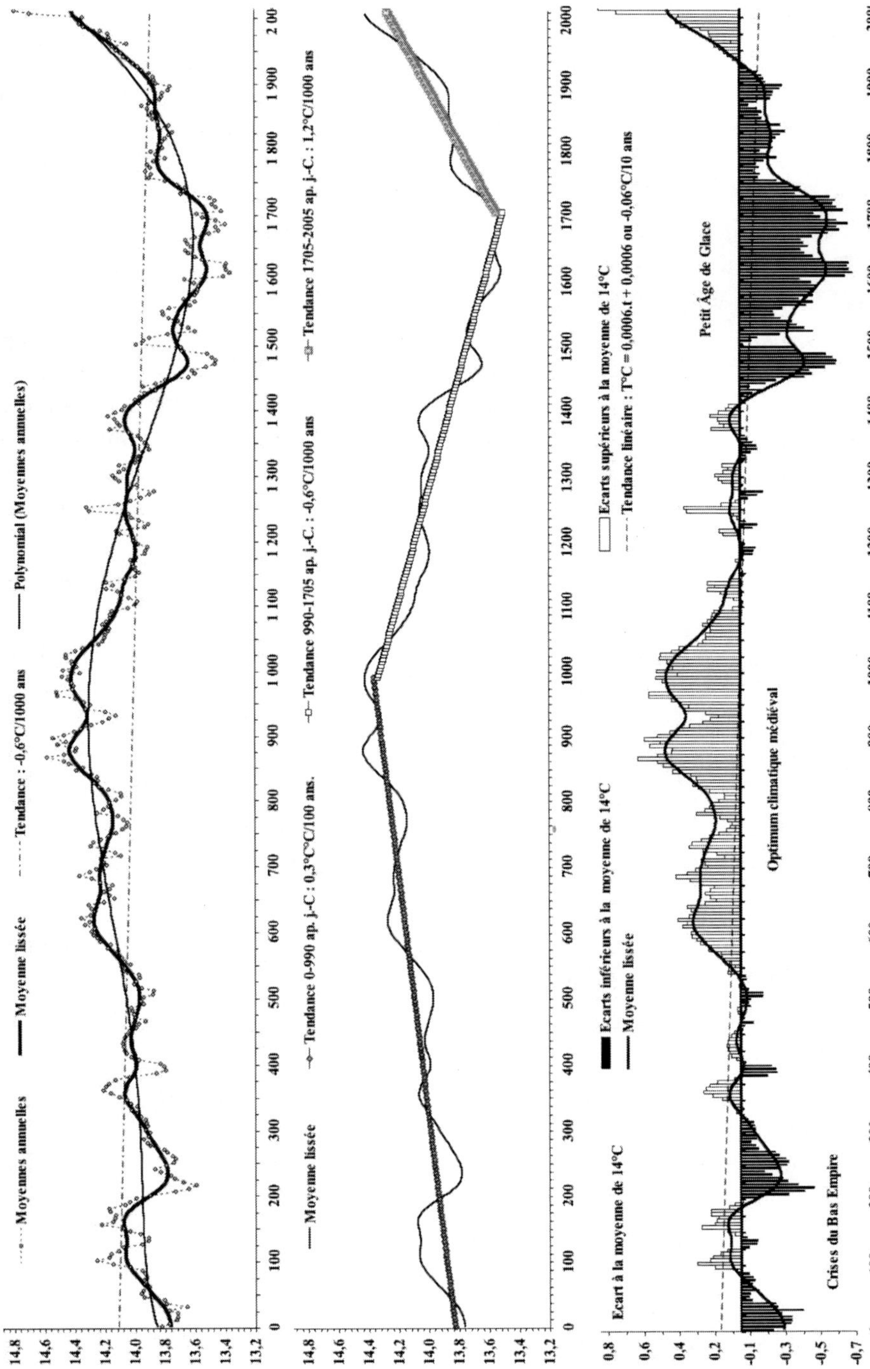

Document 7.3 - Températures aux cours de l'ère chrétienne
(D'après Loehle en 2007)

Le document 7.3 s'inspire des travaux de Lœlhe en 2007 (*A 2000-year global temperature reconstruction based on non-treering proxies*). Les températures ont été reconstituées à partir de la dendrochronologie de plusieurs arbres conservés dans des tourbières de l'hémisphère nord. Les températures moyennes (document 7.3 à gauche) ont assez fortement varié (courbe en pointillé), bien qu'établies sur un pas de temps de 5 ans. La moyenne aurait été de 14°C, entre un minimum de 13,4°C en 1470 et un maximum de 14,8°C en 2010 (le début du XXIe siècle se confirme comme l'épisode le plus chaud de la période historique récente). À l'échelle géologique, c'est une amplitude négligeable : l'écart-type n'est que de 0,26°C, et les coefficients de variation en fonction de la moyenne de 3 % seulement. Cependant, la moyenne lissée (courbe en gras) révèle que des variations importantes à caractère cyclique se sont produites. La tendance polynomiale au 6e degré rend compte d'une croissance jusqu'en 950 environ, suivie d'un recul jusqu'en 165, avec une croissance plus soutenue depuis cette date. La décomposition en pulsations linéaires quantifie ces fluctuations :

➢ Les températures ont grimpé de l'An 1 à 990 de 13,8 à 14,5°C, soit une croissance linéaire de 0,3°C-1000 ans.

➢ Elles ont ensuite reculé de 990 à 1705 de 14,5 à 13,5°C suivant une tendance 0,6°C/1000 ans.

➢ Enfin, une nouvelle phase de croissance mène de 13,4°C en 1705 à 14,8°C en 2010, avec une progression linéaire de 1,2°C/1000 ans.

➢ Ce sont des phases déjà observées sur le document 6.4, même si, du fait d'un pas de temps séculaire, les extrêmes et les tendances diffèrent.

Le document 7.3 à droite en donne une autre illustration ; autour de la moyenne de 14°C quatre épisodes se sont succédé :

➢ Une période indécise correspondant aux Haut et Bas-Empire (0 à 550), riches en événements secondaires.

➢ Une période plus chaude, « l'*Optimum Thermique du Moyen Âge* » (550 à 1170) couvrant la Renaissance Carolingienne et la période Romane.

➢ L'indécision de la « *période Gothique* » de 1170 à 1400, marquée par les épidémies de peste et la Guerre de Cent Ans.

➢ Le refroidissement dit du « *Petit Âge de Glace* » de 1400 à 1900 (dans ses limites les plus larges) avec des minima très creusés à la fin du XVe siècle, vers 1600, au cours du XVIIIe siècle et encore au XIXe siècle.

➢ Un réchauffement indiscutable au XXe siècle.

L'occurrence de pulsations à plus court terme est elle aussi indiscutable, et nous en avons répertorié 20 (document 7.4).

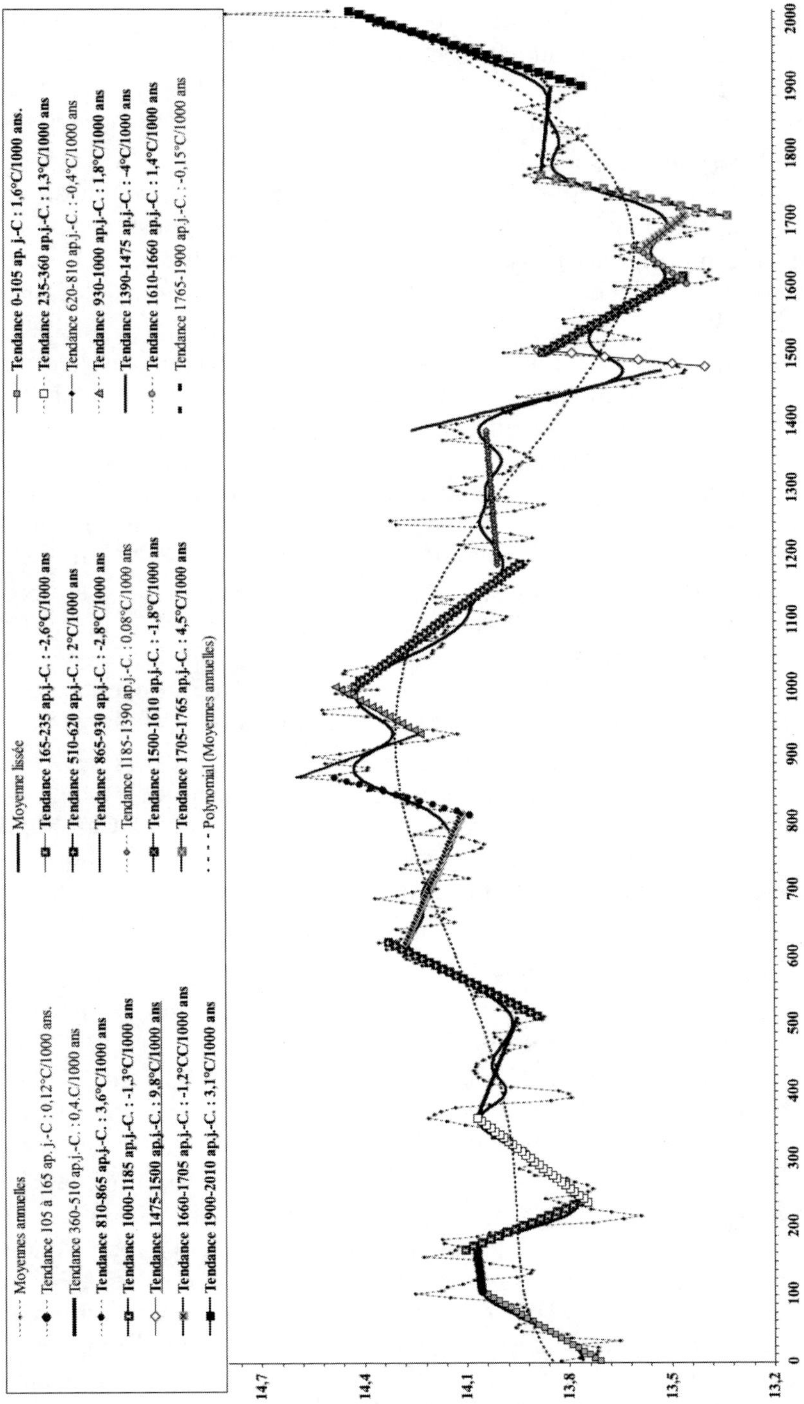

Document 7.4 - Pulsations thermiques courtes de l'ère chrétienne

La durée moyenne des 20 pulsations serait de 100 ans, mais la dispersion est très grande : la plus longue dura 205 ans de 1185 à 1390, et la plus brève 25 ans seulement, entre 1475 et 1500. Mais la médiane donne 95 ans, ce, en fait, qui rend compte d'une durée quasi séculaire.

➢ L'ère chrétienne commença par une période assez chaude. Les températures ont augmenté rapidement (de 13,8 à 14,2°C soit 1,6°C/1000 ans) jusqu'en 105, pour se stabiliser durant 60 ans à 13,9°C (0,12°C/1000 ans), jusqu'en 165. Cette clémence accompagna la croissance économique du Haut Empire Romain. La situation se dégrada pendant 70 ans, jusqu'en 235 : la température moyenne retomba à 13,8°C selon une tendance de -2,6°C/1000 ans.

➢ Contrairement à une croyance, le Bas-Empire ne fut pas une période fraîche. Les températures ont remonté pendant 125 ans de 1,3°C/1000 ans pour atteindre 14,2°C en 360. Cela confirmerait que la crise des IIIe et IVe siècles ne fut pas conjoncturelle, mais structurelle : le vieillissement et l'inadéquation des institutions impériales (guerres civiles, fiscalité). Si la fraîcheur fit son retour entre 360 et 510 (150 ans), la régression thermique apparaît modeste : 0,4°C/1000 ans et 13,9°C en 510. Pourtant, l'Empire d'Occident s'effondra.

➢ Le début des « *Royaumes dits Barbares* » s'effectua dans un contexte thermique favorable. Pendant 110 ans, jusqu'en 620, les températures ont crû de 2°C/1000 ans pour atteindre 14,4°C en 620. Si l'Europe occidentale vivait l'anarchie, le bassin de la Méditerranée connaissait une nouvelle croissance économique sous la tutelle de l'Empire d'Orient, devenu Empire Byzantin.

➢ Par la suite, pendant 190 ans, le monde s'est refroidi, mais seulement de 0,4°C/1000 ans jusqu'en 810 où la température était encore de 14,1°C. L'unité européenne et méditerranéenne se précisait à nouveau : Empire Carolingien en Occident, Empire Byzantin en Orient, et Califat musulman au Moyen-Orient et en Méditerranée méridionale. On sait que les échanges commerciaux ont repris.

C'est à partir de cette date que se situe l'Optimum Climatique Médiéval.

➢ La remontée des températures fut de 3,6°C/100 ans pendant un demi-siècle, passant de 14,1°C à 14,5°C en 865. Cette clémence permit l'expansion des Vikings aux dépens des Etats Européens.

➢ La brutale dégradation de 865 à 930 : recul de 2,8°C/1000 ans, ne dura que 65 ans et ne ramena les températures qu'à 14,3°C en 930. Le climat resta favorable, les Norvégiens ont atteint l'Islande, le Grœnland et les côtes du Canada. Ils y ont décrit un milieu couvert de prairies, voire de forêts.

➢ D'ailleurs, les températures remontèrent jusqu'en l'An Mil de 1,8°C/1000 ans, pour atteindre 14,4°C. Paradoxalement, alors que Gerbert d'Aurillac, conduisait Otton III à rétablir l'autorité morale de l'Empire et de la Papauté, la réalité quotidienne répandait l'anarchie politique, le dit Empire étant « balkanisé » entre les « Comtes », théoriquement vassaux de l'Empereur. Mais la Féodalité fut aussi contemporaine de la Renaissance culturelle Romane, de la reprise des défrichements agricoles autour des Monastères.

➢ La fin du Xe siècle et les XIe et XIIe siècles se retrouvèrent confrontés à une péjoration du climat, annonçant la fin de l'Optimum Médiéval. Les températures ont reculé pendant 185 ans (-1,3°C/1000 ans) pour se retrouver à 14°C en 1185, et s'y maintenir jusqu'en 1390 (faible remontée de 0,08°C/1000 ans).

➢ Le XIVe siècle est souvent présenté comme une période de crise : crises de subsistance en 1317, épidémie de Peste Noire de 1347 à 1352, avec des récidives, dévastation des campagnes par les troupes de brigands, de paysans ruinés et de mercenaires au « chômage ». Mais cette situation est surtout vraie pour l'Occident, du fait de la Guerre de Cent Ans. Cette conjoncture ne toucha pas le monde entier : le commerce entre la Hanse et les Républiques italiennes fut florissant.

En effet, dans les siècles qui suivent, la péjoration du climat fut loin d'être accompagnée par une crise économique et sociétale. Pourtant, le froid se fit plus intense à plusieurs reprises :

➢ À partir de 1390, on pourrait simplifier en disant qu'à partir du XVe siècle, la chute thermique fut brutale : en 85 ans, les températures sont passées de 14,1°C en 1390, à 13,6°C en 1475 : -4°C/1000 ans). La Guerre de Cent Ans se terminait par une recrudescence du gel.

➢ Malgré une reprise spectaculaire : 9,8°C/1000 ans pendant 25 ans, entre 1475 et 1500 (13,8°C), la chute vers une « *mini-glaciation* » se poursuivit pendant 110 ans, avec un gradient de -1,8°C/1000 ans, jusqu'en 1610 (13,4°C).

➢ Le XVIIe siècle fut froid, ce qui généra de mauvaises récoltes et des famines (celle de 1693 notamment). Les températures varièrent autour de 13,5°C. Après une reprise de 45 ans : 1,4°C/1000 jusqu'en 1660, les températures reculèrent à nouveau jusqu'en 1705 : -1,2°C/1000 ans et 13,4°C en 1705.

C'est alors que s'amorça un retour vers des cieux plus cléments. Ce fut lent et irrégulier : au cours de l'hiver 1709, les fleuves gelèrent (et le vin dans les caves), les glaciers alpins menacèrent de barrer les vallées (cela avait été aussi le cas au XVIIe siècle). Mais les frimas, commencés depuis 1500, n'ont guère eu d'impact sur la vie économique (à l'exclusion des famines dues aux mauvaises récoltes) : la France et l'Angleterre ont constitué un Empire colonial en Amérique du Nord et à partir de 1750, un nouveau mode d'enrichissement apparaît. Jusque-là, on continuait de vivre dans le « Néolithique » : la richesse provenait du sol et du commerce. À partir de 1750, la bourgeoisie tirera sa richesse de l'exploitation du sous-sol et de la production de biens manufacturés : la Révolution Industrielle était en marche et avec elle : l'Anthropocène.

➢ Les températures ont crû de 1705 à 1765 à la vitesse de 4,5°C/1000 ans, et la moyenne était de 13,9°C en 1765.

➢ La fin du XVIIIe siècle et le XIXe siècle furent tièdes, avec des températures variables (nous soulignerons les rigueurs de l'hiver 1816), mais la tendance resta à un recul modéré : -0,15°C/1000 ans jusqu'en 1900 (13,9°C).

➢ Enfin, le XXe siècle apparaît soumis à une croissance constante (mais une chronologie quinquennale fausse les résultats que nous avons constatés très variables dans le premier chapitre) : les températures grimpèrent de 13,9 à 14,4°C en 110 ans, soit une tendance de 3,1°C/1000 ans.

Ces résultats quantifient ce que l'allure de la courbe de droite du document 7.3 illustrait. Surtout, à l'image des séries séculaires de l'Holocène, la série quinquennale de l'ère chrétienne démontre une variabilité thermique intense, avec une demi-période de 95 ans en moyenne, et avec une hausse qui peut sembler « anormale » au final.

➢ Les données annuelles, toujours issues de la dendrochronologie, confirment cette impression depuis le début du XVIIe siècle (documents 7.3 et suivants), Cette série plus précise, établie par Mosberg, y combine la variation de l'épaisseur des cernes des arbres avec les mesures effectuées par Judith Lean (Naval Research Laboratory) en 2000, et Chien Wang (Massachusetts Institute of Technology) en 2005, sur le rôle, très controversé, de la variation de l'activité solaire, observée et mesurée depuis le début du XVIIe siècle (document 7.5).

➢ La série commence en 1605 et fournit une température annuelle dont la moyenne jusqu'en 2015 est de 14°C (la moyenne de référence, de 1880 à 2015 est de 14,2°C). Elle passa par deux minima de 13,5°C en 1644 et en 1815 et un maximum >14,8°C en 2003 (peut-être dépassé en 2016, date où nous avons mis en pages). La tendance linéaire a été une augmentation de 1,7°C/100 ans depuis 1605. Mais il faut toujours rappeler que l'écart-type n'est que de 0,27°C, et que le coefficient de variations de celui-ci par rapport à la moyenne n'est que de 2 % (Si, sur les graphiques du document 7.5, l'échelle des ordonnées commençait à 0°C, les variations seraient à peine perceptibles).

➢ Toutefois, on relève une tendance à la poursuite d'un recul thermique jusqu'en 1692 (13,55°C), puis des pulsations importantes se sont succédé jusqu'en 1909, date à laquelle la croissance fut, il est vrai, quasi continue, malgré une interruption entre 1950 et 1970, ce dont rend compte le calcul de la tendance linéaire des températures de chacune des pulsations.

➢ De 1605 à 1692, pendant 87 ans, le « Petit Âge de Glace » a continué à se creuser. La température recula de 0,2°C/100 ans. On sait qu'en Europe, les conséquences furent particulièrement dures dans les campagnes, avec des mauvaises récoltes et des disettes, voire des famines. L'hiver 1709 fut particulièrement rude. Mais on sait aussi que les guerres se sont succédé : Guerre de la Ligue d'Augsbourg de 1688 à 1697, vite suivie par la Guerre de Succession d'Espagne de 1701 à 1715. Outre les exactions des armées en campagne, il faut incriminer la « pression fiscale » sur les populations des campagnes.

➢ Les températures se sont fortement relevées de 1692 à 1724. La tendance linéaire a été de 1°C/100 ans (sur 32 ans seulement) et la température moyenne aurait été de 14,2°C en 1724. Mais le recul fut aussi brutal de 1724 à 1736 : 5°C/100 ans en 12 ans, et la température retomba à 13,5°C en 1732. Puis elle remonta aussi brutalement, 2°C/100 ans sur 26 ans, entre 1736 et 1762. Cette année-là, les températures étaient remontées à 14,1°C.

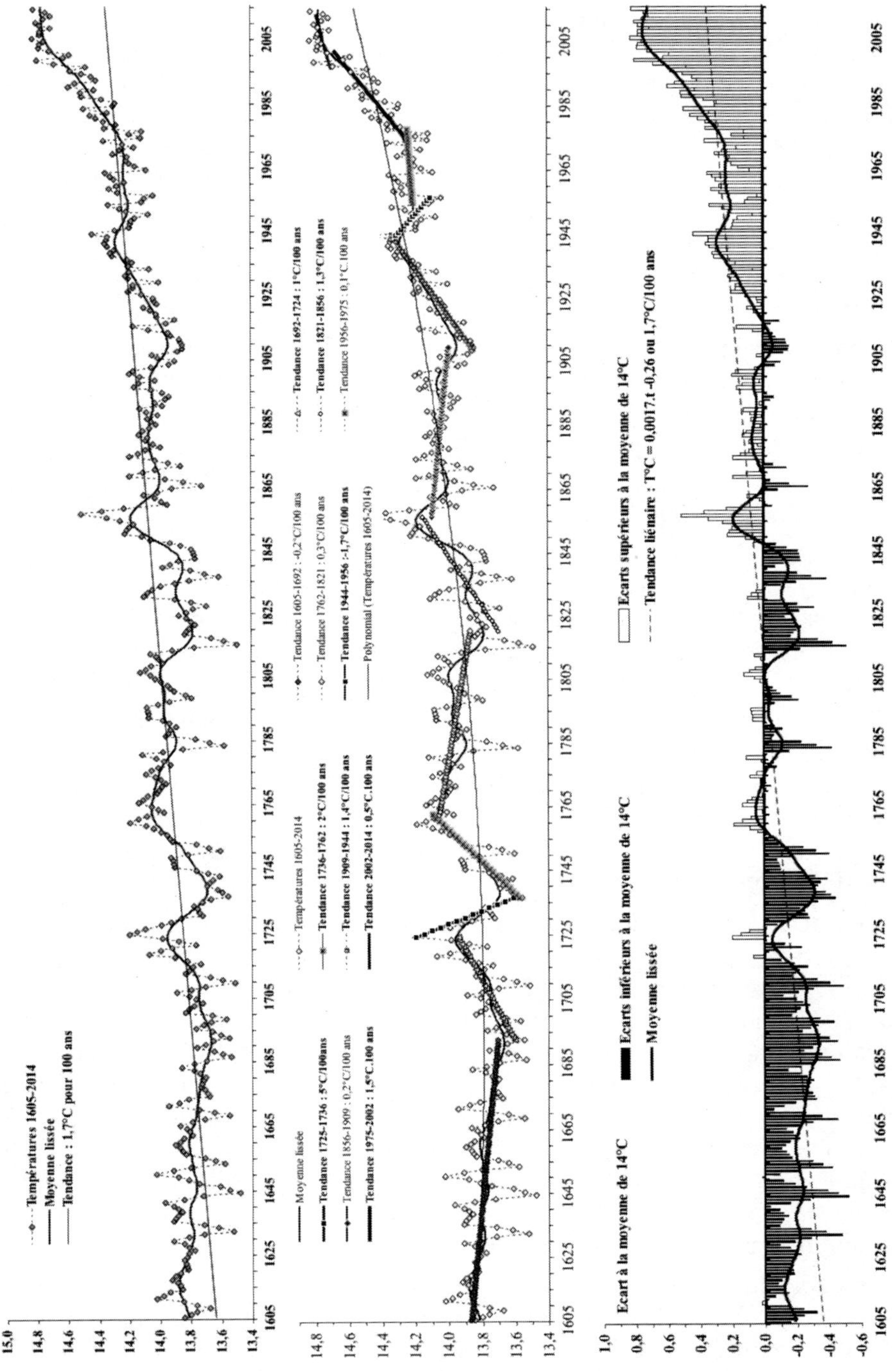

Document 7.5 - Moyennes thermiques annuelles depuis 1605
(D'après la variation de l'activité solaire)

➢ La fin du XVIIIe et le début du XIXe siècle furent marqués par un nouveau recul thermique, et l'on sait que la rigueur de l'année 1788 contribua aux évènements de 1789, en France (mais pas ailleurs en Europe). Le recul fut modéré - 0,3°C/100 ans entre 1762 et 1821 : 13,8°C en 1821. Ce fut aussi une période avec des minima très creusés : 13,6°C en 1783 et 13,5°C en 1815. Nous en reparlerons, mais, dès cette époque, on expliqua ces coups de froid. Benjamin Franklin expliqua l'hiver de 1783 par l'explosion du Laki, en Islande. Pour 1815, on reconnut l'occurrence d'un « hiver volcanique » après l'explosion du Tambora, dans les « Indes Néerlandaises ».

➢ Au milieu du XIXe siècle, les températures ont suivi une tendance croissante de 1,3°C/100 ans entre 1821 et 1856, pour atteindre 14,5°C en 1856. Pour beaucoup de chercheurs, c'est au cours de ces 35 ans que s'acheva le « Petit Âge de Glace ». Les glaciers alpins ont connu leur dernière crue au cours de cette décennie (près de Chamonix, on peut voir un énorme bloc erratique apporté par la Mer de Glace après 1850).

➢ Pourtant, la fin du XIXe siècle fit l'objet d'un nouveau refroidissement, qui va durer jusqu'en 1909 (53 ans). Mais le recul était déjà peu marqué : 0,2°C/100 ans, et 13,8°C en 1909

➢ Après 1909, les températures ont augmenté. Ce fut brutal entre 1909 et 1944 : 1,4°C/100 ans et 14,4°C en 1944. La Seconde Guerre Mondiale se déroula dans un contexte tiède (mais demandez leur avis aux survivants de la Bataille de Stalingrad). Puis le monde connut un nouveau refroidissement jusqu'en 1956 : -1,7°C/100 ans, les glaciers alpins avaient même repris leur progression, et l'hiver 1956 fut particulièrement rude.

➢ Depuis 1956, la Terre se réchauffe. Ce fut d'abord un processus lent : 0,1°C/100 ans jusqu'en 1975 (14,2°C). Puis la croissance a été très rapide : 1,5°C/100 ans jusqu'en 2002 (14,7°C) pour se ralentir au début du XXIe siècle : 0,5°C/100 ans entre 2002 et 2014 (14,8°C).

➢ À partir du XIXe siècle, les variations estimées et calculées sur le document 7.5, sont très semblables aux mesures effectuées au Bourget après 1781 et illustrées par le document 1.2. Au moins pour ce qui concerne l'hémisphère nord (documents 1.1, 7,2, 7.3 et 7.4), les températures des 2 000 dernières années ont connu deux pulsations de « grande longueur d'onde » : une période instable dans les 5 premiers siècles, une période chaude, « l'Optimum Médiéval » centré sur l'an Mil, et le « Petit Âge de Glace » centré sur le XVIIe siècle. Mais ces fluctuations lentes sont elles-mêmes accidentées de pulsations thermiques brèves de 50 à 100 ans en moyenne. En fait, les températures augmentent depuis le début de l'Holocène ; toute cette période fit l'objet de fluctuations longues accidentées de pulsations brèves.

➢ Les explications astronomiques ne permettent pas de donner une réponse à aussi court terme. Or, les températures sont en augmentation depuis les années 1900. Le document 7.5 relatif aux variations par rapport à la moyenne est éloquent : il a fait froid jusqu'en 1850, et depuis il fait chaud. La croissance thermique a été spectaculaire entre 1909 et 1944, puis depuis 1956. Aujourd'hui on est en droit de s'interroger : la croissance générale coïnciderait avec la fin du

Petit Âge Glaciaire (on a rencontré des croissances du même ordre au cours de l'Holocène), mais les activités humaines de ce qu'on appelle parfois l'Anthropocène, sont-elles responsables de l'augmentation des températures ? En effet, le réchauffement mesuré depuis la fin du XIXe siècle relève-t-il de pulsations naturelles cycliques, ou relève-t-il de l'irresponsabilité des activités industrielles polluantes ?

En guise de conclusion

Le Pléistocène supérieur avait été un « **âge glaciaire** » du fait de la conjonction de conditions astronomiques favorables et parfaitement identifiées : hémisphère nord plus proche du Soleil en été, axe de rotation de la Terre plus incliné. Puis ces « conditions glaciaires » sont progressivement devenues « interglaciaires » : hémisphère nord plus proche du Soleil en hiver, axe de rotation de la Terre moins incliné ; le climat s'est réchauffé entre 13 000 et 11 000 av. J.-C., alors que, progressivement, les inlandsis qui recouvraient l'hémisphère nord se résorbaient.

La planète entra dans un « **interglaciaire** » : l'Holocène, qui depuis une dizaine de milliers d'années est globalement chaud, avec une moyenne probable de 1,2°C (document 7.1) et cette longue période marque une certaine tendance à devenir de plus en plus chaude. Mais cette clémence a connu des hauts et des bas (documents 7.2, 7.3, 7.4 et 7.5) parfaitement identifiés dans la concentration des glaces du Grœnland et de l'Antarctique en isotopes de l'oxygène, et dans les variations de l'épaisseur des cernes des arbres. Les températures furent élevées de 11 500 à 9 000 av. J.-C.. pour se réduire entre 9 000 et 7 000 av. J.-C.. À partir de cette date, la Terre connut une température moyenne de 14°C environ (document 7.2.a). Mais cette période clémente a elle-même fait l'objet de pulsations, notamment au cours de la période protohistorique et historique : les températures apparaissent assez clémentes au Néolithique (7 000 av. J.-C.) et au début de la période archaïque grecque (850 av. J.-C.).

Le monde connut alors un important refroidissement du Ve ou VIe siècle av. J.-C. jusqu'au début de « l'ère chrétienne ». Il fut suivi par un retour des températures clémentes au cours de la « Paix Romaine » (1 à 250 ap. J.-C.), laquelle se serait achevée avec une nouvelle péjoration climatique. Cette « ère chrétienne » est mieux connue par l'intermédiaire de la dendrochronologie (document 7.3 et suivants), et on lui a opposé un Moyen Âge clément, parfois appelé « **Optimum Climatique Médiéval** », avec des températures élevées entre 600 et 1100, et un « **Petit Âge de Glace** » commencé vers 1450 et qui ne s'acheva qu'à la fin du XIXe siècle. Depuis, les températures ont à nouveau augmenté, avec, apparemment, une croissance inquiétante depuis la fin du XXe siècle.

Huitième chapitre
Comprendre les variations thermiques historiques

Il faut maintenant donner une explication aux modifications des températures observables au cours de l'Holocène, et plus précisément pendant la période historique récente. Nous avons décrit ces variations comme assez fréquentes, et les tendances ont souvent évoqué des pulsations brutales et de fortes amplitudes (mais avec une durée au maximum séculaire).

- On ne peut plus évoquer une origine astronomique (même si, en 2016, un certain homme politique s'y risqua) : les variations de l'excentricité de l'écliptique et de l'inclinaison de l'axe de rotation sont des processus trop lents (au mieux, la dizaine de milliers d'années).
- Pourtant, ces variations ont été enregistrées dans « les glaces et dans les cernes des arbres. Il faut ensuite résoudre le problème de l'accroissement rapide des températures mesurées depuis les années 1880, et qui semble s'accélérer depuis les années 1990.

Une hypothèse sérieuse repose sur des variations cycliques de l'effet de serre au cours de l'Holocène. Mais la concentration de l'atmosphère en « ***Gaz à Effet de Serre*** » ne peut être que la conséquence d'un autre processus qu'il reste à déterminer.

- Trois gaz à effet de serre sont concernés : la vapeur d'eau H_2O, le dioxyde de carbone CO_2 et le méthane CH_4. Leur concentration a varié considérablement au cours des temps géologiques. Par exemple celle du CO_2 était très élevée au cours de la « canicule de l'Eocène ». On en a facilement mesuré la concentration au cours du Pléistocène, entre 175 et 280 parties par million (ppm), et le plus souvent en relation avec les températures.
- Mais cette concentration s'est accrue au cours des deux derniers siècles. La part du dioxyde de carbone CO_2 est passée de 280 ppm (partie par million) en 1750 (début de la Révolution Industrielle) à près de 400 ppm en 2014.
- La concentration atmosphérique du méthane aurait crû de 715 ppb (parties par billion ou plutôt par milliard en français) vers 1750, à 1 830 ppb en 2013. En un peu plus de 250 ans, les concentrations auraient crû de 140 % pour le CO_2 et de 250 % pour le CH_4.

Or, nous estimons que la dichotomie entre l'histoire des 1 000 à 2 000 dernières années de températures et l'accroissement exponentiel des valeurs actuelles, a été mal interprétée et mal relatée par les medias, voire par certains scientifiques. Mais il n'en reste pas moins que l'accroissement actuel des températures ne saurait être mis en doute.

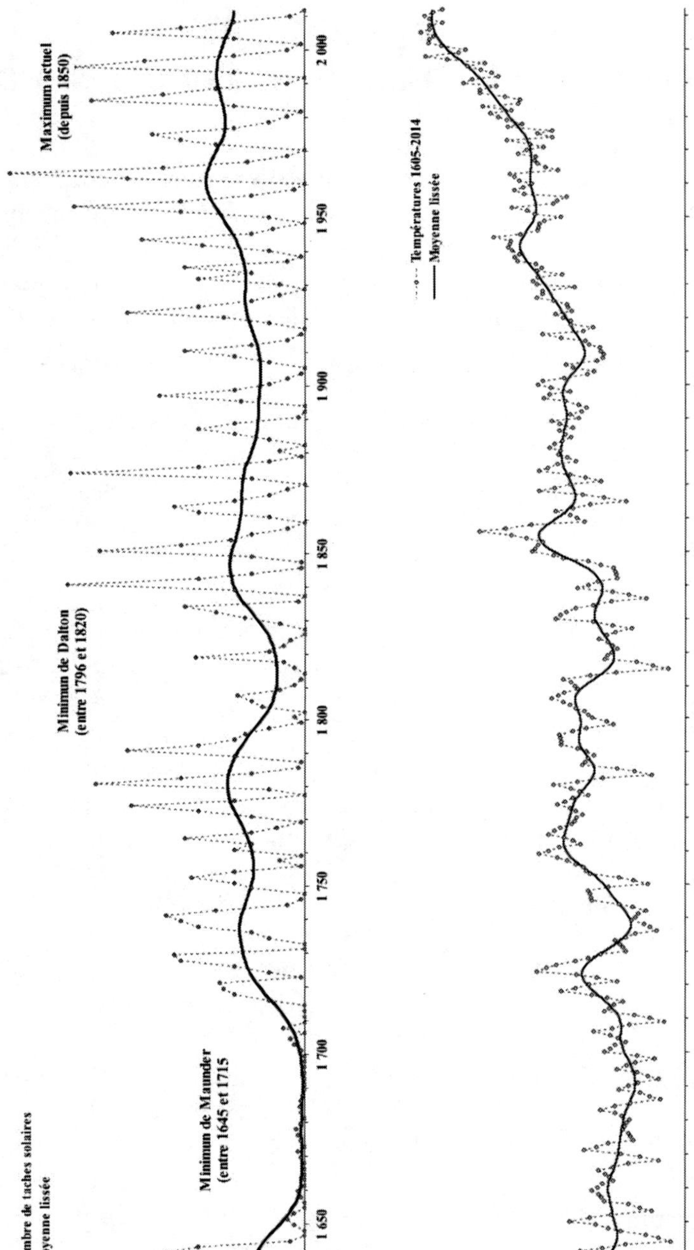

Document 8.1 - Le cycle des taches solaires (a) et les températures (b))

L'activité solaire et les températures historiques

S'il n'existe pas d'explication très convaincante, on a reconnu une corrélation entre l'activité du soleil, notamment le cycle d'activité des taches solaires, et les variations thermiques observées et mesurées (document 8.1).

➢ ***Une tache à la surface du soleil correspond à une température plus faible accompagnée d'une intense activité magnétique***. Ce champ magnétique ralentit l'apport de chaleur issu du cœur du Soleil et cette baisse des températures se traduit par l'apparition d'une tache à la surface de l'astre.

➢ Pour mémoire, on rappellera que les premières observations furent le fait des savants chinois dès 28 av. J.-C.. Les Annales de Saint-Bertin témoigneraient de l'occurrence de taches sur le soleil en 860. Mais les taches solaires ne furent scientifiquement observées qu'à partir du XVIIe siècle par l'astronome allemand Christoph Scheiner. En 1611, il les compta grâce à des verres teintés, alors qu'en 1612 Galilée utilisait un système de « rétroprojection de l'image de sa lunette » sur un écran.

➢ C'est en 1843 que l'astronome allemand Heinrich Schwabe démontra que la fréquence de l'occurrence de taches sur le soleil se répétait selon un cycle moyen de 11,2 ans. En effet, l'écart entre deux maxima varie de 7 à 15 ans avec une moyenne de 11,2 ans. En 1849, le Suisse Johann Rudolf Wolf mit en parallèle l'activité solaire et le nombre de taches. Ce sont les cycles de Schwabe numérotés de 1, pour le cycle commencé en 1761, à 24, pour le cycle actuel qui débuta en 2008 (document 8.1.a). Or, chaque cycle de Schwabe correspond à une variation de l'activité du soleil.

➢ Le soleil émet un ***puissant rayonnement électromagnétique*** qui s'amplifie quand le nombre de taches est maximum. Il contrarie les émissions de « télégraphie sans fil sur ondes courtes » ce qui perturbait les liaisons radio intercontinentales. Le soleil émet aussi un ***flux d'ions et d'électrons*** appelé le ***« vent solaire »***. Quelques-unes de ces particules sont piégées par le champ magnétique terrestre et s'accumulent dans la ceinture de Van Allen, où elles sont à l'origine des aurores polaires. Ces flux varient en fonction du nombre de taches solaires.

On dispose donc d'observations assez précises depuis ce début du XVIIe siècle. C'est ce qui permit à Gustav Spörer, en 1887, et à Edward Maunder, en 1890, de constater que les taches avaient disparu entre 1645 et 1715, d'abord, puis en 1796 et 1820, ensuite. Le premier repli porte le nom de « minimum de Maunder » (1645-1715) et le second de « minimum de Dalton » (1796-1820) du nom d'un météorologiste britannique (document 8.1). Or, il semble que ces deux minima corrèlent en partie des périodes de basses températures (document 8.1.b). Il est vrai que la moyenne thermique fut de 14°C depuis 1600 (le document 8.1.b est issu des mesures dendrochronologiques), qu'au cours du …

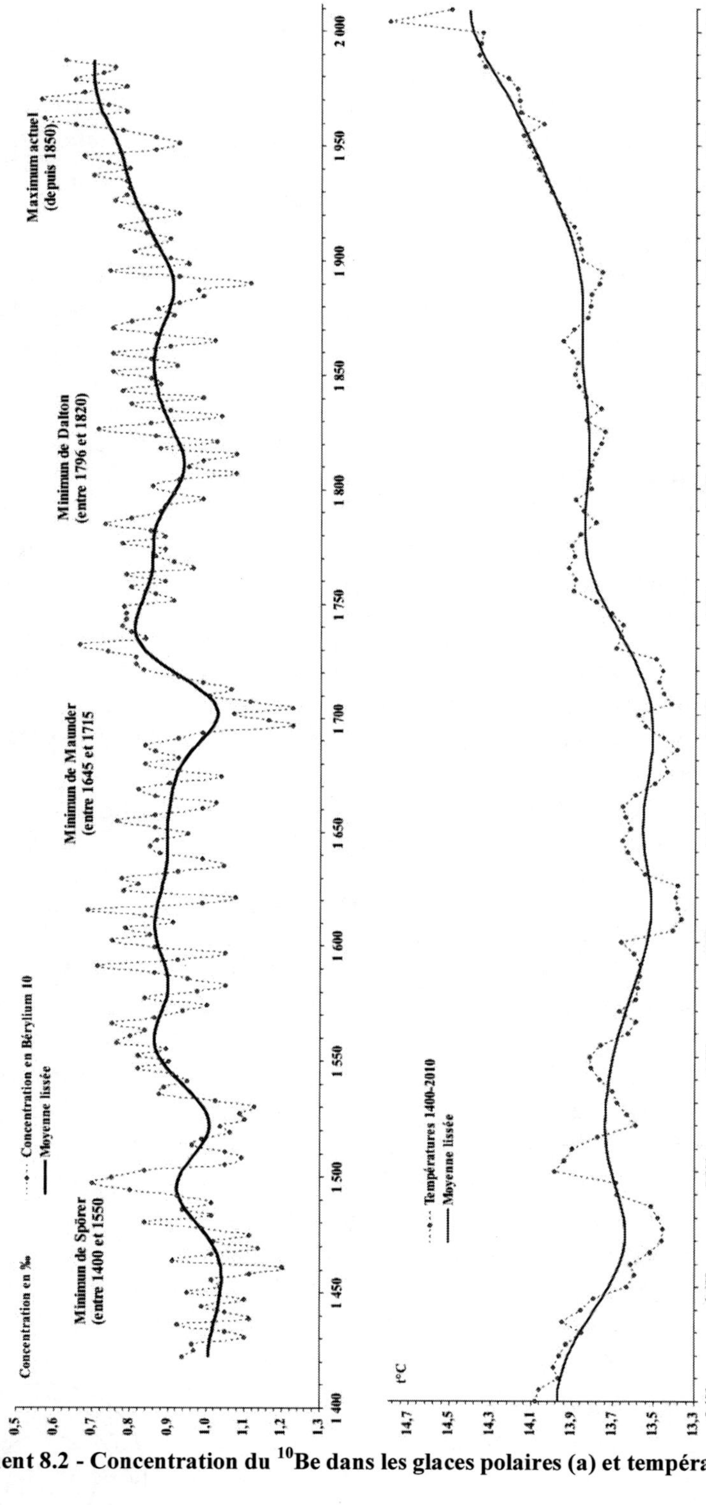

Document 8.2 - Concentration du ^{10}Be dans les glaces polaires (a) et températures (b)

… minimum de Maunder elle recula à 13,7°C et à 13,9°c au cours du minimum de Dalton. Mais, s'il est vrai que les températures ont crû depuis 1880 (moyenne = 14,2°C), et surtout depuis 1980 (moyenne de 14,6°C), l'activité solaire est, elle, entrée dans une phase de repli. Nous y reviendrions.

Le béryllium 10 (^{10}Be) est un isotope du béryllium stable. L'impact des rayons cosmiques peut modifier la structure du noyau atomique des éléments légers de la haute atmosphère, c'est ainsi que du béryllium 10 se trouve produit en très faible quantité ; cette réaction nucléaire est appelée « spallation ». Ce béryllium 10 « juvénile » gagne le sol au travers des précipitations. Comme il est radioactif, on peut le détecter et en mesurer la concentration.

Or, le « vent solaire » repousse les rayons cosmiques qui atteignent la planète ; aussi la production de béryllium 10 est-elle inverse à l'activité solaire. En période de maximum d'activité, la production se réduit. Le dosage du béryllium 10 dans les carottes de glace permet de reconstituer les cycles solaires du passé. Le document 8.2 rend compte de la comparaison de la concentration du béryllium 10 dans les glaces de l'Antarctique et des températures évaluées à partir des cernes des arbres.

➢ La concentration en béryllium 10 fait effectivement état de l'occurrence de périodes où sa production par impact des rayons cosmiques fut maximale ou minimale. L'échelle des ordonnées a été inversée afin de faciliter la comparaison avec les variations de températures.

➢ Sur 600 ans, la concentration moyenne fut de 0,9 ‰ comprise entre deux extrêmes : 1,23 ‰ vers 1700 et 0,56 ‰ en 1971. Il est vrai que cette concentration s'est accrue à plusieurs reprises : entre 1796 et 1820 au cours du minimum de Dalton (0,97 ‰), entre 1645 et 1715 pendant le minimum de Maunder (0,96 ‰), mais aussi plus précocement, entre 1400 et 1475 (1,04 ‰) et 1505 et 1550 (1 ‰). On a donné le nom de minimum de Spörer à la période 1400-1550 où la concentration en ^{10}Be fut élevée, ce qui traduisait une plus faible activité solaire.

On remarquera enfin, que la concentration en béryllium 10 recule depuis 150 ans du fait d'une reprise de l'activité solaire.

Pour repérer des épisodes plus anciens, on a recours au carbone 14, mais ici il ne s'agit pas de la méthode de datation au radiocarbone. Cet isotope radioactif du carbone est lui aussi produit par l'impact des rayons cosmiques sur des éléments légers de la haute atmosphère. Il s'agit ici de l'absorption de neutrons par les atomes d'azote situés au sommet de la troposphère et dans la stratosphère. Ces neutrons sont eux-mêmes issus de l'impact des rayons cosmiques sur les atomes d'oxygène.

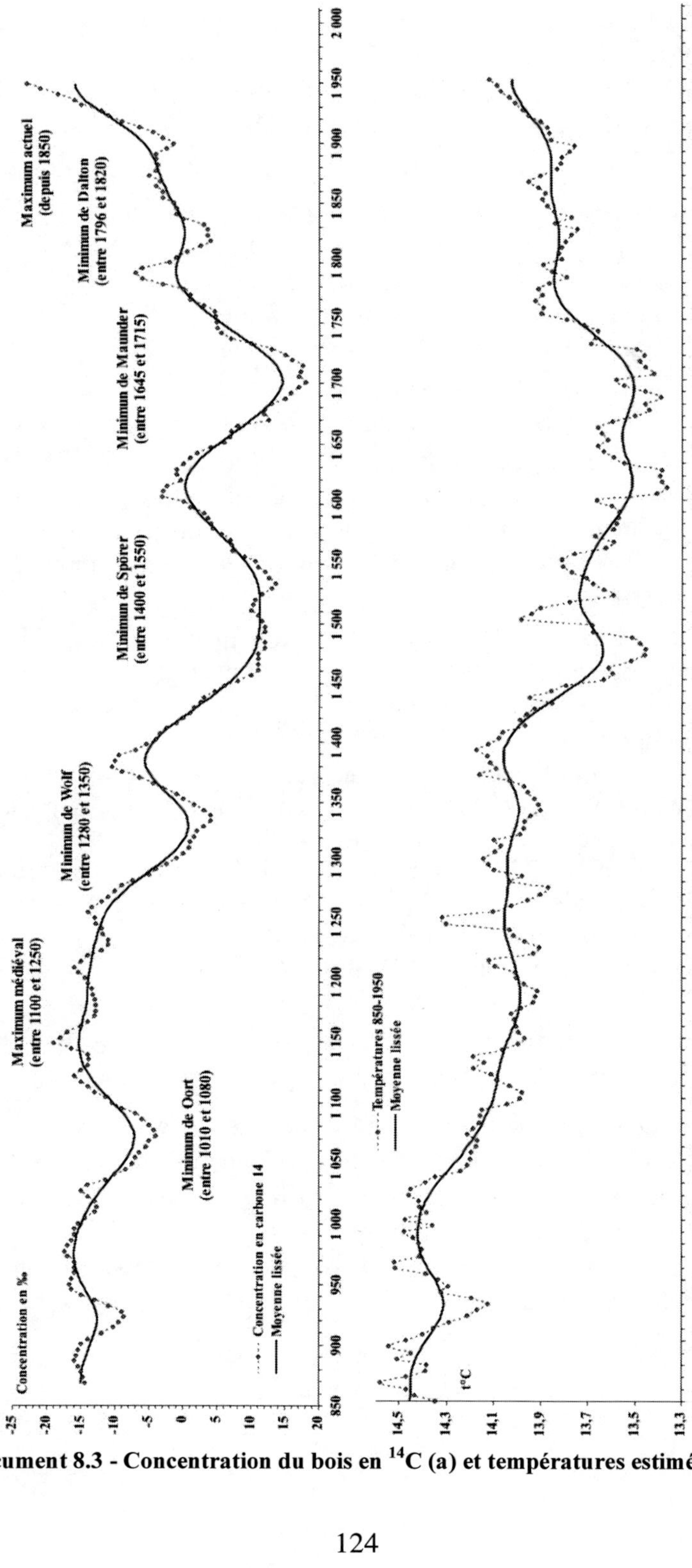

Document 8.3 - Concentration du bois en ^{14}C (a) et températures estimées (b)

Ce ^{14}C participe au cycle du carbone comme le ^{12}C, et on le retrouve dans tous les composés carbonés, mais principalement dans le dioxyde de carbone CO_2, et les hydrates de carbones issus de la photosynthèse, dont le bois. Comme pour le béryllium 10, sa concentration s'accroît lorsque l'activité solaire est minimale et se réduit quand elle est intense. Mais sa demi-vie est courte, 5 730 ans, et il faut la prendre en compte dans les dosages.

Le document 8.3 compare la concentration du bois fossile (en ordonnées inversées) et la dendrochronologie des mêmes arbres. Nous insisterons dès maintenant sur le parallélisme presque parfait entre la courbe des températures et celle de la concentration en carbone 14. Aux phases de faible activité solaire, correspondent une forte concentration en ^{14}C et des faibles températures. La concentration en carbone 14 varia de -23 ‰ en 1950 à 19 % en 1150. Avec des extrêmes thermiques estimés à 14,6°C en 865 et 13,4°C en 1610. Il y a corrélation. Nous retrouvons donc les extrêma d'activité solaire

Maximum du XXe siècle :	^{14}C = -11,75 ‰	t°C = 13,9°C
Minimun de Dalton (1796-1820) :	^{14}C = -0,33 ‰,	t°C = 13,8°C
Minimum de Maunder (1645-1715) :	^{14}C = 11,46 ‰	t°C = 13,5°C
Minimum de Spörer (1400-1550) :	^{14}C = 0,32 ‰	t°C = 13,7°C
Minimum de Wolf (1280-1550) :	^{14}C = 5,55 ‰	t°C = 14,0°C
Maximum médiéval (1100-1250) :	^{14}C = -13,95 ‰	t°C = 14,1°C
Minimum de Oort (1010-1080) :	^{14}C = -9,21 ‰	t°C = 14,3°C

Mais il faut interpréter les résultats. Pour les périodes anciennes, avant 1700, la concentration en ^{14}C a augmenté de -15 à 18 %, ce qui traduit un recul général de l'activité solaire.

➢ Il exista une longue période de plus forte activité de 870 à 1250 (documents 8.3) ; la concentration en ^{14}C fut de -13 ‰, associée à une température de 14,2°C. Le minimum de Oort, avec une concentration de -9,21 ‰, apparaît comme une période de faible activité solaire, mais il ne correspond pas à un recul des températures. À l'inverse, un autre minimum (-12 ‰) se réalisa entre 900 et 940, l'activité solaire avait faibli, et cette fois les températures reculèrent (14°C)

➢ Il en est de même du minimum de Wolf ; il traduit une forte concentration en carbone 14 et une faible activité solaire, et la température recula légèrement. Mais si l'on compare les deux courbes du document 8.3, on s'aperçoit que les températures ont reculé assez régulièrement depuis l'an Mil (voir aussi le document 7.3). La mesure est faussée par une série qui « commence trop tard », et le maximum médiéval se situa entre « les derniers Carolingiens et les premiers Capétiens ».

➢ À l'inverse, les minima de Spörer, Maunder et Dalton, sont effectivement corrélés par un ralentissement de l'activité solaire et des températures faibles.

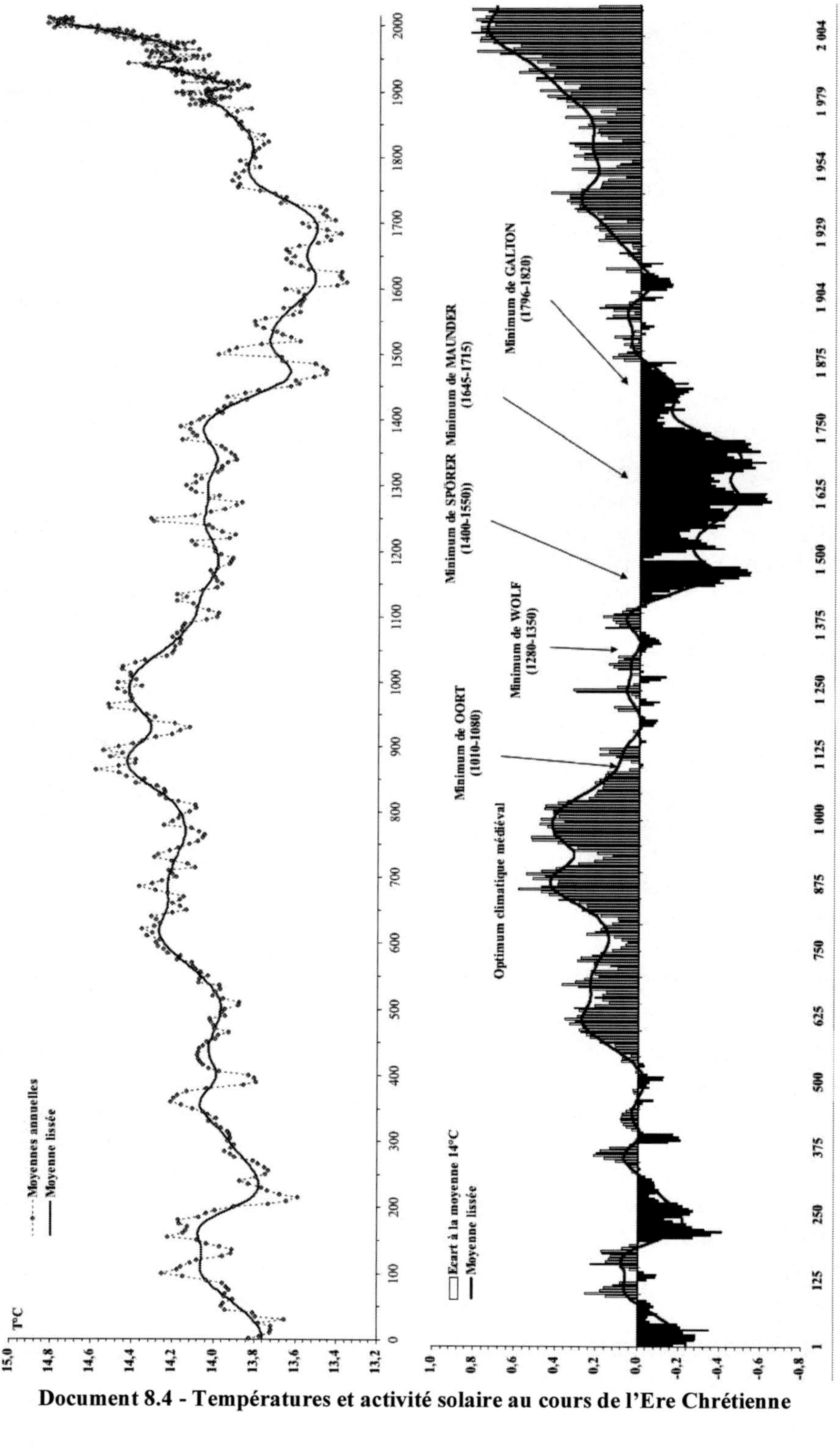

Document 8.4 - Températures et activité solaire au cours de l'Ere Chrétienne

Qu'avons-nous appris ? Une incontestable corrélation entre le recul des températures et le ralentissement de l'activité solaire. Mais ce n'est pas une réponse à la question : « *pourquoi les températures ont-elles changé si souvent, et parfois aussi brutalement ?* » (documents 7.3 et 7.5). En effet, elles furent fraîches entre 1600 et 1830 (document 7.5), puis elles ont amorcé une croissance à partir du milieu du XIXe siècle. Il y a certes corrélation avec les minima de Maunder et de Dalton, puis avec le retour d'une forte activité solaire.

Reprenons, enfin, la chronique des températures depuis le début de l'ère chrétienne, estimée par la dendrochronologie avant 1880, puis par mesures directes par la suite (document 8.4). La moyenne des quelques 2 000 années aurait été de 14°C (approximativement) et le document 8.4 rend compte d'une succession de « périodes chaudes » et de « périodes fraîches », certaines en accord avec les fluctuations de l'activité solaire (fréquence d'apparition des taches solaires).

➢ Les cinq premiers siècles connurent la succession de plusieurs vagues de froidure où la température moyenne tomba à 13,9°C, avec des coups de froid : 13,7°C en 30, 13,8° en 395 et surtout 13,6°C en 215. Deux épisodes furent assez longs : presque un siècle de l'An 1 à 95 ap. J.-C., et 150 ans entre 190 et 340. La probabilité d'un ralentissement de l'activité solaire est plausible.

➢ Cette fraîcheur fit alors place à une longue période de douceur, comprise entre 555 et 1095. Au cours de cet « Optimum Médiéval » la moyenne thermique fut de 14,3°C, avec une succession de maxima : 14,4°C en 620 et 685, 14,6°C en 865 et 14,5°C en 895, en 965 et en 990. Mais il est vrai que la température recula dans la seconde moitié du VIIIe siècle. On y associe un maximum d'activité solaire.

➢ On sait que cette activité du soleil entra alors en « repos ». Le minimum de Oort (1010-1080) correspond à un réel (mais bref) recul des températures : 14,2°C en 1050. Les températures ont stagné autour de 14,1°C entre 1000 et 1400, avec plusieurs « coups de froid » à l'approche du minimum de Wolf (1280-1350).

➢ Le monde entra alors dans une nouvelle ère fraîche : le Petit Âge de Glace, de 1410 à 1880 (dates extrêmes) avec des extrêma très creusés :13,5°C en 1475, 13,4°C en 1610 et en 1685, puis enfin 13,7°C en 1825. Le document 8.4 illustre effectivement un « Petit Âge de Glace » qui aurait connu trois pulsations froides entre 1450 et 1500, entre 1600 et 1720 et entre 1800 et 1830.Elles corroborent les minima de Spörer (1400-1550), de Maunder (1645-1715) et de Galton (1796-1820).

➢ Après un léger coup de froid au tout début du XXe siècle, les températures ont augmenté par paliers (stagnation du milieu du XXe siècle) jusqu'au début du XXIe siècle, en relation avec un accroissement de l'activité solaire (sauf depuis les années 2000 où l'activité solaire marque le pas alors que les températures ont continué d'augmenter).

Mais quel est le lien ? Il reste à évoquer d'éventuelles modifications de l'apport énergétique venu du soleil, c'est-à-dire une mise en cause de la « constante solaire ». On peut aussi évoquer une modification de l'albédo des nuages, comme une modification de la densité des gaz à effet de serre.

La modification de l'albédo

À l'opposé des G.E.S. qui piègent les infrarouges et les renvoient vers la Terre, avec augmentation des températures (document 2.1), l'albédo des océans, des inlandsis (notamment ceux du Pléistocène) et des nuages, réfléchit le rayonnement solaire, et une partie de l'énergie calorifique est renvoyée vers l'espace. La couverture de glace de l'hémisphère nord, au Pléistocène, contribua au refroidissement et à son prolongement.

On a ainsi évoqué les conséquences d'éruptions volcaniques cataclysmales. La Terre est une « planète vivante », en ce sens que des flux d'énergie remontent dans le manteau, et contribuent à la tectonique des plaques qui reste très active, notamment dans les zones de collision et de subduction de la « ceinture de feu du Pacifique ». Ici, la subduction d'une plaque sous une autre engendre un volcanisme intense, avec l'éruption de laves très acides, donc peu fluides, susceptibles de provoquer des explosions de type plinien (en souvenir de Pline le Jeune qui décrivit l'éruption du Vésuve en 79).

➢ Le frottement engendré par la subduction se traduit une « débauche » de pression et de chaleur ; les roches atteignent leur point de fusion et remontent le long des failles, pour s'accumuler près de la surface dans des « chambres magmatiques ». Mais ce matériel magmatique est composite : eau et/ou vapeur d'eau, gaz (CO_2, SO_2) et roches à l'état plus visqueux que liquide.

➢ Peu à peu, la pression s'élève dans la chambre magmatique située en dessous des volcans. Mais, en général, ce volcanisme est brutal, les remontées de magma sont surtout constituées des roches fragmentées ou « tephras » (bombes, scories, centres) mélangées à des gaz et de la vapeur d'eau.

➢ Dans quelques volcans, l'éruption est quasi continue, comme le Volcano ou le Stromboli, en Italie. Mais il arrive que la cheminée soit obstruée, car les éruptions sont rares. La pression s'élève dans la chambre magmatique et le « bouchon saute » comme au Mont Saint Hellens en 1980.

➢ Certains volcans peuvent littéralement exploser, et ne laisser qu'une cuvette ou « caldeira ».La puissance de ces « explosions pliniennes ou ultra-pliniennes » équivaut à celle de plusieurs dizaines de bombes du modèle de celle d'Hiroshima.

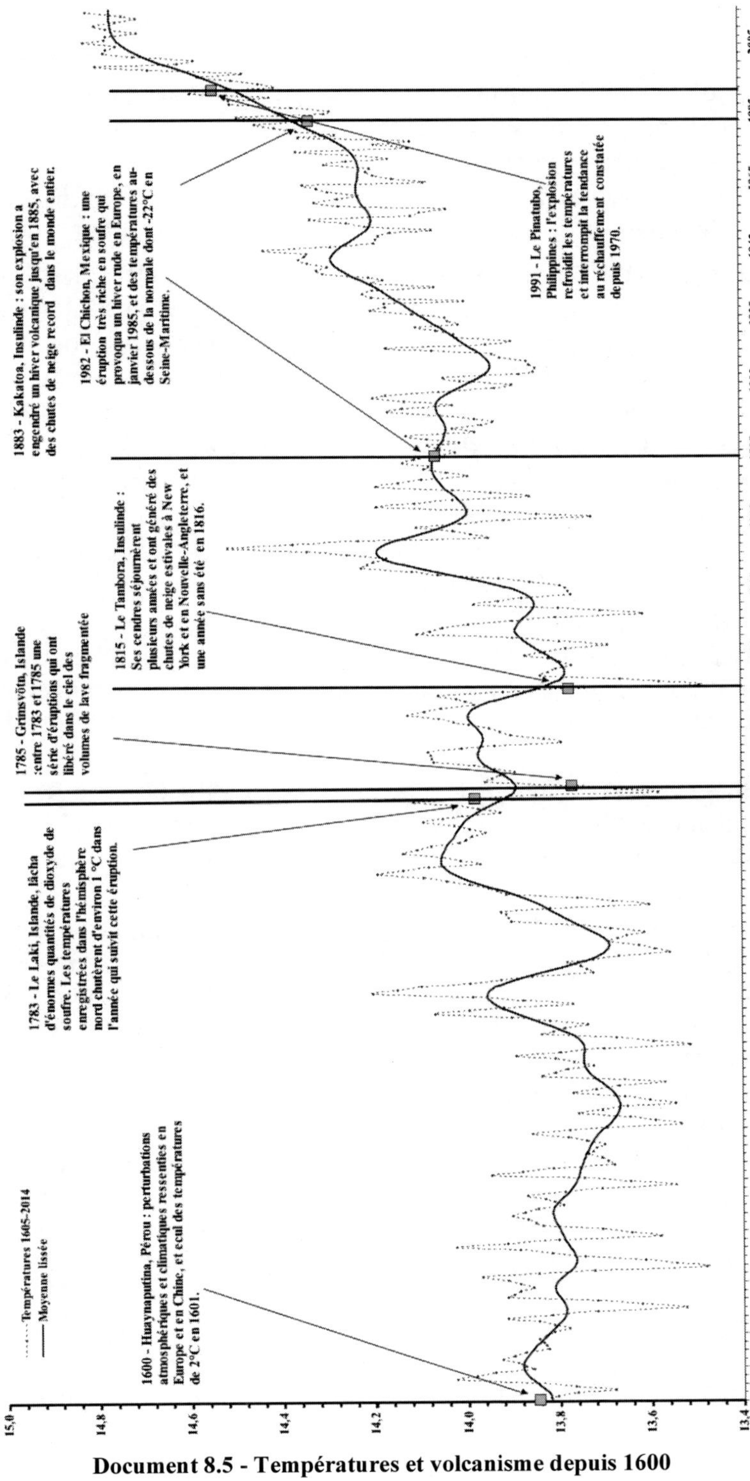

Document 8.5 - Températures et volcanisme depuis 1600

Pour ce qui nous concerne, l'explosion rejette des millions de mètres-cubes de CO_2, de SO_2, de vapeur d'eau, d'aérosols acides (mélanges de gaz sulfureux et d'eau) et de tephras. Si les bombes et les scories retombent rapidement, les cendres, poussières et aérosols atteignent une altitude dépassant une vingtaine de kilomètres. Cet immense nuage volcanique « pollue » la haute atmosphère et, porté par les vents et les jet-streams, il peut faire plusieurs fois le tour de la Terre avant de retomber.

Ces poussières et ces aérosols font obstacle au rayonnement solaire, l'albédo est accru et le rayonnement solaire est réfléchi. La surface du sol connaît alors un déficit d'apport énergétique, et les régions concernées sont soumises à un « hiver volcanique », avec des étés froids, voire neigeux, et des hivers particulièrement rigoureux. La température pourrait baisser de 0,10°C à 1°C. Reconnaissons à Benjamin Franklin, d'avoir compris, en 1788, que la fraîcheur de cette année pré-révolutionnaire avait été provoquée par l'explosion du Laki, en Islande, en 1783. Des cataclysmes anciens ont été identifiés soit par les textes, soit par l'enregistrement de couches de cendres, soit dans les cernes des arbres. Quelques-uns ont défrayé la chronique.

➢ Vers 1628 av. J.-C., l'Île de Santorin connut une explosion qui y creusa une immense caldeira, et les « éjecta » ont été retrouvés sur les continents avoisinants. Les analyses dendrochronologiques évoquent effectivement une importante chute des températures, avec des conséquences sur les sociétés de l'âge du bronze.

➢ L'Insulinde connut au moins deux explosions au VIe siècle : le Krakatoa en 535 et le Rabaul vers 540. Des perturbations climatiques sont attestées entre 535 et 550 en de nombreux lieux, et des tephras ont été retrouvés dans les glaces antarctiques.

➢ Entre 934 et 939, en Islande, l'Eldgjá aurait émis 1,5 km^3 de tephras et à 219.10^6 t de dioxyde de soufre. Il est vrai qu'on a le souvenir (textes, cernes des arbres) d'hivers particulièrement rudes dans les années qui suivirent 939 (voir document 8.3.b, le minimum de-12 ‰ de l'activité solaire, et un certain recul des températures).

➢ L'éruption du Samalas, en 1257, en Insulinde, et celle du Quilatoa, en Equateur, en 1280, auraient induit une crise climatique majeure. Les glaces du Grœnland et de l'Antarctique ont enregistré une masse énorme de tephras et d'aérosols. Ces éruptions auraient été suivies par d'autres forçages volcaniques pendant un demi-siècle, avec une extension de la banquise et une perturbation des courants marins. Les températures ont effectivement connu des reculs dans la seconde moitié du XIIIe siècle (document 8.3.b).

➢ Entre 1452 et 1453, le Kuwae, Insulinde, aurait libéré 30.10^9 m^3 de tephras. De 13,6°C en 1455, les températures reculèrent à 13,5°C en 1475 (document 8.3.b). Certains paléoclimatologues y reconnaissent le début du Petit Âge de Glace.

On connaît mieux les périodes plus récentes, à partir du XVIIe siècle (document 8.5).

➢ En 1600, au Pérou, l'éruption du Huaynaputina affecta l'Amérique latine et l'Eurasie de l'Europe à la Chine. Les températures reculèrent de 1°C en 1601 pour n'être que de 13,6°C en 1608 (document 8.5). Cette péjoration fut suivie d'un des minima du Petit Âge de Glace et du minimum de Maunder.

➢ En 1783, le Laki, Islande, expulsa des quantités considérables de dioxyde de soufre (piégés dans les glaces). Les années qui suivirent connurent une suite d'étés pourris et d'hivers volcaniques. On enregistra 9°C au Bourget en 1784 (document 1.2). Deux ans plus tard, en 1785, le Grimsvötn explosait à son tour. Il aurait libéré des volumes records de tephras et d'aérosols (mais on en ignore la quantité exacte).

➢ Vingt ans plus tard, le Tambora explosa en Insulinde. Entre le 5 et le 17 avril 1815, ce volcan explosa et émit plusieurs panaches de cendres et d'aérosols. Celui du 5 avril monta à 33 km, et celui du 10 avril à 44 km. Les cendres et les aérosols ont obscurci l'atmosphère pendant plusieurs années. L'année 1816 fut sans été, avec des gelées et des chutes de neige. Les hivers furent très rudes. Les témoignages sont clairs (dont les tableaux de Turner) : on ne voyait plus le ciel, mais des nuages de poussières rouges. C'est aussi à ce moment que se situe le minimum de Dalton.

➢ En 1883, toujours dans les Îles de la Sonde, l'explosion du Krakatoa émit un panache de cendres de 81 km et elle a répandu assez de tephras et d'aérosols pour abaisser la température de 0,25 °C l'année suivante, avec une amplitude allant approximativement de 0,18 à 1,3 °C, suivie d'un recul thermique général jusqu'en 1910.

➢ À l'inverse, les explosions d'El Chichon (Mexique) en 1982 et du Pinatubo (Philippines) en 1991 n'ont eu que des impacts locaux, quelques coups de froids dont les hivers de 1985, 1987 et 1996 (documents 1.2 et 8.5).

On pourrait multiplier les exemples historiques, mais la corrélation est peu convaincante. Les hivers volcaniques ont existé (on aurait les mêmes effets avec la chute d'une météorite géante, ou avec une guerre nucléaire généralisée), mais les effets ne dépassent pas quelques années. Les corrélations avec le début d'une pulsation froide, comme le Petit Âge de Glace, ne sont pas probantes ; on ne voit pas comment une explosion volcanique pourrait être associée avec un événement totalement indépendant (qu'on nous prouve le contraire) comme l'occurrence ou l'effacement des taches solaires. ***Il faut trouver une autre explication.***

Elle ne peut pas être géologique : la tectonique des plaques est trop lente, et les éruptions volcaniques trop brèves, et, apparemment sans lendemain. Il faut faire appel à une variation de l'apport énergétique issu du soleil, ou admettre que la constante solaire connaît des pulsations (c'est le cas de nombreuses étoiles). On peut aussi impliquer une modification plus ou moins cyclique de l'albédo des nuages avec retour de l'énergie radiative vers l'espace (on le nomme « effet parasol »), d'une part, et de l'effet de serre d'autre part, avec concentration périodique de G.E.S.

Le rayonnement cosmique et la taille de la couverture nuageuse sont une hypothèse qui, actuellement, fait l'objet d'un programme de recherche du C.E.R.N., appelé programme C.L.O.U.D. (*Cosmic Leaving Outdoor Droplet*). Il s'appuie sur une double constatation faisant suite aux publications de M. Sharma (2002), Ammann C. (2005), Warren et al. (2006) et Nicola Scaffetta et B. West (2006) :

➢ La ***couverture nuageuse*** réfléchit une partie du rayonnement solaire en direction de l'espace. On sait que l'albédo global de la planète est de 34 % du rayonnement issu du soleil (document 2.1). La réflectivité des nuages est souvent élevée, avoisinant celle de la neige fraîche (80%). La variation de la superficie de la couverture nuageuse peut générer une perte d'énergie solaire et provoquer un refroidissement.

➢ Les ***rayons cosmiques*** sont constitués de particules à haute énergie, surtout des noyaux d'hydrogène (protons). Quand ils « bombardent » les noyaux des atomes de l'atmosphère (azote et oxygène), ils donnent naissance à du ^{14}C et du ^{10}Be, ainsi qu'à des particules secondaires : électrons, photons, neutrons, ... La Terre s'en protège grâce à son champ magnétique (surtout) et au « vent solaire » (de façon non négligeable). L'ampleur du bombardement qui atteint l'atmosphère est donc une fonction de l'activité solaire.

➢ ***Quel est alors le lien ?*** Un rayon cosmique est « ionisant » : ainsi, en traversant une atmosphère humide, il crée des noyaux de condensation (c'est par la formation de gouttelettes qu'on détectait les rayons cosmiques dans les « chambres à brouillard »). On en déduit que le rayonnement cosmique accentue la formation des nuages. Pour les météorologues (document 2.5), la condensation est un processus thermodynamique, situé au sommet des « ascendances » qui accompagnent les « dépressions » et les masses montagneuses faisant obstacle à la circulation atmosphérique. ***L'air se sature en vapeur d'eau, laquelle se condense en gouttelettes qui constituent les systèmes nuageux***.

Ce processus se concentre essentiellement au niveau de la convergence intertropicale et des deux « fronts polaires » des moyennes latitudes, mais aussi sur le piémont des hautes montagnes, notamment de l'Himalaya au moment de la Mousson. Ce même processus fluctue avec les saisons, selon les années, et notamment ***avec l'intensité du bombardement cosmique et de l'activité solaire***. À titre d'exemple nous avons repris les données utilisées par le Danish National Space Center en 2005.

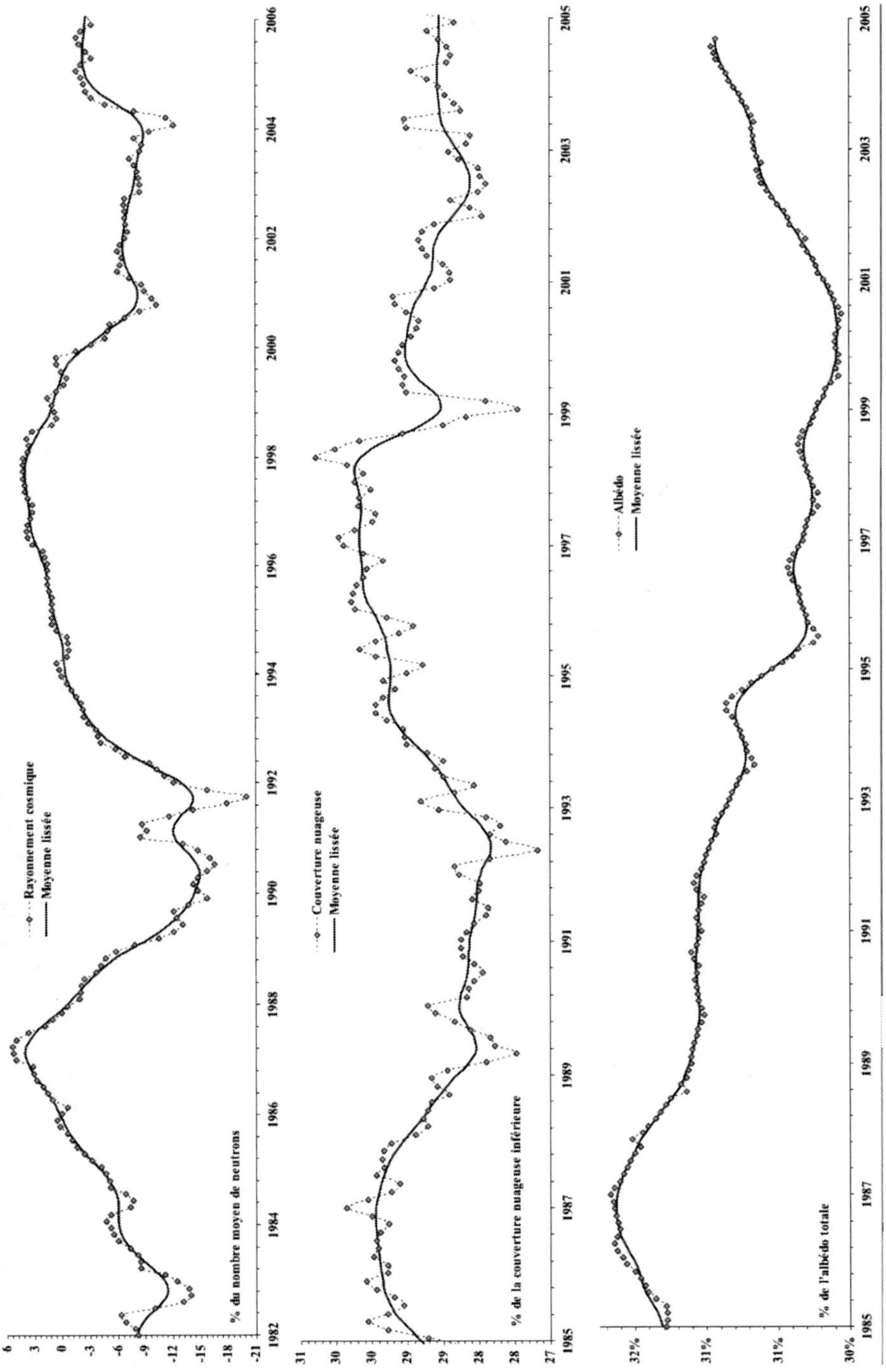

Document 8.6 - variations comparées du rayonnement cosmique (à gauche), de la couverture nuageuse (au centre) et de l'albédo (à droite) à la fin du XXe siècle.

Il s'agit de la comparaison entre la variation du bombardement par les rayons cosmiques, l'extension de la couverture nuageuse de basse altitude (la plus épaisse et la plus opaque) et l'albédo de cette couverture de nuages. La période est courte : la double décennie 1985-2005, mais elle est pédagogique (document 8.6) :

➢ Le ***bombardement par les rayons cosmiques*** dessine une « sinusoïde » : le nombre de particules passa de -2,4 % à 5,4 % du comptage moyen de 1985 à 1987. Cette part recula ensuite à -16,6% au début de 1991, remonta à -8,4 % à la fin de 1991, pour à nouveau reculer à -20 % en 1992. On observe ensuite une longue et lente remontée jusqu'à 4,2 % en 1998, suivie d'une rapide régression à -10,3 % au milieu de 2001. Le nombre de particules s'est accru jusqu'à la fin de 2001 (-6,1 %) pour une nouvelle progression : -3,2 % fin de 2005.

➢ La courbe de variation de la ***superficie de la couche nuageuse inférieure*** est quasi parallèle à la courbe précédente : croissance de 28,4 % à 29,9 % de la surface de l'atmosphère entre 1985 et 1987, recul à 27,5 % en 1989, brève extension à 28,7 % en 1990, recul à 27,2 % en 1992. La couverture de nuage s'étendit alors longuement et lentement pour atteindre 30,3 % en 1998, avec un recul prononcé à 27,4 % au début de 1999, suivi d'une croissance rapide jusqu'en 2000 (29,2 %). Alors, un long recul s'amorça jusqu'en 2002 (27,9 %). La fin de la période fut plus indécise : 29 % en 2003 et 28,1 % à la fin de 2005.

➢ Le parallélisme est moins net pour ce qui concerne les ***variations de l'albédo***. Il y eut certes augmentation de 31,2 % au début de 1985 à 31,7 % en 1987. Par la suite, l'albédo recula à 30,4 % en 2000. Cependant, il y a parallélisme des courbes représentatives entre la couverture nuageuse et l'albédo de 1989 à 1992. Mais par la suite, jusqu'en 2001, voire 2002, la variation de cet albédo se révéla inverse à celui de la surface de la couverture nuageuse et au nombre de particules venues du cosmos. Toutefois, le parallélisme se rétablit après 2002.

Évoquons tout de suite la principale critique qui accompagne ces phénomènes. Si les variations apparaissent parallèles, elles restent faibles. L'écart-type des variations du nombre de particules cosmiques est de 5,7 %, pour une moyenne de 4,1 % ; c'est certes considérable, mais cela n'aurait entraîné qu'un écart-type de 0,6 % de la couverture nuageuse (moyenne = 28,8 %) et de 0,4 % de l'albédo (moyenne 31, %). Cela n'a pas eu d'incidence sur les températures de ces années (document 8.4).

Cependant, nous avons reconnu une certaine corrélation entre le nombre de taches solaires et les températures (document 8.1, 8.2 et 8.3) ; pour les chercheurs cités ci-dessus, les reculs de l'activité solaire : minima de Oort (1010-1080), de Spörer (1400-1550), de Maunder (1645-1715) et de Galton (1796-1820) auraient provoqué un accroissement du bombardement de particules cosmiques, responsables d'une augmentation de la condensation de la vapeur d'eau. La couverture nuageuse se serait étendue et avec elle l'albédo responsable d'une perte énergétique et des refroidissements qui accompagnèrent le recul de l'activité solaire. Certes, l'impact du bombardement de particules sur les variations de l'albédo est statistiquement très faible, mais pourrait amplifier les variations de températures par rétroaction.

On a aussi évoqué le rôle d'un recul de l'irradiance solaire. La constante solaire mesurée à la limite de l'atmosphère est de 1 361 W/m^2 ; comme on assimile la surface couverte à celle d'un disque passant par les pôles et ayant le contour d'un méridien, cette énergie réchauffe une aire $S = \pi.R^2 = \pi.(6\,368\ km)^2 = 1{,}274\ 10^{14}\ m^2$. C'est une énergie considérable qui atteint la planète ...

$$\mathbf{P = 1\,361 \times 1{,}274.10^{14} = 1{,}73.10^{17}\ W}$$

... En comparaison, la consommation énergétique mondiale ne représente que 45 minutes de la constante solaire.

Entre 1010 et 1820, quatre minima d'activités solaires se sont succédé (Oort, Spörer, Maunder et Galton) ; on peut évoquer un refroidissement par « effet d'hystérésis », conduisant un repli de 0,25 % de l'irradiance solaire par rapport au XXe siècle. La valeur étant de 1 361 W/m^2, la perte aurait été de 3,4 W/m^2, ou, pour mieux comprendre, une perte globale de **$4{,}3.10^{14}$ W**. On comprend que ce seul effet aurait pu abaisser les températures de 0,5°C en moyenne entre 1645 et 1715.

On sait aussi que si les rayons ultraviolets (U.V.) ne représentent que 1 % de la radiation solaire, leur variation est plus importante que celle des rayons visibles. Pour une réduction de 0,25 % de l'irradiance, au cours des minima des Temps Modernes, celle des U.V. aurait été de 10 %. Or, on a calculé que l'augmentation de la température de l'Ionosphère, là où se produisent les aurores boréales, varie de 300 % au cours d'un cycle solaire court de 11 ans. Lors des variations très importantes des minima de Oort, Spörer, Maunder et Galton, la chimie de la stratosphère et sa dynamique durent être fortement perturbées, avec des conséquences thermiques probables.

Nous avons insisté sur ces processus, non pas pour expliquer le réchauffement actuel mais pour donner un début d'explication aux variations thermiques de l'Holocène et surtout de la période historique. Les périodes fraîches observées au début de l'Ere Chrétienne pourraient correspondre à une réduction de l'activité solaire ; le bombardement de l'atmosphère par des particules cosmiques aurait étendu la couverture nuageuse et son albédo. On pourrait aussi expliquer par cette conjonction les « coups de froid » relevés entre 1500 et 1100 av. J.-C., puis entre 600 av. J.-C. et l'an 1. Inversement, il aurait fait plus chaud entre 2500 et 1500 av. J.-C., entre 1100 et 600 av. J.-C. et au début de l'Ere Chrétienne (la Pax Romana).

On expliquerait le retour des « fortes températures » par une forte activité solaire assurant la déviation des rayons cosmiques. On évoque aussi une explication écologique ; entre les tropiques, mais aussi dans les secteurs pluvieux des moyennes latitudes, la douceur serait accompagnée par une extension des surfaces forestières. Après la disparition de ces forêts, la décomposition de cette masse d'hydrates de carbone dégagerait des quantités équivalentes de méthane CH_4, un puissant gaz à effet de serre.

La succession, à court terme, de ces pulsations climatiques ne serait que le fruit de plusieurs processus contradictoires, l'un prenant le pas sur l'autre alternativement, mais avec, à chaque fois, un rééquilibrage au bout de quelques siècles. Ce n'est plus vrai si l'un des processus est perturbé.

Le dioxyde de carbone et l'effet de serre

Rappelons que le dioxyde de carbone était très abondant dans l'atmosphère avant l'apparition des plantes vertes et de la photosynthèse. Le CO_2 constituait l'un des principaux composants de l'atmosphère primitive, et si on se base sur une concentration moyenne de 280 ppm (partie par million ou 280 molécules de CO_2 pour 10^6 molécules d'air), la concentration aurait été 100 000 fois plus importante avant l'apparition de la vie, soit 28.10^6 ppm (sous une pression comprise entre 30 000 et 60 000 hPa). Puis la photosynthèse a consommé ce gaz pour le convertir en hydrates de carbone (cellulose, sucres et amidon) et en carbonates (de calcium et de magnésium). Les carbonates ont alors été fossilisés sous forme de calcaire (et de dolomie), principalement au cours du Dévonien, du Carbonifère, du Jurassique et du Crétacé. Les hydrates de carbone ont été fossilisés sous forme de charbon, de pétrole et de gaz au Carbonifère, au Crétacé et au Cénozoïque.

La concentration a cependant fortement varié au cours du Phanérozoïque, soit depuis 600 millions d'années. Le document 8.7 en illustre les variations depuis le milieu du Cambrien. On retrouve les tendances thermiques illustrées par le document 4.4.

➢ La concentration a dépassé 5 500 ppm peu avant la fin du Cambrien, et même atteint près de 6 000 ppm au milieu de l'Ordovicien. Il y a corrélation avec la vague de chaleur de ce début du Paléozoïque.

➢ Cette concentration recula au Silurien, mais pour rester à plus de 3 000 ppm. Il est vrai que la fin de l'Ordovicien et le Silurien furent marqués par une longue glaciation. Mais on était très loin des faibles concentrations que nous trouverons au Pléistocène.

➢ À l'inverse, au Carbonifère et au Permien, la concentration atmosphérique en dioxyde de carbone s'est effondrée vers des valeurs parfois inférieures à celles du Pléistocène et de l'Holocène. Entre 320 et 250 millions d'années, ...

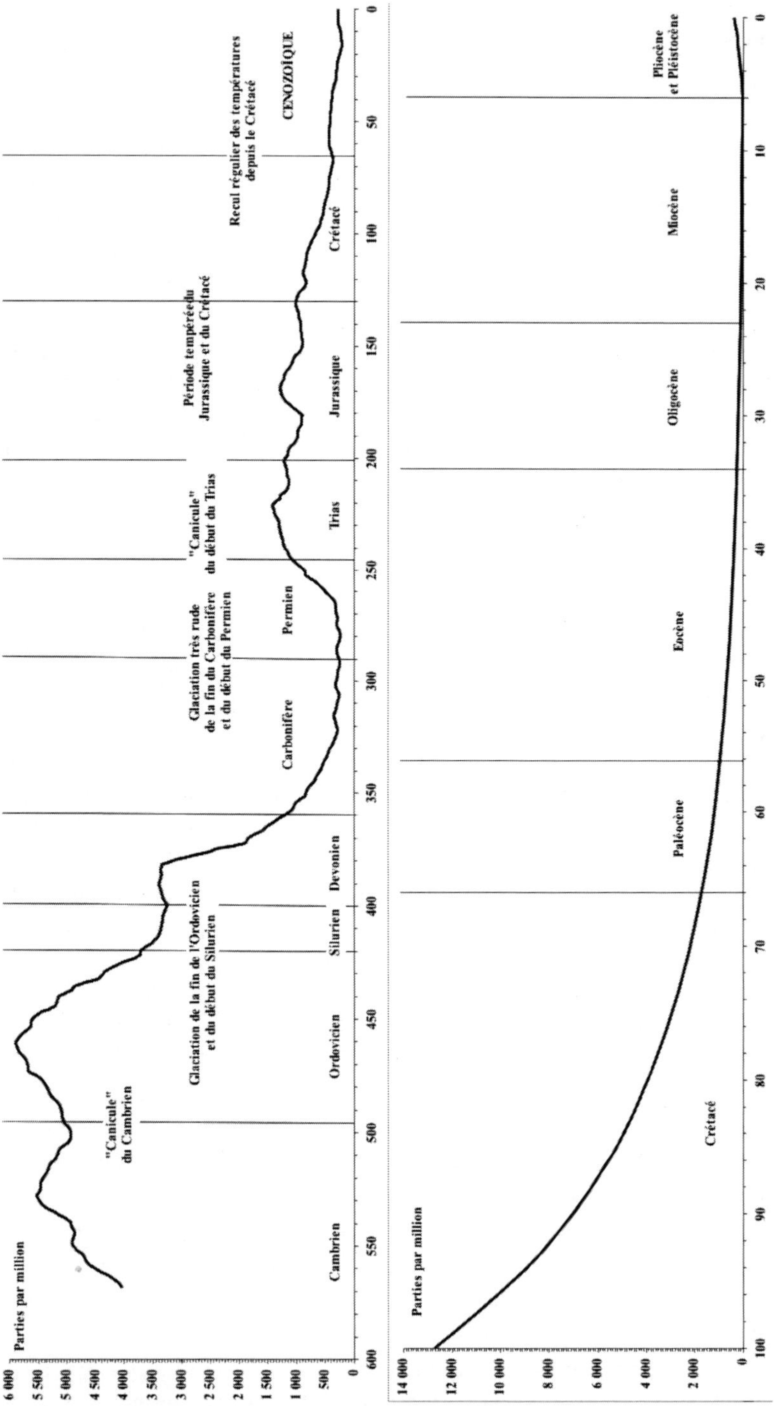

Document 8.7 - Variations de la concentration en dioxyde de carbone au Phanérozoïque : depuis le Cambrien à gauche et depuis le Crétacé à droite

… cette concentration fut en moyenne de 290 ppm, soit une valeur assez proche de celle du Quaternaire. On évoque alors la rigueur des glaciations du Permo-Carbonifère : chute de l'effet de serre (moins d'eau et moins de dioxyde de carbone).

➢ Puis la concentration remonta au cours du Mésozoïque : 1 400 ppm au milieu du Trias, il y a 220.10^6 années, 1 300 ppm au milieu du Jurassique, vers 170.10^6 ans avant notre ère, et 1 000 ppm à la limite K.T. Il est vrai que ces concentrations accompagnaient un climat redevenu chaud, et la concentration moyenne du Jurassique au Crétacé fut de 950 ppm (3,4 fois la concentration du Quaternaire).

➢ Puis, en suivant la courbe des températures, la concentration s'abaissa de 1 000 ppm à 280 ppm de la fin du Crétacé au Pléistocène (document 8.7b). Ce repli accompagnait celui des températures (documents 5.1 et 5.2). Dans un article paru en 1983 dans l'American Journal of Sciences, Berner R.A., Lasaga A et Garrels R.M. avaient décrit ce repli.

Le dioxyde de carbone est produit par la respiration des êtres vivants, mais il est consommé par la photosynthèse ; et, globalement il y aurait un équilibre relatif entre les deux processus. Berner R.A., Lasaga A. et Garrels R.M. ont établi le rôle des processus biochimiques dans les fluctuations de la teneur de l'atmosphère en CO_2.

➢ Sur les continents, l'hydrolyse des carbonates a besoin de dioxyde de carbone CO_2. Celui-ci, combiné avec l'eau atmosphérique H_2O, donne le très instable acide carbonique $H_2^+CO_3^-$ qui attaque le calcaire $CaCO_3$ et libère des ions Ca^+ et HCO_3^-. Mais les roches silicatées, très abondantes, sont également attaquées. Le silicate de magnésium $MgSIO_2$ des plagioclases des roches cristallines est aussi « hydrolysé » par $H_2^+CO_3^-$, libérant de la silice SiO_2, du magnésium Mg^+ et HCO_3^-. Des réactions analogues concernent la dolomie $CaMg(CO_3)_2$ et les silicates de calcium. Les ions Mg^+, Na^+, K^+ et surtout Ca^+ et HCO_3^- sont conduits à l'océan par le ruissellement.

➢ Mais, dans l'océan, Ca^+ et HCO_3^- donnent de la calcite $CaCO_3$, de l'eau H_2O et du CO_2 : la réaction libère du dioxyde de carbone. Sans détailler, au droit des dorsales océaniques, le magnésium Mg^+ est échangé contre le silicate de calcium Ca_2SiO_4 (formule brute) des basaltes. Cette réaction produit aussi du silicate de magnésium et de la calcite, et du dioxyde de carbone. Enfin carbonates et silicates, peu solubles, précipitent rapidement pour reconstituer des stocks de roches sédimentaires. Le dioxyde de carbone est dissous dans l'eau qui devient très acide. Mais quand la saturation est atteinte, il est rejeté dans l'atmosphère.

Le processus apparaît rapidement cyclique. En effet, pour une stabilité, il faudrait que les flux de production et de consommation de CO_2 soient égaux. Ce qui n'est pas le cas, notamment à long terme avec la tectonique des plaques et les régressions et les transgressions marines qui l'accompagnent.

➢ Si l'océan produit plus de CO_2 que les continents n'en consomment par hydrolyse, l'atmosphère s'enrichit en dioxyde de carbone.

➢ Mais l'atmosphère sera elle aussi saturée, ce qui accélère les processus d'hydrolyse des roches, avec une plus grande consommation de dioxyde de carbone.

Il y a, à long terme, une auto-compensation entre les océans et les continents. Une longue phase de régression marine est propice à l'hydrolyse de la couverture sédimentaire des continents (notamment des calcaires) et des socles (surtout les granits). Le dioxyde de carbone est fortement consommé et les ions Mg^+, Na^+, K^+ et surtout Ca^+ et HCO_3^- sont conduits à l'océan par le ruissellement. À l'inverse, une phase de transgression réduit la superficie des terres émergées, la production de CO_2 océanique l'emporte, l'atmosphère s'enrichit.

➢ Ainsi après le démantèlement du supercontinent de Rodina, pendant le Cambrien et l'Ordovicien, le poids climatique des océans s'accentua (document 4.5.a à c), sa production de CO_2 a alors enrichi l'atmosphère. La photosynthèse était encore modeste, le dioxyde s'accumula dans l'air, ce qui a pu provoquer un puissant et durable effet de serre. La chaleur accrut l'évaporation de l'eau, autre gaz à effet de serre.

➢ À partir du Silurien et surtout du Dévonien (document 4.5.d et e), les continents ont commencé à se regrouper, pour constituer la « Pangée » du Carbonifère au Trias (document 4.5.f à h). L'hydrolyse s'accentua sur les continents, avec une forte consommation de CO_2. Au Carbonifère, les continents se sont couverts de forêts, et la photosynthèse a produit des grandes quantités d'hydrates de carbone. Mais on sait que ce « bois » fut englouti dans les deltas et une grande quantité de « carbone » resta ainsi soustrait à la genèse de CO_2. L'atmosphère s'est appauvrie en dioxyde de carbone, ce qui a réduit l'effet de serre et contribué à l'occurrence des glaciations du Permien.

➢ Mais du Trias au Crétacé, la « Pangée » a commencé à se démanteler ; à nouveau, la production de CO_2 océanique l'emporta sur la consommation continentale, et le Mésozoïque devint une période plus clémente par effet de serre.

Depuis le Crétacé, la concentration atmosphérique de CO_2 n'a cessé de régresser, alors que le démantèlement de la « Pangée » se poursuivait. Mais le niveau des mers a baissé et la superficie de continents aurait été multipliée par 1,2. L'hydrolyse des terres émergées s'est donc accrue, avec une consommation de CO_2 supérieure à la production par les océans. En parallèle, Pitman et Parson ont calculé que la vitesse d'expansion océanique a reculé, or, le métamorphisme est aussi un grand pourvoyeur de CO_2. Ainsi s'expliquerait la lente régression de la concentration de ce gaz dans l'atmosphère, alors, qu'en parallèle, les températures ont diminué (documents 5.2 et 5.5).

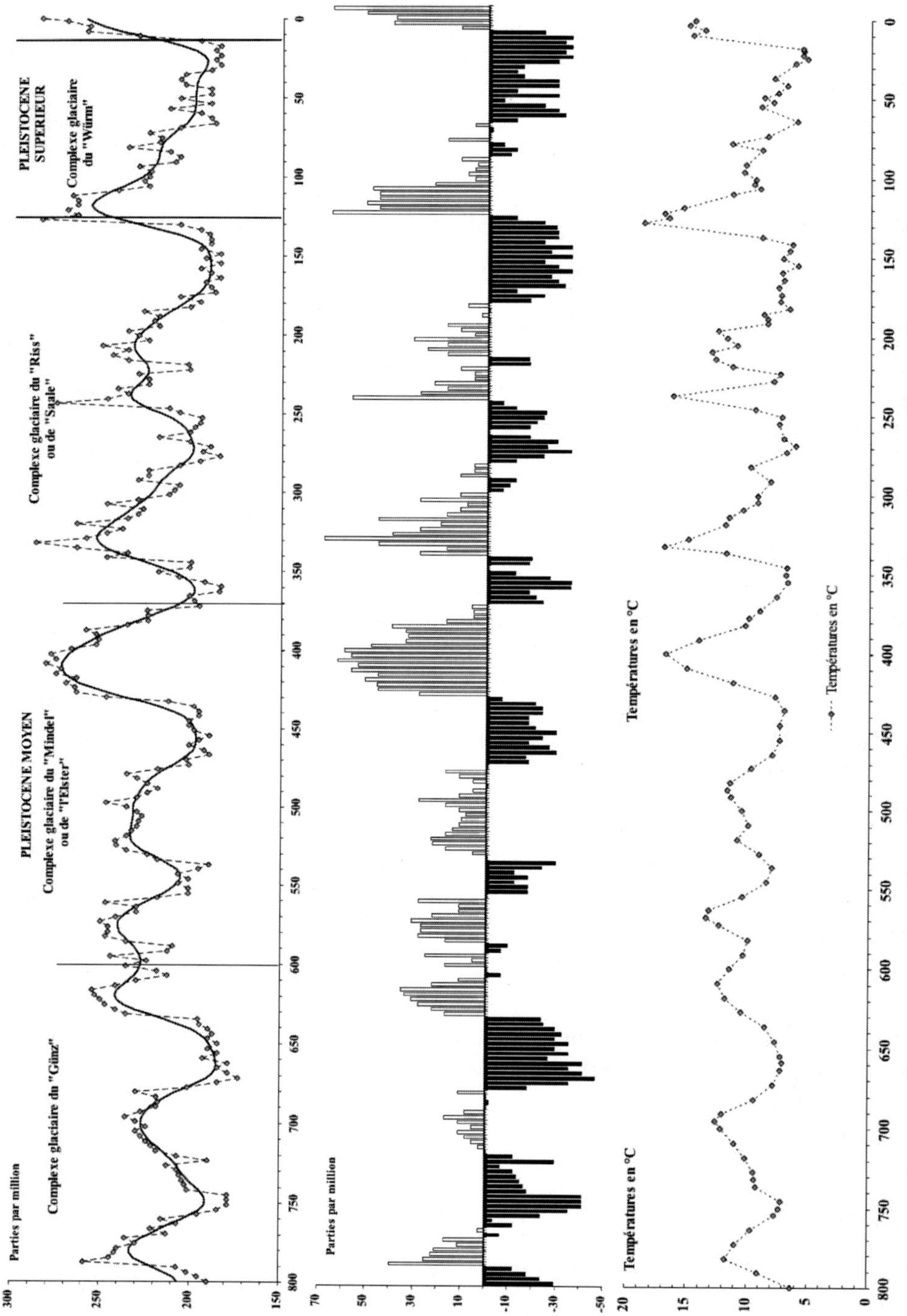

Document 8.8 - 800 000 ans de concentration en dioxyde de carbone piégé dans les glaces de l'Antarctique et les températures contemporaines d'après la concentration en ^{18}O)

Cette situation a conduit aux glaciations du Pliocène et du Pléistocène. Rappelons que leur origine est astronomique, avec une répartition perturbée de l'énergie issue du soleil (théorie de Milankovic).

La concentration atmosphérique en dioxyde de carbone varia au cours des glaciations quaternaires. On s'attend à une réduction au cours de l'avancée des glaciers, et une croissance associée aux interglaciaires. Le dosage du dioxyde de carbone dans les bulles d'air piégées dans les glaces de l'Antarctique rend effectivement compte de cette corrélation (document 8.8). Le parallèle entre la concentration en CO_2 et les températures rend compte d'une corrélation « presque parfaite », mais il faut garder à l'esprit que corrélation ne veut pas dire « explication ». Toutefois, si nous raisonnons suivant la même logique que dans le paragraphe précédent, les flux de CO_2 entre l'atmosphère et les océans pourraient être modifiés.

➢ Au cours d'un épisode glaciaire, la réduction de l'hydrolyse des continents serait moins profonde que celle de la production de CO_2 par les océans. En effet, cette réaction exige une température optimale et le CO_2 se dissout plus facilement dans de l'eau froide.

➢ À l'inverse, au cours d'un interglaciaire, l'hydrolyse serait certes plus active, mais les réactions chimiques effectuées dans l'océan seraient réactivées dans une eau plus tiède, plus facile à saturer.

Ainsi s'expliquerait le parallélisme entre t°C et concentration en CO_2. En période froide, l'effet de serre serait réduit, ce qui aggraverait la fraîcheur ; à l'inverse, l'effet de serre serait plus élevé au cours d'un interglaciaire. Cela nous conduit aussi au réchauffement holocène et à l'accroissement de la concentration en CO_2. Cependant, la variation de cette concentration resta très modeste. La moyenne entre le début du Pléistocène moyen et le début de l'Holocène serait de 220 ppm (environ) et cette concentration ne dépassa jamais 287 ppm (moyenne Holocène jusqu'en 1900 = 270 ppm). Surtout, la variation fut très faible, l'écart-type n'est que de 25 ppm. Comparée à l'histoire géologique, l'atmosphère du Quaternaire fut pauvre en CO_2. Il faudrait admettre que de très faibles variations auraient un impact considérable par « effet papillon ». Et ce n'est pas impossible.

Mais les analyses sur des périodes plus récentes confirment cette corrélation. Le document 8,9 rend compte des variations de la concentration en dioxyde de carbone au cours du Pléistocène supérieur (d'après sa concentration dans les glaces de l'Antarctique) et de l'Holocène (jusqu'en 1900). Le Pléistocène supérieur commença il y a 130 000 ans, après l'avant-dernière glaciation (extension rissienne des glaciers alpins) pour s'achever il y a 11 500 ans avec le retrait des glaciers alpins du Würm. Les données du document 8.9 ont été extraites des carottes glaciaires du Grœnland et de l'Antarctique : programme EPICA (CNRS).

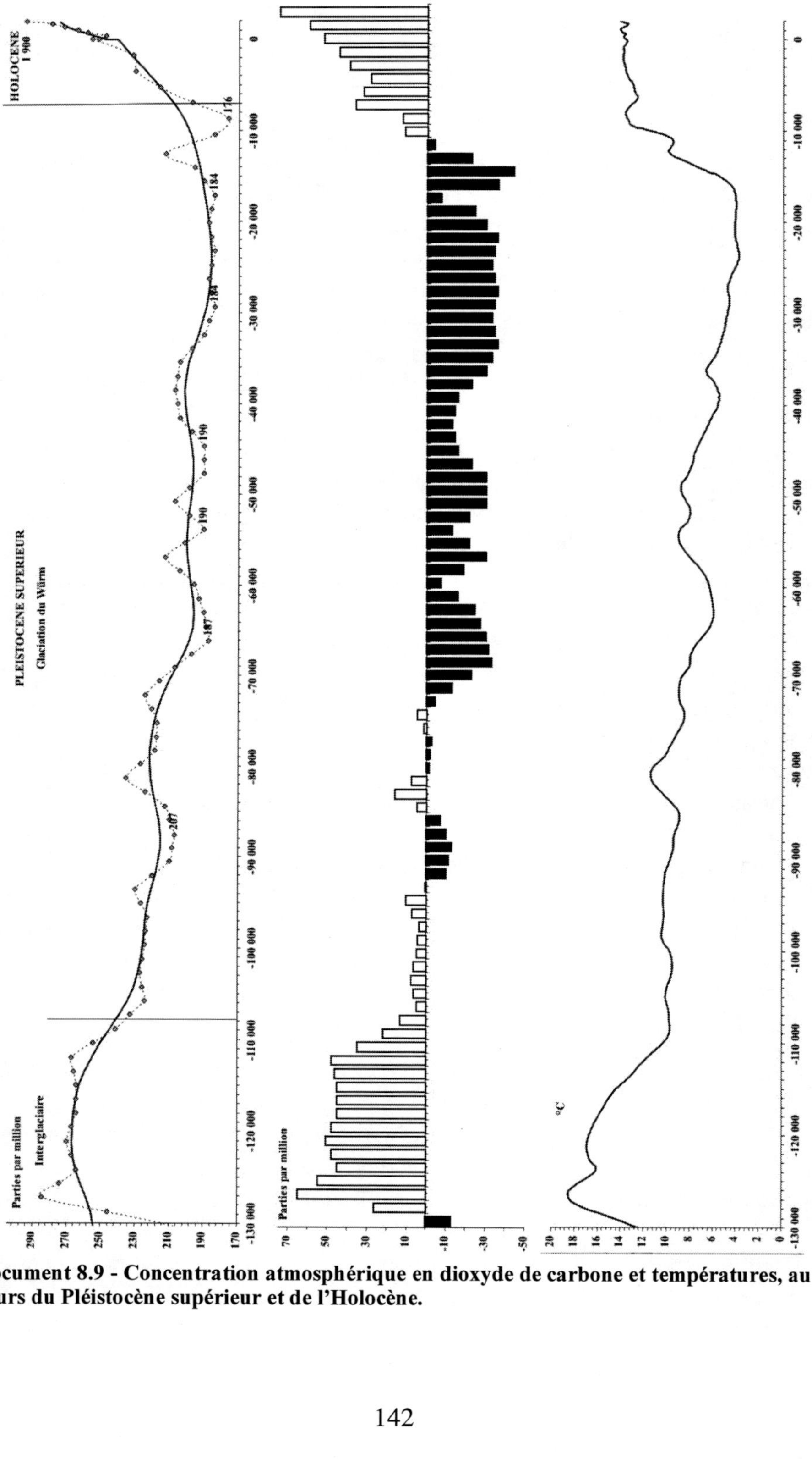

Document 8.9 - Concentration atmosphérique en dioxyde de carbone et températures, au cours du Pléistocène supérieur et de l'Holocène.

➢ L'interglaciaire qui sépare les deux dernières glaciations, d'une durée d'environ 20 000 ans, fut contemporain d'une atmosphère riche en dioxyde de carbone : moyenne de 260 ppm avec une pointe à 284 ppm, il y a environ 125 000 ans.

➢ Il laissa la place à une glaciation « courte », de 90 à 100 000 ans, mais qui a été reconnue comme particulièrement rude dans l'hémisphère nord. La concentration atmosphérique en CO_2 n'excéda pas 236 ppm avec une moyenne très faible de 205 ppm. La concentration recula par paliers jusqu'au minimum de 176 ppm, avec toutefois une succession de stades pauvres en CO_2 : 209 ppm entre -90 500 à -87500 ans, 187 ppm puis 186 ppm il y a 68 000 et 55 000 ans, 195 ppm de 41 000 à 28 000 av. J.-C., stades séparés par des interstades où la concentration s'enrichit. Le document 6.4 confirmerait une corrélation avec un recul progressif des températures. Mais dès maintenant soulignons une ambiguïté : ***qui précède l'autre : le recul de la concentration en dioxyde de carbone ou les températures ?***

➢ À partir de l'Holocène, la concentration du CO_2 augmenta rapidement pour être maximale en 1900, avec une moyenne de 250 ppm. À l'examen des courbes, il est vrai que les températures ont augmenté tout de suite rapidement pour ensuite ne connaître que des variations brèves et de faible amplitude (document 6,4). À l'inverse, la concentration en dioxyde de carbone semble avoir crû de façon plus lente.

Mais la finesse de nos sources est plus grande pour les températures : 170 ans pour l'Holocène, que pour le dosage du CO_2 atmosphérique : environ 1 000 ans. Pour mieux appréhender cette situation, passons à des pas de temps plus courts.

Des mesures bien plus fines ont été réalisées depuis l'an mil. Nous utilisons toujours les mesures effectuées dans les bulles d'air piégées dans les glaces de l'Antarctique et du Grœnland, et notamment les résultats du projet EPICA, jusqu'au milieu du XXe siècle, puis les mesures effectuées directement dans l'atmosphère à partir de ce moment (document 8.10).

Nous savons que les températures ont augmenté fortement depuis le début du XIXe siècle (documents 1.2, 1.5, 7.3 et 7.5). Aussi, le document 8.10.a évoque-t-il les variations simultanées de la concentration du dioxyde de carbone et des températures entre 1000 et 1800. La concentration moyenne ***fut 281 ppm***, ce qui est « celle d'un interstade chaud ».

➢ Mais cette concentration s'accrut de 4 ppm entre 1000 et1090 (de 277 à 281 ppm), pour diminuer de 3 ppm (281 à 278 ppm) entre 1090 et 1175.

➢ Surtout, de 1175 à 1350, la concentration gagna 7 ppm, pour reculer de 4 ppm (285 à 281 ppm) entre 1350 et 1450. On observe une nouvelle augmentation de 2 ppm jusqu'en 1530 (281 à 283 ppm)…

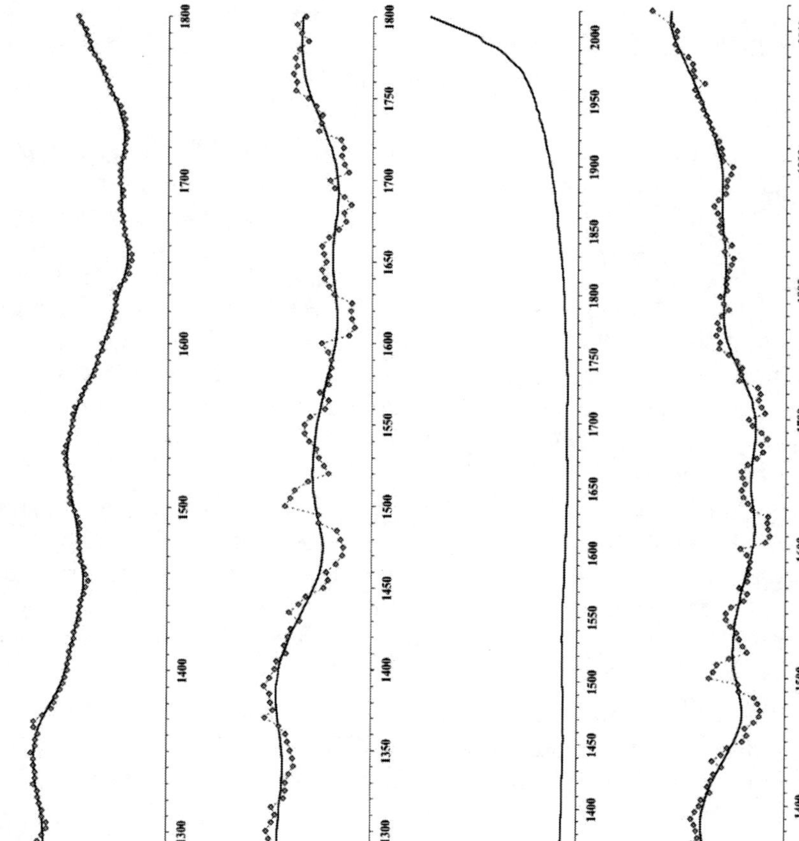

a) Entre l'an 1000 et 1800 b) Entre l'an 1000 et 2016

Document 8.10 - Variations de la concentration du CO_2 et des températures depuis l'an Mil

… suivi d'un recul de 5 ppm (283 à 278 ppm) jusqu'en 1650. Il y eut aussi une forte concentration entre les deux minima de 1175 et 1655.

➢ Une nouvelle pulsation se produisit entre 1650 et 1730 : + 1 ppm de 1650 à 1690 et -1 ppm de 1690 à 1730.

➢ Enfin, une nouvelle période de concentration se réalisa jusqu'en 1800 : 4 ppm (278 à 282 ppm) jusqu'en 1800.

Il est vrai qu'une vague de dioxyde de carbone atmosphérique encadra « l'optimum climatique du Moyen Âge », suivi par une réduction contemporaine au « Petit Âge de Glace ». Les températures furent plus élevées avant 1400, pour reculer par la suite. ***Or, on retrouve une ambiguïté, la difficulté de préciser si la variation thermique est une conséquence ou une cause de la variation de la concentration de l'atmosphère en CO_2.***

Toutefois, si les courbes sont poursuivies jusqu'en 2016 (document 8.10.b), la comparaison est perturbée par un accroissement considérable de la concentration de CO_2 au cours du XXe siècle. En moins de 120 ans, la concentration passa de 282 à 400 ppm. Nous avons calculé l'équation de la croissance ; elle est du quatrième degré $3.10^{-7}.t^4 - 2{,}1.10^3.t^3 + 6.t^2 - 7511.t + 4.10^6$ ***avec un coefficient de détermination*** $r^2 = 0{,}996$. C'est une croissance considérable, et, ***apparemment les températures ont augmenté***.

L'Anthropocène et les gaz à effet de serre

Les activités humaines corroborent-elles cette double augmentation ? Depuis le commencement de la Révolution Industrielle, c'est-à-dire depuis le commencement d'un « possible nouvel étage : l'Anthropocène », les activités industrielles, mais aussi les moyens de transport, ont « recyclé » le carbone fossilisé au sein du charbon, du pétrole et du gaz naturel. Depuis 1780, les Hommes auraient consommé environ 400.10^9 tonnes de charbon, 20.10^9 tonnes de pétrole et 25.10^{12} m^3 (ou 20.10^9 tonnes) de gaz naturel. Il faut nuancer et comparer cette consommation aux réserves estimées en ce début du XXIe siècle.

	Réserves estimées	Consommation depuis 1780	Part consommée
Charbons	892.10^9 t	400.10^9	**45 %**
Pétrole	200.10^9 t	20.10^9 t	**10 %**
Gaz	210.10^{12} m^3	25.10^{12} m^3	**12%**

Quelle part de ce stock a été consommée ? Apparemment, on a surtout consommé du charbon. Seulement, ces calculs portent sur des énergies fossiles brutes dont la quantité réelle de carbone contenue est différente. Pour les comparer, il faut faire usage d'une unité indépendante, et la plus utilisée est « l'*équivalent-pétrole* ».

➢ Cette unité estime que dans 1 kg de dioxyde de carbone, on ne trouve que 0,2727 kg de carbone (ou 272,7 g). Cela signifie qu'inversement la combustion d'un hydrate de carbone (fossile ou vivant comme le bois) fournissant 1 kg de CO_2, ***rejette 272,7 g de carbone dans l'atmosphère***.

➢ Il faut aussi comparer les énergies fossiles entre elles. On utilise pour cela la « *tonne équivalent-pétrole* ou T.E.P.». Cette unité, qui compare le pétrole aux autres combustibles, estime que 0,319 t de charbon, 1,095 t de gaz naturel et 1 t de pétrole valent 1 tonne équivalent pétrole ou T.E.P. Il faut aussi savoir qu'un Mwh vaut 0,086 T.E.P., et que 1 Mwh d'énergie produit 0,978 t de CO^2 à partir du charbon, 0,981 t à partir du pétrole et 0,883 t à partir du gaz naturel.

Par conséquent, la consommation de 400.10^9 tonnes de charbon, 20.10^9 tonnes de pétrole et $25\,000.10^9$ m^3 de gaz naturel, en un peu plus de deux siècles, aurait restitué $5\,500.10^6$ T.E.P. à partir du charbon, 400 T.E.P. à partir du pétrole et 450 T.E.P. à partir du gaz naturel ; soit un total de $6\,350.10^6$ T.E.P. Aussi, si on se réfère aux estimations, il subsiste $2\,900\,000.10^6$ T.E.P. de charbon fossile, $420\,000.10^6$ T.E.P. de pétrole et $120\,000.10^6$ T.E.P. de gaz naturel, soit, au total, $3\,444\,000.\ 10^6$ T.E.P. ...

	Réserves T.E.P.	Restitution depuis 1780	Part consommée
Charbons	$2\,900\,000.10^6$	$5\,500.\ 10^6$	1,89 ‰
Pétrole	$420\,000.\ 10^6$	$400.\ 10^6$	0,95 ‰
Gaz	$120\,000.\ 10^6$	$450.\ 10^6$	3,75 ‰
Total	$\mathbf{3\,444\,000.\ 10^6}$	$\mathbf{6\,350.\ 10^6}$	**1,84 ‰**

... On n'aurait restitué qu'une part infime du carbone fossilisé depuis de Précambrien. Or, une autre partie du carbone originel est aussi stockée dans les carbonates fossiles, c'est-à-dire le calcaire $CaCO_3$ et la dolomie $CaMg(CO_3)_2$, des roches sédimentaires. En analysant l'aire et l'épaisseur moyennes des affleurements carbonatés sur l'ensemble des cartes géologiques du monde, on a estimé qu'entre 15 000 000 à $45\,000\,000.10^6$ T.E.P. de carbone ont été piégées dans les roches sédimentaires (principalement au Dévonien, au Jurassique et au Crétacé). De là à estimer que le risque d'une libération massive de carbone, équivalente à celle des époques de création de la planète, est faible, il n'y a qu'un pas que certains ont allègrement franchi.

Quelles ont été les variations récentes du taux de dioxyde de carbone ? Les carottages effectués dans les glaces du Grœnland et de l'Antarctique, ont permis d'analyser la concentration en dioxyde de carbone des bulles d'air emprisonnées dans la glace. Il apparaît que cette concentration était de 284 ppm avant la Révolution Industrielle. Mais elle aurait augmenté fortement au cours des XIXe et XXe siècle. En 2009, on estimait le seuil de 400 ppm prêt à être atteint, et la concentration était alors de 387 ppm. Selon l'Agence américaine océanique et atmosphérique (NOAA), le seuil des 400 ppm aurait été franchit en mars 2016.

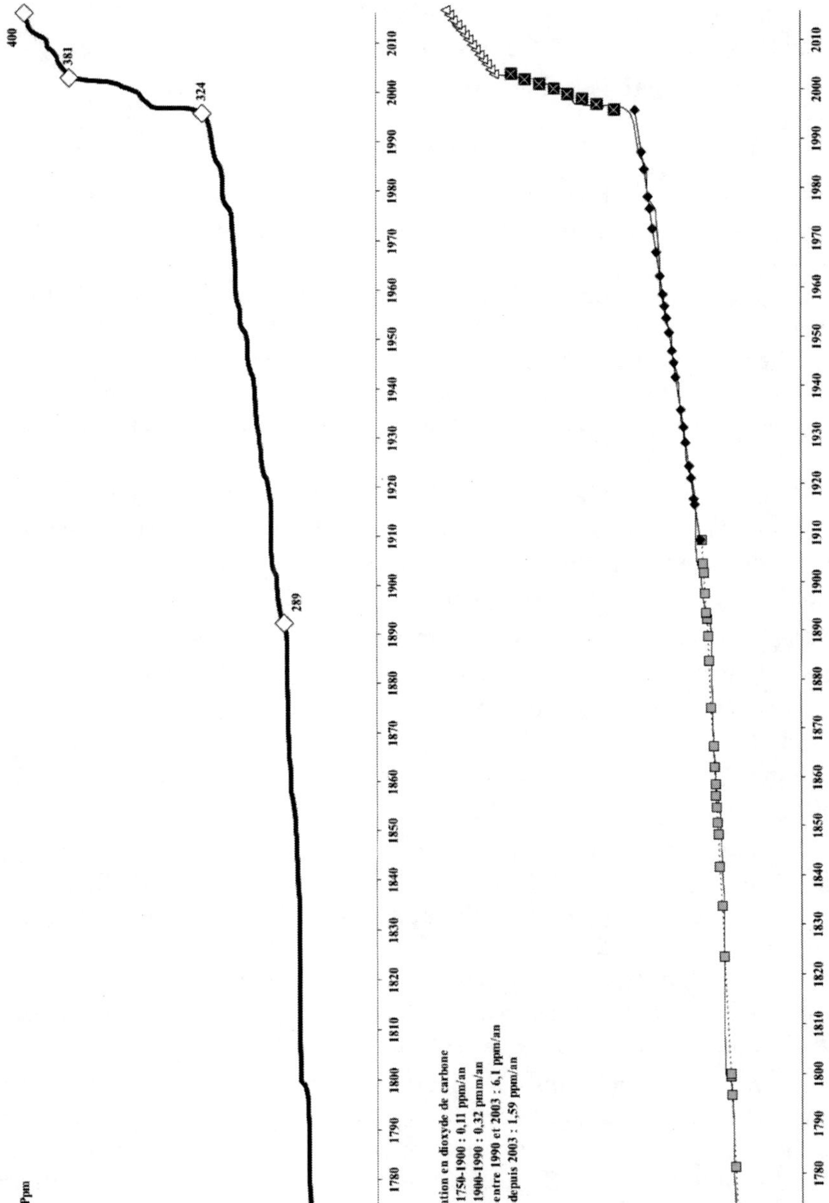

Document 8.11 - Variations de la concentration de l'atmosphère en dioxyde de carbone depuis 1750.

En retenant un taux de 284 ppm en 1780, la concentration se serait accrue de 116 ppm (40,8 %) en 236 ans. Ce serait un accroissement moyen de 0,5 %/an.

➢ Il faut encore relativiser. Par exemple, les rejets naturels de CO_2 issus du fonctionnement des écosystèmes, dont principalement la respiration des animaux et des plantes, qui est estimée à 30 ppm/an.

➢ L'hémisphère nord, plus continental, avec de vastes étendues herbeuses et forestières, domine ce cycle naturel du carbone. Il y passe par des extrêmes saisonniers.

➢ Les rejets commencent à croître dès la fin de l'hiver, du fait de la fin de la dormance de la végétation, et le pic est en avril-mai. Puis, du fait de la photosynthèse, le taux de CO_2 atmosphérique décroît, à cause de la fabrication de sucre et de cellulose par les plantes vertes. Il est alors minimum en octobre, pour recommencer à s'accroître quand la respiration l'emporte sur la photosynthèse.

➢ Depuis le Miocène, ce taux est resté plus ou moins stable, même s'il a varié au cours des glaciations quaternaires, car les rejets naturels sont compensés par les besoins de la photosynthèse.

À partir des carottages effectués dans les glaces du Grœnland et de l'Antarctique, il a été possible de reconstituer l'histoire des rejets de carbone fossile sous forme de CO_2 depuis le début de la Révolution Industrielle (document 8.11). Ces graphiques sont une synthèse de sources variées, mais elles permettent de décrire une certaine réalité (confirmée, pour les périodes les plus récentes, par les mesures directes effectuées par la station du Mona-Loa aux îles Hawaï).

➢ La concentration s'est accrue depuis le milieu du XVIIIe siècle et pour l'ensemble du XIXe siècle. C'est une croissance très modérée, de 0,11 ppm/an, la concentration ne passant que de 275 ppm vers 1750 à 289 ppm vers 1900 (on restait dans la moyenne de 284 ppm estimée depuis le Miocène). Il est vrai que si la Révolution Industrielle était en cours, elle ne concernait que les Etats du Nord-est des Etats-unis, et l'Europe occidentale (Royaume-Uni, France, Empire Allemand, Belgique et Pays-Bas, Suisse, Italie du Nord).

➢ Les 90 premières années du XXe siècle ont fait l'objet d'une accélération des émissions de CO_2. Aux pays déjà cités, dont la consommation en énergies fossiles augmenta, il faut ajouter l'Europe orientale et l'U.R.S.S., quelques « pays neufs » : Canada, Brésil, Argentine, Afrique du Sud, Australie, Nouvelle-Zélande. La concentration passa alors de 289 ppm à 324 ppm, suivant une croissance linéaire de 0,32 ppm/an. Bien que faible, cette augmentation annuelle ait atteint quasiment le triple de la période précédente.

➢ Puis cette croissance fut brusquement multipliée par 20 entre 1990 et 2003. Elle a été en effet de 6,1 ppm/an, ce qui porta la concentration en dioxyde de carbone de 324 à 381 ppm. Cette dernière décennie du XXe siècle n'a guère connu de réduction de la consommation d'hydrocarbure et de charbon chez les Nord-Américains, les Européens et les Russes. À l'inverse, de nouveaux gros consommateurs sont apparus : l'Amérique du Sud dans sa quasi-totalité, avec le développement des industries extractives et métallurgiques, d'une part, et surtout la Chine, l'Union Indienne, le Pakistan, l'Indonésie et l'Asie du Sud-est en général, d'autre part.

➢ Après 2003, la consommation s'est « assagie » du fait d'une conjoncture économique souvent défavorable, et par la « prise de conscience » des Etats : conférences de Milan (2003), de Buenos Aires (2004), de Montréal (2005), de Nairobi (2006), de Bali (2007), de Poznań (2008), de Copenhague (2009), de Cancún (2010), de Durban (2011), de Doha (2012), de Varsovie (2013), de Lima (2014), de Paris (2015) et Marrakech (2016). Mais on constate que seule la croissance des émissions a régressé, passant à 1,59 ppm/an, et que le cap des 400 ppm a été franchi en 2016.

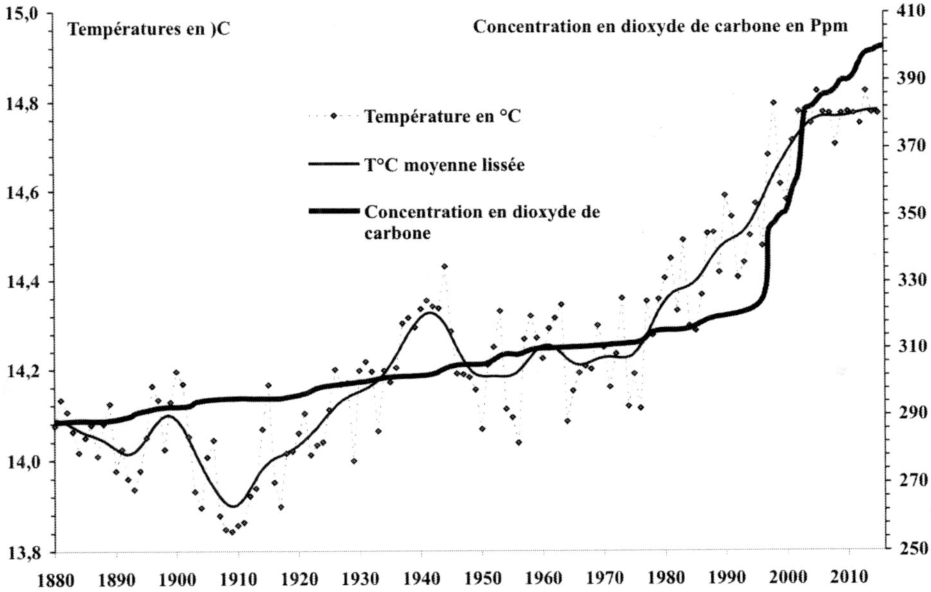

Document 8.12 - Comparaison des variations contemporaines des températures annuelles moyennes et de la concentration de l'atmosphère en dioxyde de carbone depuis 1880

Y a-t-il corrélation entre ces émissions et les températures mesurées ? La réponse est positive, mais nous insistons bien sur le terme de corrélation, sans, pour l'instant évoquer un éventuel phénomène de cause à effet (document 8.12).

Il existe une ressemblance entre la courbe de concentration en dioxyde de carbone et l'accroissement des températures calculées par la NASA (document 1.1) : la concentration en CO_2 a crû de 0,82 ppm par an, avec une accélération à la fin du XXe siècle ; les températures ont augmenté de 0,06°C par an au cours de la même période.

Il est vrai que la concordance peut être troublante. Toutefois, de 1880 à 1980, les températures ont déjà été décrites comme fluctuantes : repli jusqu'en 1910, remontée de 1910 à 1940, recul jusqu'en 1950, stabilité jusqu'en 1980. Puis elles ont augmenté fortement et rapidement de 1980 à 2002, pour se stabiliser par la suite. Ce sont cette fin du XXe siècle et le début du siècle suivant qui sont déroutants. La croissance thermique générale est quasi parallèle à celle de la concentration de dioxyde de carbone, puis elle recule parallèlement à la baisse de l'accroissement de concentration en gaz à effet de serre.

Ce parallélisme n'est pas contesté, ni contestable, mais c'est le lien de cause à effet qui l'est. Il oppose les tenants du G.I.E.C. et une grande partie de la communauté scientifique, d'une part, à ceux que les medias nomment, un peu hâtivement, les « climatosceptiques » d'autre part.

En effet, le poids des « politiques » et des « écologistes » (à ne pas confondre avec les écologues) aurait tendance à prendre le pas sur les considérations purement scientifiques.

Neuvième chapitre
Quelles températures pour demain ?

Nous n'avons aucunement l'intention de prendre parti, car la discussion a cessé d'être conduite par les seuls scientifiques. Par exemple, les hommes politiques qui parviennent au pouvoir par les voies légales sont dans l'obligation morale de mettre tous leurs moyens dans la protection de l'environnement, dans la réduction de la consommation des énergies fossiles, et ils s'engagent à réduire le dégagement des gaz à effet de serre, notamment le dioxyde de carbone. Il va de soi que ***nous adhérons à toute proposition visant à réduire les émissions de polluants atmosphériques et océaniques***. Mais cette volonté de ne s'en prendre qu'à la consommation des énergies fossiles productrices de dioxyde de carbone, est une « ***position inquisitoire*** » pointant du doigt tout contrevenant qui devient immédiatement un « ***hérétique*** ». Les organisations non gouvernementales, « *Greenpeace* » par exemple, et les « *partis politiques écologistes* » se dirigent tout droit vers ***une opinion scientifique officielle***, contre laquelle toute critique est immédiatement accusée de « ***déviationnisme*** ». C'est regrettable, car cette attitude nous renvoie aux heures sombres des partis (ou des religions) uniques, et à leurs dérives.

Mais restons-en là. En simplifiant, une attitude scientifique reconnaît, à juste titre, que la corrélation chronologique entre le dégagement de G.E.S. depuis le début de la Révolution Industrielle, d'une part, est en corrélation avec un indéniable accroissement des températures depuis le milieu du XIXe siècle, d'autre part. Cette hypothèse est soutenue par de nombreuses organisations tant étatiques que non gouvernementales. Elle est soutenue par un panel de scientifiques regroupés au sein d'une émanation de l'Organisation des Nations Unies, le « *Groupe d'Experts Intergouvernemental sur l'Evolution du Climat* » mieux connu sous le nom de G.I.E.C.. Mais il ne faut pas oublier les travaux de l'*Organisation Météorologique Mondiale* (autre émanation de l'O.N.U.). Tous ces travaux ne manquent pas de sérieux, mais il est vrai que le GIEC a souffert d'une mauvaise présentation par la Presse et les autres Medias. On a voulu simplifier ses conclusions, et on les a parfois déformées.

Dans un « *état démocratique* », il faut aussi écouter les « *hérétiques* », ceux qui ne contestent pas le réchauffement climatique, mais critiquent la seule explication par le dioxyde de carbone. Ils n'écartent pas le réchauffement climatique actuel, mais ils sont « *sceptiques* » quant à « *son ampleur exceptionnelle* », quant à « *son origine uniquement anthropique* », et sur l'hypothèse de « *conséquences exclusivement négatives* ».

Le G.I.E.C. et le rôle des gaz à effet de serre d'origine anthropique

À la fin des années 1980, on commença à se préoccuper des causes et des conséquences d'une incontestable croissance des températures. Le G.I.E.C. a été constitué en 1988 à la demande du « *G.7* » ou groupement des sept pays les plus riches du monde (à l'époque) : les Etats-Unis, le Japon, la République Fédérale Allemande, la France, le Royaume-Uni, le Canada et l'Italie.

Les Nations Unies demandèrent à deux de ces organismes - l'*Organisation Météorologique Mondiale* et le *Programme pour l'Environnement des Nations Unie*s - de constituer un « groupe d'experts » afin d'examiner l'information scientifique, technique et socio-économique qui concerne le risque de changement climatique provoqué par l'homme. Le G.I.E.C. ainsi mis en place n'est pas une association de scientifiques, mais, O.N.U. oblige, une « association d'Etats ». Les membres sont donc des « Nations », et aucun scientifique ne peut être membre du G.I.E.C. à titre personnel ; les « savants » qui prennent part aux travaux « ***ne font que représenter les pays membres*** ». Le Français Jean Jouzel y est expert depuis 1994 et vice-président depuis 2002.

De ce fait, le G.I.E.C. n'est pas un laboratoire scientifique, il ne fait pas de recherches directes sur le terrain. Son rôle est d'évaluer et de publier une synthèse des recherches effectuées par des laboratoires publics ou privés, des Universités, des Organismes de recherche (par exemple le C.N.R.S.) répartis dans le monde entier. Sa méthode est toutefois très scientifique. Les travaux de n'importe quel chercheur travaillant dans les domaines du climat seront pris en compte, sous réserve qu'ils aient « *été publiés dans une revue scientifique de rang international et à comité de lecture*». La publication a subi la critique d'un groupe de savants anonymes, mais qui apportent leur caution scientifique au travail de recherche. Ainsi, ***un article qui va à l'encontre d'une origine anthropique du réchauffement, serait retenu si l'argumentation est sérieuse***. À l'inverse, il ne sera tenu aucun compte des « articles parus dans les Medias, et/ou sur Internet ». Enfin, le G.I.E.C. est budgétairement autonome (il ne subit pas la pression des « lobbies »), le fonctionnement est démocratique au travers d'un bureau élu en assemblée générale où le poids électoral du Portugal équivaut à celui des Etats-Unis. Ces travaux d'expertise conduisent à des rapports d'évaluation sur le « fonctionnement du climat », la « vulnérabilité face au risque climatique » et les « ***émissions des gaz à effets de serre*** ».

Le G.I.E.C. défend la thèse d'un « forçage » provoqué par les dégagements anthropiques des gaz à effet de serre. Dès le rapport de 2001, les « scientifiques du G.I.E.C. » admettaient la probabilité d'un « forçage anthropique » à l'origine du réchauffement mesuré dans la seconde moitié du XXe siècle. On montrait les G.E.S. du doigt. Les rapports ultérieurs, ceux de 2007 et de 2013, ont conforté cette probabilité ; en effet, l'origine humaine jugée « très probable » en 2007, devient « extrêmement probable » en 2013.

Mais il ne s'agit pas là d'affirmations gratuites. Les « scientifiques du G.I.E.C. » ont analysé l'ensemble des publications concernant la question du réchauffement climatique, et notamment les résultats obtenus par la modélisation de l'ensemble des données concernant la question.

Il s'agit du traitement informatique et statistique de l'ensemble des sources chiffrées qui peuvent être mises en équations. Au sein des différents laboratoires de recherche des Etats membres, des « programmes informatiques » ont essayé de confronter le rôle climatique des facteurs naturels avec celui des actions humaines. En bref, on y simule l'évolution probable des températures avec ou sans intervention humaine. Deux types de données sont analysés :

➢ Il y a celles dont la modélisation s'appuie sur des données chiffrées, pouvant être mises en équations : les variations saisonnières et interannuelles de la circulation atmosphérique, celles de la circulation océanique globale (courants généraux de surface et circulation profonde appelée parfois le « tapis roulant »), toutes les données évoquant le « forçage radiatif » (différence entre l'énergie radiative reçue et l'énergie radiative émise, ce qui conduit à l'effet de serre).

➢ À l'inverse, certaines données conduisent à une modélisation seulement statistique. Les variations de la couverture nuageuse, celles de l'albédo de la végétation, ne relèvent que de l'observation, sans être appuyées par des mesures chiffrées.

Plusieurs hypothèses ont été testées, et pas seulement celles qui relèveraient de la seule action anthropique :

➢ On a ainsi pris en compte les émissions naturelles de G.E.S. et d'aérosols effectuées par les volcans. On a aussi modélisé les variations de températures qui accompagnent les fluctuations cycliques de l'activité solaire (voir ci-dessus documents 8.1 à 8.3). On a pris en compte les phases de recul et de progression des espaces arides (notamment au Sahara), les variations de la surface des inlandsis, des espaces enneigés et des banquises (rôle de l'albédo). Les modèles les plus récents ont recours au cycle du carbone.

➢ Les résultats sont comparés à des causes réellement anthropiques : la déforestation (Asie du S.E., Afrique, Amazonie, mais aussi Canada et Sibérie), le rôle des pratiques agricoles, de l'urbanisation ; voire « des cirrus artificiels créés par les traînées des avions et des navires ». On a aussi tenu compte du « cheval de bataille » : la « ***production de CO_2 par combustion des hydrates de carbones fossiles*** ».

On retiendra aussi que la fiabilité d'un modèle mathématique est soumise à la sagacité de la communauté scientifique. Pour être recevable, il doit pouvoir simuler les variations déjà connues du climat : cycles saisonniers, phénomène d'El Niño, oscillation nord-atlantique (le va-et-vient méridien des masses d'airs entre les régions arctiques et islandaises et la ceinture subtropicale des Açores à l'Espagne). Or, ces modèles simulent correctement les variations thermiques du XXe siècle.

➢ L'accroissement (irrégulier) des températures observées dans la première moitié du XXe siècle (documents 1.1 à 1.6) ne nécessite pas le recours à la consommation de charbon amorcée par la Révolution Industrielle, mais s'explique parfaitement par les variations du rayonnement solaire (fin du Petit Âge de Glace).

➢ Inversement, la croissance rapide amorcée pendant le dernier quart du XXe siècle ne peut être expliquée par les seules conditions naturelles ; il faut recourir au rôle des activités de l'Homme : déforestation, extension exponentielle des villes, consommation effrénée des ressources énergétiques fossiles, industrialisation de l'ensemble de l'Amérique Latine et de l'Asie orientale. Tout cela se traduit effectivement par une production de gaz à effet de serre.

➢ Il faut aussi retenir que les simulations du climat de la fin du XXe siècle qui n'intégreraient pas l'influence humaine ne font pas état d'un réchauffement climatique, pourtant bien réel, alors que celui-ci ressort dès que cette influence est incluse dans l'algorithme.

Les modèles mathématiques ont montré que, depuis le début du XXIe siècle, le rôle des émissions de dioxyde de carbone (et de méthane) est dix fois supérieur à celui de l'activité solaire (malgré l'émission d'aérosols dont le rôle est négatif). Depuis 1990, les experts du G.I.E.C. avaient conclu à un accroissement probable des températures en relation avec l'émission de G.E.S. Les observations effectuées depuis 2001 sont en accord avec les différents modèles. La troposphère s'est réchauffée, alors que la stratosphère reste thermiquement stable. Un accroissement de l'activité solaire devait induire un accroissement généralisé de la température de l'atmosphère, mais une augmentation de l'effet de serre peut, effectivement, concentrer l'augmentation des températures dans les seules basses couches, soit la troposphère.

Ce réchauffement observé à la fin du XXe siècle devrait se poursuivre au cours du XXIe siècle. Un arrêt brutal et drastique des émissions de G.E.S. n'aurait pas d'effet immédiat. À l'inverse, le débat est ouvert quant à l'amplitude de l'accroissement. La précision des prévisions est limitée par la puissance des ordinateurs et l'efficacité réelle des algorithmes utilisés. Selon ces critères, les prévisions pour les cinquante années à venir vont de 2 à 3,7 °C.

L'ampleur du réchauffement prévu est donc incertaine, tant du fait des limites des modèles (et de la fiabilité des données incluses dans les algorithmes) que des incertitudes concernant le comportement des hommes et des Etats pendant le XXIe siècle. On a ainsi modélisé divers scénarios concernant notre siècle, publiés dans le « ***Special Report on Emissions Scenarios*** (S.R.E.S.) » à partir de 2001, et qui a analysé quarante scénarios possibles d'émissions de G.E.S. (document 9.1). Ces modèles se regroupent en quatre scénarios, pour lesquels nous partirons d'une émission moyenne de 8.10^9t de dioxyde de carbone pour une température moyenne de 14,6°C en 2000.

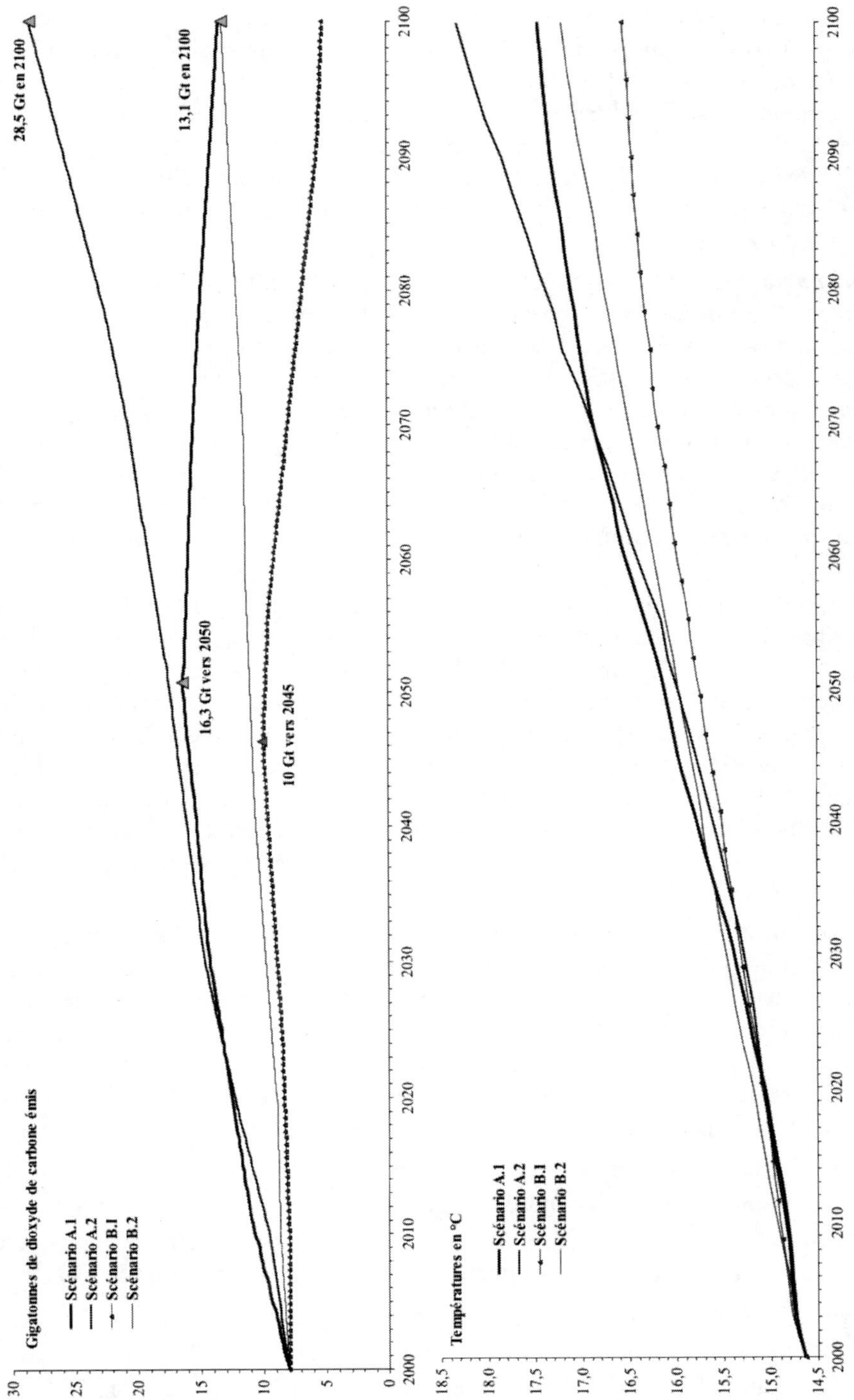

Document 9.1 - Les quatre scénarios du G.I.E.C., leurs émissions de dioxyde de carbone et les températures probables de 2000 à 2100

➢ ***Scénario A.1 - Une croissance économique globale et rapide avec des objectifs surtout économiques*** : la population mondiale augmentera jusqu'en 2050 (pour ensuite reculer) dans le cadre d'un « monde plus homogène ». La grande nuance est l'évaluation du rôle des énergies fossiles. Dans l'hypothèse d'une réduction de leur consommation, les températures de 2100 seraient de 1,4°C supérieures à celles de 2000, mais dans l'hypothèse d'une augmentation de leur usage ($28,5.10^9$ t en 2100), la température pourrait être voisine de 18°C au début du XXIIe siècle.

➢ ***Scénario A.2 - On retient plutôt un développement inégal avec de fortes nuances régionales***. Les « régions » rechercheraient leur « autosuffisance énergétique » mais la « préservation des identités locales » aurait pour résultat un accroissement continu de la population. Le développement et la croissance économiques apparaissent plus fragmentés et le bilan thermique dépendrait des politiques régionales : recours aux nouvelles énergies avec un recul de la consommation des énergies fossiles : les émissions de CO_2 passeraient de $16,3.10^9$ t vers 2050 à $13,4.10^9$ t en 2100. Mais du fait de l'inertie des systèmes climatiques, la température augmenterait de 3,7°C et serait également voisine de 18°C en 2100.

➢ ***Scénario B.1 - On envisage une croissance économique globale et rapide mais avec des objectifs environnementaux***. La population mondiale culmine en 2050 mais avec le recours à des « technologies propres » : énergies renouvelables, et par l'utilisation raisonnée des ressources. La consommation des énergies fossiles ne baisserait pas (du fait de la diversité des systèmes économiques régionaux) mais serait stabilisée. La croissance des émissions de CO_2 serait modérée, pour n'être que de 10.10^9 t peu avant 2050, et pour reculer à $5,1.10^9$ t en 2100. L'augmentation des températures serait également réduite à une fourchette de 1,1°C à 2,9°C d'ici à 2100, mais se poursuivrait pour avoisiner 16°C à la fin du siècle.

➢ ***Scénario B.2 - Ce même scénario concerne un développement régional et inégal***. La population mondiale continuerait de croître dans un contexte de développement économique et technologique plus diversifié, mais orienté vers une « protection régionale de l'environnement ». Le recours aux énergies fossiles serait modéré, mais les émissions de dioxyde de carbone atteindraient $13,1.10^9$ t en 2100. L'augmentation des températures serait plus forte : 1,4°C à 3,8°C d'ici 2100, soit une température de 17,2°C au début du XXIIe siècle.

Dans l'état des choses, le réchauffement planétaire va donc se poursuivre avec une ampleur qui va dépendre des politiques énergétiques et industrielles et de la production de G.E.S., mais aussi du fait de l'inertie des systèmes climatiques, en dépit d'une politique des réductions des émissions de G.E.S.

Avant le sommet de l'O.N.U. sur le climat, en 2014, la publication du « ***Global carbon project*** », le 21 septembre, rappela que 37 Gt de dioxyde de carbone devaient être émis en 2014 ; le document projetait 43,2 Gt en 2019. Dès 2013, un Chinois (il y a plus de 2.10^9 Chinois) émettait plus de CO_2 qu'un Européen : 7,2 t contre 6,8 t. (mais un Américain en émettait 16,4 t). La même année, la production de dioxyde de carbone s'accrut de 4,2 % en Chine et de 5,1 % en Inde. Le « ***Global carbon project*** » soulignait une concordance avec le « ***pire des scénarios du G.I.E.C.*** » : une hausse de 3,2 à 5,4°C d'ici 2100. Toutefois, à la suite de la COP.21 de 2016, les deux plus gros producteurs de CO_2, les Etats-Unis et la Chine, se sont engagés à amorcer une réduction de leur émission.

Quelles seraient les conséquences ? Le dérèglement climatique serait probable, mais rien n'est prévisible, du fait de l'inertie des systèmes climatiques dans leur ensemble, de l'inertie des océans, et d'une interaction complexe et mal maîtrisée de tous ces phénomènes. On évoquera :

➢ *La fonte de la banquise arctique* : au cours de l'été, sa réduction serait telle que l'Océan Arctique deviendra libre après 2050. Il n'y aurait pas de montée des eaux (la glace flottante fond en donnant un volume d'eau analogue), mais on redoute un affaiblissement de la Dérive Nord-Atlantique (Gulf Stream) entretenue (actuellement) par la plus forte salinité de l'Arctique du fait d'une banquise. La disparition de celle-ci aurait pour conséquence une extension des eaux froides arctiques de surface et moins salées, avec un affaiblissement du Gulf Stream. Paradoxalement, les côtes de l'Europe du Nord pourraient se refroidir. Une autre conséquence serait la réduction de l'albédo et de son rôle climatique dans l'hémisphère nord.

➢ ***La fonte des glaciers de montagnes et des couvertures neigeuses saisonnières*** : son extension maximale fut observée autour de 1850. Depuis les Rocheuses, les Alpes, le Caucase, l'Himalaya ont perdu jusqu'à 50 % et plus de leurs glaciers de vallée, surtout du fait de la fin du Petit Âge de Glace. Mais, la poursuite d'un réchauffement d'origine humaine pourrait y éradiquer les glaciers et autres neiges persistantes d'ici 2050. Ce n'est pas anodin : outre la réduction du domaine skiable, la plus grande partie de l'hydroélectricité de l'hémisphère nord provient de cours d'eau alimentés par la fonte de la glace et de la neige dans les hautes montagnes (Alpes, Rocheuses, Caucase) et surtout sur les boucliers arctiques : Canada, Scandinavie, Russie et Sibérie. Or c'est une énergie « propre ». Pour ce qui concerne l'Himalaya on pourrait redouter une réduction du débit du Gange, du Mékong, du Yangtsé et du Hoang-Ho.

➢ ***Une transgression marine*** : il ne faut pas incriminer la fonte des inlandsis. Les modèles indiquent une relative stabilité des glaces de l'Antarctique (9/10 des glaces continentales). Si risque il y a, il vient du Grœnland dont la fonte relèverait les mers de 7 m. Mais la chaleur spécifique de la glace exige une telle énergie calorifique pour fondre que les modèles actuels n'envisagent pas sa disparition. Non, le risque vient de l'augmentation du volume des océans par dilatation. Le G.I.E.C. estimait une hausse de 2 mm/an à partir du début du XXIe siècle ; or, il semblerait qu'il ait été optimiste et qu'entre 1993 et 2011 la hausse ait été de 3,2 mm/an (60 % plus rapide). Ce n'est pas négligeable pour les communautés vivant près d'un littoral proche du niveau de la mer : îles basses du Pacifique et de l'Océan Indien (Maldives), deltas des grands fleuves (Asie du Sud-est, Louisiane, plaine du Pô), lagune côtière (Venise), pays de

Polders (Hollande, Frise, Floride). Le risque n'est pas seulement la submersion par transgression, mais la vulnérabilité accrue vis-à-vis des tempêtes, des tsunamis et surtout des cyclones intertropicaux. Au cœur du cyclone, la pression atmosphérique est très basse, et il en résulte une remontée du niveau des eaux près des côtes, ce qui doit être associé à l'impact des vagues. Ce serait dramatique en Louisiane et dans les deltas surpeuplés de l'Asie du Sud-est. On estime à 300 millions le nombre de personnes concernées.

➢ ***En effet, le G.I.E.C. prévoit une plus grande intensité des cyclones***. Un cyclone exige une eau à 27 °C pour se former près de l'équateur. Puis il puise son énergie dans l'Océan en direction des continents (Asie du S.E, Golfe du Mexique et Caraïbes, Madagascar). Il se maintient tant que l'océan est assez chaud pour l'entretenir, et il s'atténue normalement en s'éloignant des tropiques. Un réchauffement des eaux de l'Atlantique et du Pacifique supra-tropicaux maintiendrait des cyclones très énergiques jusqu'à des latitudes « élevées » (on évoque New York)

Il faudrait ajouter l'occurrence de ***vagues de chaleur*** sous les moyennes latitudes (Europe en 2003), et la ***disparition massive d'espèces***, notamment marines. Dans l'Arctique, la chaîne alimentaire débute avec les algues qui vivent sous la banquise ; la fonte de celle-ci entraînera sa disparition, avec elle les herbivores qui s'en nourrissent, puis leurs prédateurs carnivores : poissons, phoques et ours polaires.

Une autre argumentation : celle des climatosceptiques

Je n'aime pas cette expression journalistique de « *climatosceptiques* ». Il ne s'agit pas de scientifiques niant l'accroissement des températures, ce ne sont *« ni des hérétiques »*, *« ni des révisionnistes »*, *« ni des négationnistes »*, mais ce sont des *« dissidents »* qui proposent une autre approche que celle du G.I.E.C. Depuis le 1er septembre 2015, un groupe de scientifiques a créé une « organisation non gouvernementale » le « ***Collectif des climato-réalistes*** », dont le comité scientifique rassemble des Universitaires dignes de foi : Jacques Duran (D.R au CNRS, physicien), François Gervais (Pr. A l'Université de Tours, physicien), Benoît Rittaud (M.C. à l'Université Paris-13, mathématicien), Camille Veyres (Pr à l'école des Mines-Telecom, Polytechnicien, Ingénieur des mines), István Markó (Pr à l'université catholique de Louvain, chimiste) et Reynald du Berger (Pr à l'université du Québec à Chicoutimi, géophysicien). Leur cheval de bataille est que les ***« Medias distillent une information incomplète »*** sur le rôle des gaz à effet de serre, ce qui génère une « ***peur irrationnelle*** » et une « ***sentiment de culpabilité*** » lui-même peu rationnel. Parmi leurs arguments contestataires, on retiendra la *stabilisation du réchauffement depuis une vingtaine d'année*, ce que corroborent la *hausse peu significative du niveau des mers depuis un siècle*, une *relative stabilité des banquises* (surtout dans l'hémisphère sud), un *recul de l'activité cyclonique*,

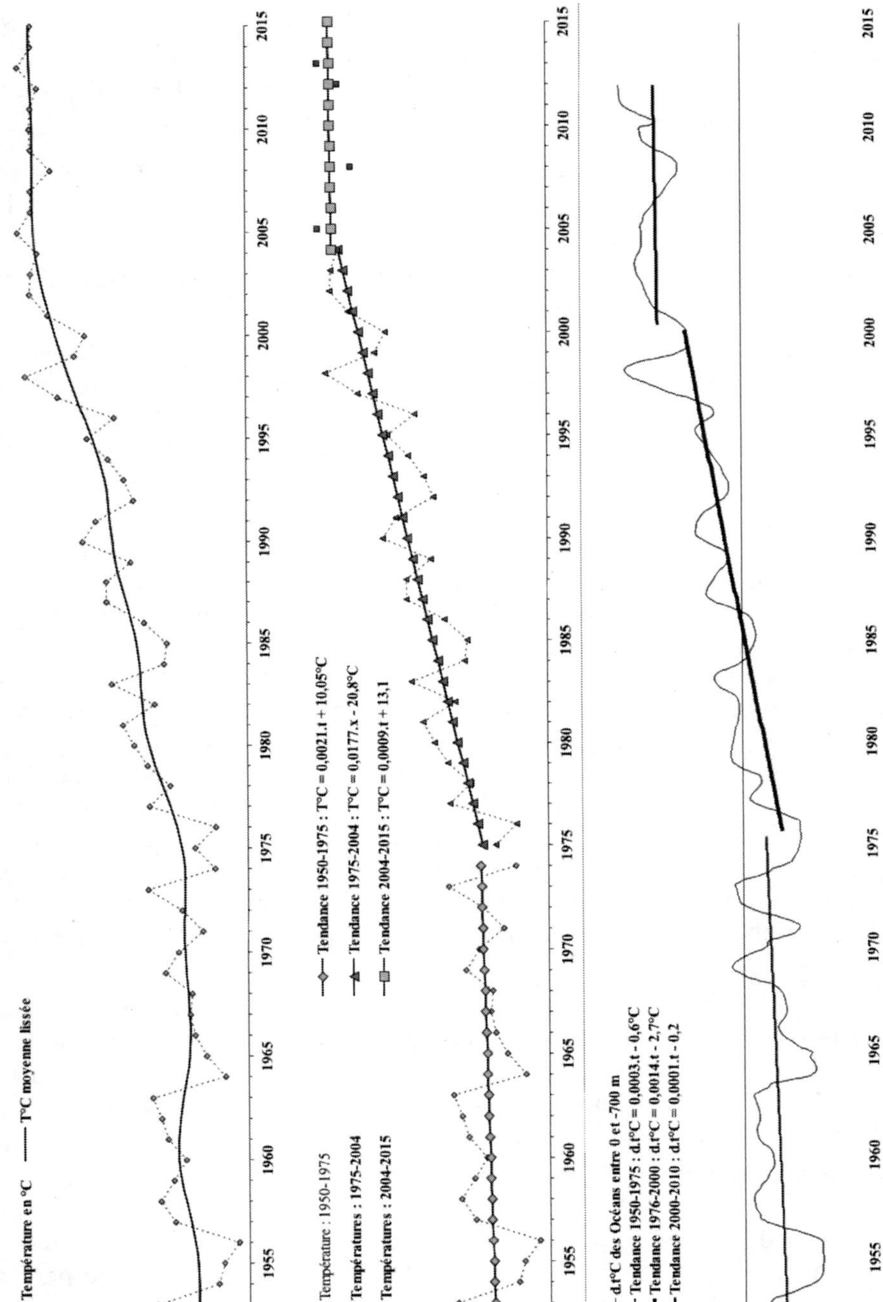

Document 9.2 - Variations des températures depuis 1950 : D'après les données de la NASA et la NOAA (à gauche), leurs tendances (au centre) et la variation des températures des océans entre 0 et 700 m (à droite).

L'augmentation des températures semble effectivement marquer le pas. Nous avons repris les sources du document 1.1, mais en limitant l'illustration à la période 1950-2015 (document 9.2) et en y associant les variations de températures mesurées dans les océans entre 0 et 700 m entre 1993 et 2012.

Les températures des 75 dernières années ont connu une croissance lente pendant 25 ans, suivie d'une croissance rapide de 1975 à 2004 et un palier statistique semble se dessiner :

➢ Tout au long de cette période, les températures furent très variables. L'écart-type est de 0,24°C, ce qui est assez élevé.

➢ Entre 1950 et 1975, la moyenne thermique planétaire fut de 14,2°C avec un écart-type de 0,09°C, ce qui traduit une assez bonne stabilité (coefficient de variation de 0,7 %). On sait que les glaciers des Alpes avaient même entamé une progression dans les années 1960. Les températures ont effectivement augmenté, mais la tendance fut très lente : 0,002°C/an.

➢ Puis, brutalement, les températures se sont emballées après 1975 (dont la canicule de l'été 1976), et cela jusqu'en 2004 (précédé par la canicule de 2003). Les températures sont passées de 14,1 à 14,8°C. La moyenne fut élevée : 14,5°C avec un écart-type important : 0,19°C, et le coefficient de variation monta à 1,3 %. Au cours de cette courte période, la tendance linéaire fut très forte : 0,018°C/an, ou pour comparer avec le passé : 1,8°C/100 ans. Mais ce n'est pas nouveau, les températures reculèrent de 5°C/100 ans entre 1725 et 1736, et encore de 1,7°C/100 ans entre 1944 et 1956 (documents 7.5). Les augmentations furent elles-mêmes parfois très rapides à la période historique : 2°C/100 ans de 1736 à 1762, 1,3°C/100 ans entre 1821 et 1856. Ces variations brèves vont effectivement à l'encontre d'une croissance régulière et générale des températures pour le siècle en cours. Le document 7.4 rappelle que l'analyse des cernes des arbres a révélé de fortes et courtes variations de températures pendant l'optimum thermique médiéval et pendant le « Petit Âge de Glace ».

➢ C'est d'autant plus crédible que les températures marquent effectivement le pas depuis 2004. Certes, la moyenne reste élevée : probablement 14,8°C, mais avec une stabilité accrue : écart-type de 0,03°C et coefficient de variations de 0,2 %. Ces températures continuèrent d'augmenter, mais très faiblement : 0,0001°C/an. Ce n'est pas nouveau, les températures furent très stables de 1605 à 1692 (-0,2°C/100 ans) et de 1762 à 1821 (-0,3°C/100 ans).

➢ Toutefois, on pourrait objecter que le recul majeur des températures de 1000 à 1475 (document 7.4) avait été interrompu par une relative stabilité (+ 0,08°C/100 ans) entre 1185 et 1390, mais que le recul avait repris. De même, la croissance qui mit fin au « Petit Âge de Glace » fut interrompue par une période stable de 1765 à 1900 (-0,15°C/1 000 ans (document 7.4).

Il existe des données concernant la variation des températures des océans. Cette masse d'eau de $1.4.10^9$ km^3 est extrêmement stable, et sa température globale est immuable. À l'inverse, sa partie superficielle (les 700 premiers mètres) accompagne les variations des températures de l'air. Il existe même des échanges entre ces deux milieux. Le document 9.2 (graphique de droite) montre que les températures ont légèrement varié au cours des 75 dernières années.

➢ Entre 1950 et 1975, la température océanique ne changea que faiblement. La variation resta inférieure à la moyenne 1961-1990, même si on relève une augmentation de 0,0003°C/an.

➢ Entre 1975 et 2000, l'écart passa au-dessus de la moyenne 1961-1990. Les variations, globalement positives, ont vu leur valeur multipliée par 4,7 (0,0014°C/an). Or cette croissance accompagne effectivement celle des températures de l'air.

➢ Cependant, de 2000 à 2010, même dans les océans, apparaît une indéniable période de stabilité thermique : -0,0001°C/an.

L'avenir dira qui a raison, le G.I.E.C. ou les « climatosceptiques ». Sans être ni alarmiste, ni trop optimiste, si la croissance annoncée par les premiers se confirme, il faut invoquer l'effet de serre d'origine humaine. Si les températures reculent, il faudra invoquer le retour d'une « pulsation thermique brève » du style du « Petit Âge de Glace » en accord avec un recul du nombre des taches solaires, le retour d'un « bombardement de rayons cosmiques » et une réduction de l'activité solaire en général.

Il n'est pas dans notre objectif de prendre parti dans une querelle où la rigueur scientifique cède malheureusement la place aux passions.

La hausse du niveau des mers depuis un siècle est-elle significative d'un réchauffement ? Si la température augmente, la mer s'échauffera et augmentera de volume. Dans ce cas, il faut s'attendre à des transgressions. Mais les continents ne sont pas stables, ajoute une autre partie de la communauté scientifique, notamment les géologues. On sait que les rives de la Méditerranées ne cessent de bouger : quelques temples antiques ont « les pieds dans l'eau » du fait d'une subsidence ; des ports antiques sont également au sec du fait de la tectonique dans un milieu très instable. Autour des anciens boucliers recouverts de glace il y a 20 000 ans, le réajustement tectonique, appelé le « rebond glaciaire », est inachevé. Il faudrait ajouter que les aménagements hydro-électriques sur les fleuves arctiques et tropicaux ont réduit l'apport alluvial dans les deltas. Le recul des rives des deltas du Mississippi, du Pô, du Rhône, et du Nil est anthropique : l'apport alluvial est devenu inférieur à l'action de l'érosion marine.

Dans le Troisième Rapport d'Evaluation du G.I.E.C. de 2001, John A. Church (University of Queensland) et Jonathan M. Gregory (Department of Meteorology at the University of Reading) ont établi une estimation des variations du niveau des océans au cours du XXe siècle. Le document 9.3 fait état du rôle des principaux paramètres. Leur rôle est dans la plupart des cas négligeable à l'échelle humaine, même dans des hypothèses catastrophiques.

➢ On peut envisager une modification de la capacité des bassins océaniques dont on se souviendra qu'elle est de $1,4.10^9$ km^3, avec une profondeur moyenne de 3,8 km. La tectonique des plaques, comme l'accumulation de sédiments dans les océans, sont trop lents pour jouer un rôle (2 mm/1000 ans). On en reparlera au IVe millénaire.

	Amplitude de l'effet				
	Minimum	**Maximum**	**Moyenne**		
Tectonique des plaques avec étalement du plancher océanique et changement de la hauteur du fond.	0,01	0,01	**0,01**	0,01%	**Changement de volume des bassins océaniques**
Sédimentation marine	0,01	0,01	**0,01**	0,01%	
Total	0,02	0,02	**0,02**	**0,03%**	
Ajustement à long terme à la fin de la dernière glaciation					**Changement de la masse de l'eau des océans**
Libération d'eau de l'intérieur de la Terre	0	0	**0**	0%	
Libération ou accumulation des réservoirs hydrologiques	0	0	**0**	0%	
Changements de climat pendant le XXe siècle					
Antarctique rôle des précipitations)	-0,02	0	**-0,01**	-0,01%	
Grœnland (rôle des précipitations)	0	0,1	**0,05**	0,07%	
Groenland et Antarctique pendant le XXe siècle (fonte des glaces)	0	0,5	**0,25**	0,35%	
Modifications climatiques du XXIe siècle					
Fonte ou accumulation de la glace continentale	10	10	**10**	**14%**	
Total	**0**	**0,5**	**10,3**	**14%**	
Ajustements tectoniques					**Modification de la topographie de la Terre**
Expansion du volcanisme	-	-	**0**	0%	
Mouvements tectoniques	1	3	**2**	2,8%	
Vibration induite par un séisme	-	-	**0**	0%	
Ajustements sédimentaires					
Sédimentation et érosion	-	-	**4**	0,00%	
Compression des sédiments : particulièrement significatif dans et près des deltas	-	-	**0**	0%	
Perte de fluides interstitiels (retrait de la nappe phréatique ou du pétrole)	-	-	**55**	**77%**	
Ajustements géophysiques					
Changements de la température interne à la Terre	-	-	**0**	0%	
Déplacement de l'hydrosphère, de l'asthénosphère, de l'interface noyau-manteau	-	-	**0**	0%	
Déplacement de la rotation de la Terre, de l'axe, et précession des équinoxes	-	-	**0**	0%	
Changements gravitationnels externes	-	-	**0**	0%	
Total	**0**	**0**	**61,0**	0%	
Total général			**71,3**	**100%**	

Document 9.3 - Principaux paramètres de la fluctuation du niveau général des océans
(Les valeurs brutes sont en mm/an)

➢ Le changement de la masse de l'eau océanique entraîne celui de son volume. Un réchauffement implique une augmentation du volume, qui ne concerne guère que les eaux de surface. À l'échelle géologique, il y a équilibre depuis le Pléistocène. Les modifications mesurées au XXe siècle sont négligeables (0,25 mm/an soit 0,35 %). Mais, selon les prévisions du G.I.E.C., il faudrait envisager une remontée de 10 mm/an au cours du XXIe siècle, soit 1 m en 2100 par rapport à 2000. ***Apparemment, ce serait peu !***

➢ Les modifications de la topographie du « géoïde » sont négligeables pour ce qui concernerait les ajustements tectoniques (volcanisme et sismicité), les ajustements géophysiques (signalés par « souci scientifique »). Quant au pompage de l'eau et des hydrocarbures, en provoquant une subsidence anthropique il pourrait induire une remontée de 55 mm/an ou, localement, de 5,5 m d'ici 2100. *Ce qui constitue un « effet secondaire » de la consommation des hydrocarbures !* Mais cela reste à vérifier.

Globalement nous aurions une élévation du niveau marin de 6,5 m d'ici 2100. Mais le « modèle » de la fonte des glaces continentales repose sur l'hypothèse d'une fonte totale des inlandsis, ce qui n'est même pas envisagé par le G.I.E.C. et les pompages des « *liquides et gaz souterrains*» n'auraient qu'une influence locale (toutefois, il s'agit des littoraux du Venezuela, du Nigeria, du Golfe du Mexique, des Îles de la Sonde et du Golfe Persique).

Depuis 1910, le niveau des mers aurait varié entre -0,8 et 2,2 mm/an, soit une moyenne de 0,7 mm qui aurait relevé le niveau général des océans de 5,6 cm vers 1990, et selon la croissance pessimiste (2,2 mm/an) le niveau aurait crû de 18 cm, ce qui reste raisonnable. Par conséquent, du fait de l'expansion de la consommation énergétique, l'élévation du niveau général des océans aurait dû s'accroître après 1950 et surtout après 1975. Pourtant, les marégraphes ne révèlent pas d'accélération significative. En effet, depuis le début du XIXe siècle, le niveau marin a crû de 1,8 mm/an (18 cm/100 ans), ce qui se serait poursuivi au XXe siècle. Pour ce qui concerne le XXe siècle, le G.I.E.C. retient 0,6 mm/an pour la fonte des glaces, et le reste de 0,12 mm/an doit être attribué à un autre processus : on évoque tout de suite une « *accroissement thermale du volume des eaux de surface* », en accord avec les modélisations couplées océan/atmosphère de l'effet de serre. La hausse du niveau général des mers apparaît donc assez modérée au cours des XIX et XXe siècles.

Pour les « sceptiques », ces résultats « prouveraient » les limites des modèles sur lesquels le G.I.E.C. s'est un peu trop rapidement appuyé. Il n'y aurait rien d'alarmant dans la hausse du niveau des mers. Les variations régionales restent les plus marquantes : rebond post-glaciaire dans le nord-est de la Mer Baltique, subsidence dans les grands deltas (Nil, Mississippi) du fait du recul de l'apport sédimentaire (et de l'exploitation des hydrocarbures en Louisiane, ou au Nigeria). Il faut alors tenir compte de phénomènes purement locaux.

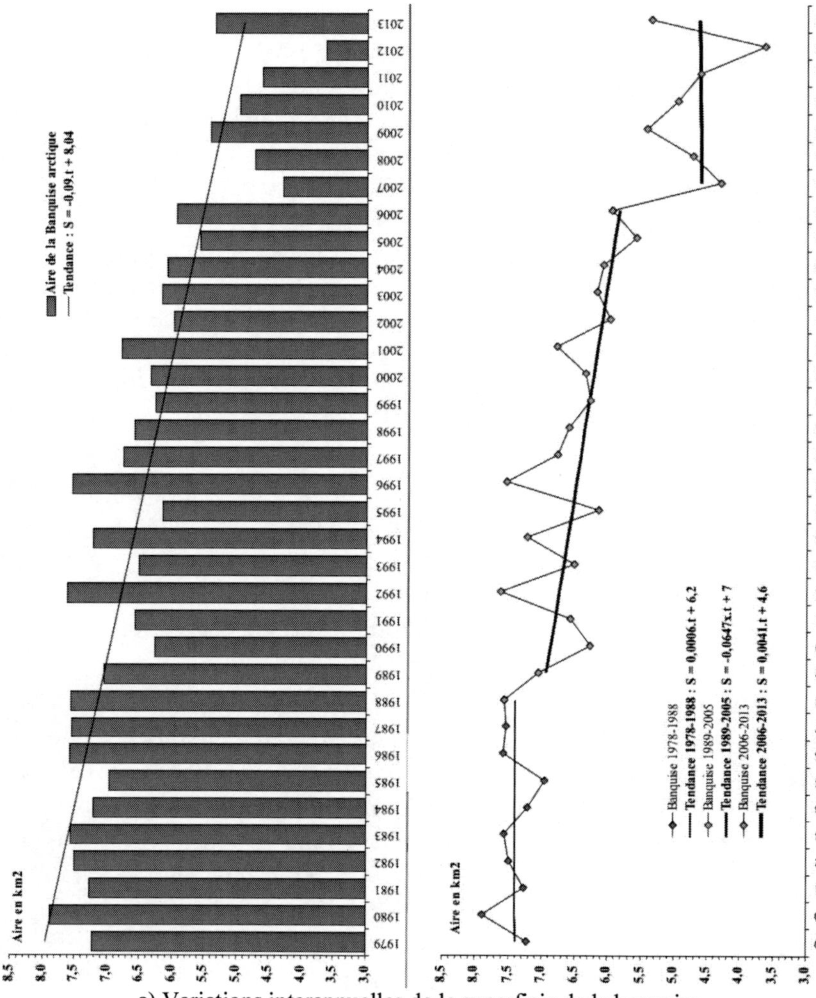

a) Variations interannuelles de la superficie de la banquise

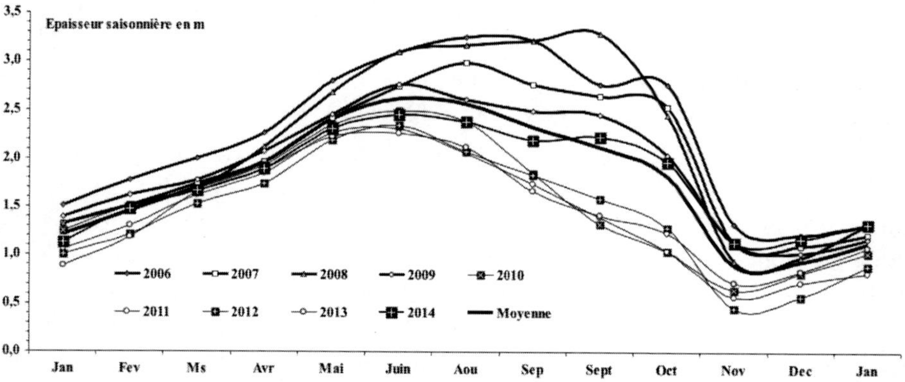

b) Variations saisonnières de l'épaisseur de la banquise

Document 9.4 - Modifications annuelles et saisonnières de la banquise arctique

En temps normal, le long des côtes du Pérou, le Courant de Humboldt apporte des eaux froides et denses. Mais, de façon arbitraire, « El Niño », une déviation du contre-courant équatorial du Pacifique au sud de l'équateur, apporte de grandes quantités d'eau chaude, comme en 1992-1993 et 1997-1998. Le niveau de la mer peut augmenter de 2 mm pendant quelques mois. Dans le rapport de 2001, on peut lire : « *l'oscillation méridionale du puissant El Niño de 1997/98 a pu biaiser les évaluations ... de l'élévation du niveau de la mer et aussi indiquer la difficulté de séparer les tendances à long terme de la variabilité climatique* ».

Enfin, des estimations affirmant une hausse de 1,5 m à 10 m du niveau des océans d'ici à 2100 ne reposent sur aucun argument sérieux, si ce n'est de terroriser près de 2 milliards de personnes qui se sentent concernées. En effet, il faut alors faire appel à l'apport rapide des réserves d'eau accumulées sous forme de glace dans les inlandsis (2.10^6 km^3 au Grœnland et 18.10^6 km^3 en Antarctique). La chaleur spécifique de la glace est très élevée ; pour faire fondre 20 millions de km^3 de glace, il faudrait une élévation considérable des températures. Mais le Grœnland culmine à 3 200 m avec une moyenne thermique de -32 °C, et le pôle sud est situé au milieu d'un plateau de plus de 2 800 m d'altitude. Or, au-delà du 65°//, la limite des neiges persistantes est encore proche du niveau de la mer. La contribution à l'élévation du niveau des mers par la fonte des glaces, dans les limites actuelles, est, en moyenne, de 3,5 cm/an au Grœnland et de **-7,5 cm/an en Antarctique**. En effet, loin de fondre, l'Antarctique reste froid et glacial. Sa fonte (improbable) pourrait élever les mers de 60 m, mais celle du Grœnland ne le ferait que de 7 m. Au rythme mesuré, il faudrait 200 ans, ce qui est loin d'être acquis.

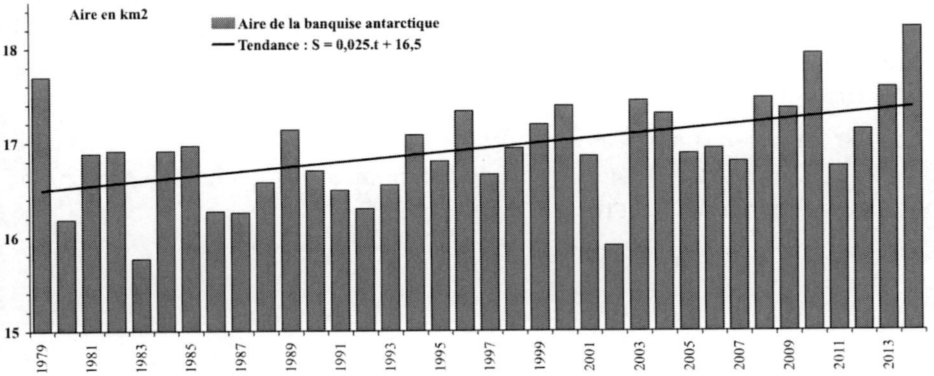

Document 9.5 - Progression de la banquise antarctique
(Source : Natioanal Snow and Ice Data Center - USA)

Les « sceptiques » tablent aussi sur une relative stabilité des banquises arctiques et antarctiques. Qu'en est-il ?

Pour ce qui concerne la banquise arctique, qui, rappelons-le, occupe les centres des terres boréales, la superficie a reculé de 25 % entre 1980 et 2005, en relation avec l'accroissement des températures qui a été mesuré à la fin du XXe siècle. Rappelons qu'une banquise n'est que de la glace de mer congelée ; elle est mince, de 1 m en été à 3 m en hiver en moyenne, elle est donc très sensible à une augmentation de la température de l'Arctique (continent, atmosphère et océan). On comprend que sa superficie varie selon les saisons, et qu'elle soit maximale en hiver.

Le document 9.4 a été réalisé à partir des sources fournies par le *Polar Science Center*. À l'évidence, l'extension maximale de la banquise (documents 9.5 a et b) a reculé depuis 1979. Il est même possible de le quantifier à 90 000 km^2 par an, une valeur considérable. Quant à l'épaisseur, elle fut maximale en 2006, quelle que fut la saison ; elle a dépassé 3 m à la fin du printemps 2006, pour être encore de plus d'1 m en automne. Puis elle s'est amincie entre 2010 et 2013.

Mais il faut nuancer. La superficie n'a pas reculé régulièrement, et l'on retrouve un lien avec l'accélération de la hausse des températures à la fin du XXe siècle et le palier apparemment en cours (document 9.2).

➢ De 1978 à 1986, la réduction a été modérée : 600 km^2 par an ; la surface moyenne avoisina $7{,}5.10^6$ km^2, avec un faible écart-type : 260 000 km^2 (coefficient de variation : 3,5 %). La banquise se maintenait par son inertie thermique.

➢ De 1978 à 2005, le recul fut effectivement important : 650 000 km^2 /an, en 18 ans seulement. L'écart-type est élevé : 560 000 km^2, et le coefficient de variation fort : 8,5 %. La superficie gelée en hiver recula de $6{,}6.10^6$ km^2 à $5{,}6.10^6$ km^2.

➢ Mais cette fonte des glaces flottantes semble marquer le pas depuis 2005 (en parallèle avec la pause dans le réchauffement). La banquise semble stabilisée à $5{,}4.10^6$ km^2, mais l'écart-type de 620 000 km^2 reste élevé. La période considérée est brève, et il faut attendre les mesures de 2016 et des années suivantes, avant de confirmer une stabilisation.

Les variations saisonnières (ici celles de l'épaisseur) vont cependant dans le même sens. Le document 9.4.c illustre les variations saisonnières depuis 2006. Nous avons construit une courbe moyenne :

➢ Les courbes relatives aux années 2006 à 2009 sont nettement au-dessus de cette courbe moyenne.

➢ Inversement, les mêmes courbes des années 2010 à 2013 sont largement en dessous. Plus particulièrement, elles illustrent une banquise moins épaisse en été et en automne, ce qui, sans aucun doute possible, doit être relié au réchauffement. Bien que stabilisée depuis 2004, la banquise continua de fondre au contact de l'air chaud et surtout des eaux tièdes venues de l'Atlantique.

➢ Mais 2014 semble renverser la donne, la courbe devient presque parallèle à la courbe moyenne !

Il est, bien entendu, trop tôt pour annoncer un retour des glaces flottantes autour du pôle nord. Cependant, qui faut-il croire, les « sceptiques » pour qui le recul appartient à un cycle plus chaud, suite logique du Petit Âge de Glace, ou les « pessimistes » qui annoncent une fonte totale de la banquise en été à l'horizon de 2050, voire 2030.

On peut d'autant plus se poser la question que les glaces flottantes de l'Antarctique semblent en expansion.

➢ Il faut d'ailleurs ne pas confondre les *banquises*, qui sont constituées par de l'eau de mer congelée, avec les « *shelfs* » ou « *barrières de glace* », où le vêlage des « *icebergs* » par les glaciers continentaux encombre les baies resserrées : la Barrière de Ross au nord-ouest et la Barrière de Filchner au sud du continent.

➢ Une augmentation de la surface de ces « shelfs » peut être le fruit d'une accélération de la fonte de l'inlandsis du fait de son réchauffement (mesuré à 0,05°C/10 ans dans la seconde moitié du XXe siècle) ; mais la réponse à un forçage vieux de plusieurs siècles est envisageable sur cette masse de glace à très forte inertie thermique.

En effet, la banquise circumantarctique a tendance à s'étendre et à s'épaissir (document 9.5). Pourtant, elle avait reculé au cours du XXe siècle ; sa superficie saisonnière maximale passa de plus de 25.10^6 km^2 vers 1900 à un peu plus de 16.10^6 km^2 en 1980. Puis la surface estivale s'est accrue de 250 000 km^2 par an entre 1979 et 2014 ($X_i = 16{,}9.10^6$ km^2, $\sigma = 500\,000$ km^2 et Coef de variation = 3 %), passant de $16{,}2.10^6$ km^2 en 1980 à $17{,}8.10^6$ km^2 en 2010, $17{,}91.10^6$ km^2 en 2013 et peut-être $18{,}2.10^6$ km^2 en 2014 (mais j'ai lu, sans pouvoir le vérifier : $19{,}4.10^6$ km^2 en 2012). L'épaisseur pourrait atteindre 16 m localement (expédition de l'Institut de l'Antarctique de l'université de Tasmanie de 2015)

C'est tout le contraire de ce qui s'observe en Arctique, et il y aurait à cela plusieurs explications :

➢ La fonte des glaces de l'inlandsis apporte une eau très froide, mais douce, et qui « flotte » au-dessus de l'eau salée plus « chaude ». Ce refroidissement des eaux de surface favorise leur congélation. Ce serait un « effet secondaire du réchauffement global ».

➢ Le « trou dans la couche d'ozone » situé à la verticale de l'Antarctique réduit l'absorption des ultraviolets. Cela conduit à un renforcement de l'anticyclone polaire antarctique, à la genèse de puissants vents catabatiques et à une circulation cyclonique circumpolaire accrue. Les conséquences sont multiples : hausse des précipitations neigeuses et renforcement de l'albédo, stratification inverse de l'océan avec des eaux superficielles froides, renforcement des vents ; la construction d'une banquise est favorisée.

Ces observations ne vont pas à l'encontre d'un dérèglement climatique, mais elles minimisent la catastrophe annoncée.

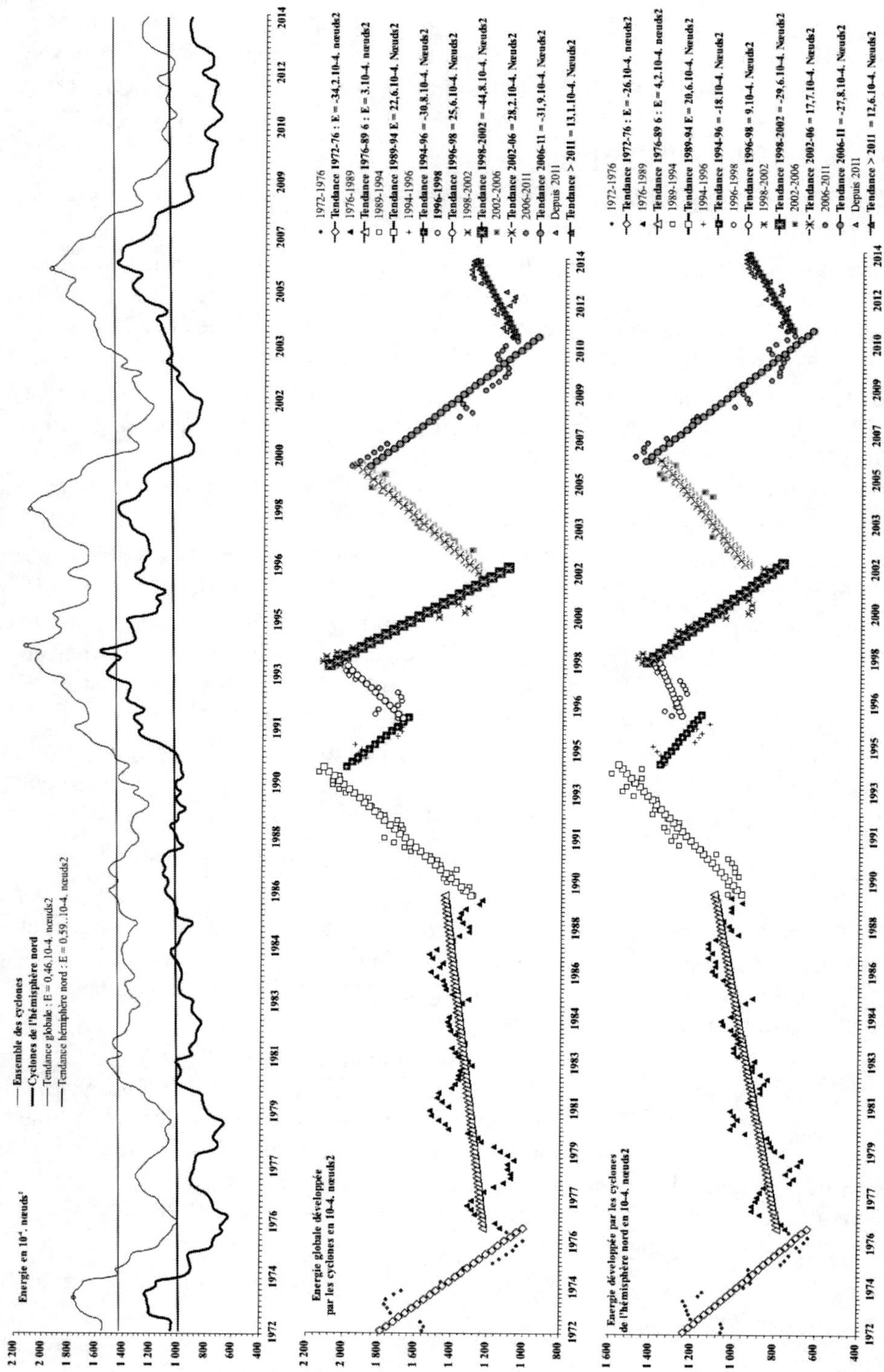

Document 9.6 - Variations et pulsations de l'énergie cyclonique

Le recul de l'activité cyclonique ne concerne pas l'ensemble des dépressions qui affectent l'atmosphère, mais les cyclones intertropicaux et les tempêtes tropicales.

➢ Les conditions d'occurrence d'un « cyclone » ou « ouragan » sont parfaitement connues : la *force de Coriolis qui dévie les vents*, une *zone de basses pressions* assurée par la convergence intertropicale, de *l'eau à 26°C sur 50 à 80 m de profondeur pour fournir l'énergie considérable dont le cyclone a besoin* ce qui est commun près de l'équateur, des *vents stables et continus pour « porter le cyclone » :* ce sont les alizés, et de *basses pressions en altitude* pour assurer « un tirage vers le haut », situation assurée par la convergence intertropicale.

➢ Une « *dépression* » tournant dans le sens anti-horaire dans l'hémisphère nord et horaire dans l'hémisphère sud, se constitue en été dans la partie équatoriale des océans (Pacifique, Indien et Atlantique). La chaleur de l'eau et les basses pressions engendrent et entretiennent un tourbillon que rien ne freine. La dépression se mue en « *tempête tropicale* », quand la vitesse du vent atteint 65 km/h (35 nœuds), et en « *ouragan* » dès que cette vitesse dépasse 117 km/h (64 nœuds).

On observe (et subit) les cyclones depuis le milieu du XIXe siècle et il a été constaté que leur fréquence observe une certaine cyclicité. Mais, surtout, un cyclone accumule une impressionnante quantité d'énergie (ce qui explique les dégâts que son passage engendre). Or, cette énergie, il ne peut l'absorber que dans les eaux de l'océan, et une augmentation de la température de la planète, doit s'accompagner de celle des eaux, ce qui devrait accentuer la quantité d'énergie développée par les cyclones.

On évoque alors « l'*Energie Cumulative des Cyclones Tropicaux* » ou *A.C.E.* (sigle d'Accumulated cyclone energy), c'est-à-dire le cumul de la quantité d'énergie globale développée par l'ensemble des cyclones d'une année. On utilise alors un *indice ACE* utilisant le *carré de la vitesse maximale du vent dans le système cyclonique*, pendant une période de 6 heures et exprimée en *nœuds*^{2}. Mais le calcul donne une valeur élevée : 35 nœuds ==> 1 225 nœuds^2 et 64 nœuds ==> 4 096 nœuds^2 ; aussi, pour la simplicité de l'écriture, la valeur trouvée est divisée par 10 000 et l'énergie est exprimée en *10^{-4}. nœuds^2*.

Le document 9.6 rend compte des variations de ce cumul d'énergie depuis 1972 à l'échelle de l'ensemble des océans et sur ceux de l'hémisphère nord. Cette débauche d'énergie n'a rien de stable : Xi = 1 483.10^{-4} nœuds^2, σ = 279.10^{-4} nœuds^2 et coefficient de variation = 19 % pour l'ensemble des cyclones, et : Xi = 1 057.10^{-4} nœuds^2, σ = 216.10^{-4} nœuds^2 et coefficient de variation = 20 % pour ceux du seul hémisphère nord. Si, globalement, on reconnaît une légère augmentation de 0,46.10^{-4} nœuds^2 à l'échelle mondiale et de 0,59.10^{-4} nœuds^2 à celle de l'hémisphère nord, ces deux valeurs sont sans commune mesure avec les variations à court terme des deux sources respectives :

- Fort recul de 1972 à 1976 : -34,2 et -26.10^{-4} nœuds^2.
- Croissance moyenne de 1976 à 1989 : 3 et 4,2.10^{-4} nœuds^2.
- Croissance rapide de 1989 à 1994 : 22,6 et 20,6.10^{-4} nœuds^2.
- Recul rapide de 1994 à 1996 : -30,8 et -18.10^{-4} nœuds^2.
- Croissance rapide de 1996 à 1998 : 25,6 et 9.10^{-4} nœuds^2.
- Recul rapide de 1998 à 2002 : -44,8 et -29,6.10^{-4} nœuds^2.
- Croissance rapide de 2002 à 2006 : 28,2 et 17,7.10^{-4} nœuds^2.
- Recul rapide de 2006 à 2011 : -31,9 et -27,8.10^{-4} nœuds^2.
- Enfin, croissance plus modérée depuis 2011 : 13,1 et 12,6.10^{-4} nœuds^2.

L'argument est l'absence de corrélation avec les températures (qui ont crû pendant toute cette période), ni avec les émissions de dioxyde de carbone. Par contre une relation pourrait s'établir avec le Niño des années 1990. L'autre argument est une relative cyclicité autour d'une moyenne relativement stable.

Il n'est pas dans notre intention de prendre parti, mais, environnés de medias qui ont pris fait et cause pour le G.I.E.C. et surtout pour l'interprétation catastrophiste qu'ils font de ses publications, nous avons cru important de développer quelques arguments qui vont, « preuves à l'appui » à l'encontre d'une vision apocalyptique de l'avenir

François Gervais, professeur de physique émérite de l'Université François Rabelais de Tours, conteste le rôle climatique des émissions anthropiques. En 2011, il avait été recruté comme examinateur du 5e rapport par le G.I.E.C. Il fut convaincu que le rôle du dioxyde de carbone y avait été exagéré dans les causes du réchauffement observé depuis la fin du XXe siècle. Sans prendre parti pour ou contre son argumentation, nous avons jugé souhaitable de la présenter, telle qu'elle est exprimée dans « *L'innocence du carbone, l'effet de serre remis en question* », Albin Michel, 2013. L'ouvrage est très documenté et rend compte de sa réflexion en plus de 300 pages. Nous n'avons retenu que deux arguments.

Le rôle du spectre infrarouge du dioxyde de carbone est fondamental. La molécule d'un gaz à effet de serre doit comporter au moins deux atomes différents, ce qui est le cas du CO_2. Sous l'action d'un rayonnement électromagnétique (notamment les rayons visibles et les infrarouges), « *l'oscillation des charges électriques aux fréquences naturelles de vibration des atomes de la molécule se couple avec le champ électrique du rayonnement électromagnétique et l'absorbe* ». Mais cela se réalise uniquement aux fréquences de vibration de la molécule.

- Le CO_2 est un gaz lourd, sa densité par rapport à l'air (densité = 1) est de 1,53. Il a tendance à se concentrer dans la partie basse de la troposphère (quelques dizaines de mètres). S'il y a effet de serre, c'est ici qu'il piègera la réémission d'infrarouges par la Terre.

- Du fait de la symétrie entre les deux atomes O et l'atome C, le CO_2 comporte deux champs de fréquences de vibration de la molécule : l'une suivant l'axe O-C-O et l'autre orthogonale à cet axe. La molécule de dioxyde de carbone absorbera le rayonnement infrarouge aux fréquences de 15 et de 4,3 micromètres. Entre ces deux bandes, l'absorption des infrarouges est très faible.

➢ Enfin, la Terre émet dans le spectre de 5 et 100 micromètres, et ses émissions sont maximales entre 8 et 11 micromètres environ.

Dans ces conditions, qu'elle soit d'origine naturelle ou anthropique, la variation de la concentration en CO_2 sera maximale dans les fréquences que le gaz absorbe le moins. Seules les bandes extérieures du spectre sont absorbées. Selon F. Gervais, en 1998, Heinz Hug avait mesuré qu'au voisinage de 15 micromètres, la différence de transparence du CO_2 ne serait que de 0,17 % à 10 m d'altitude en cas de doublement de sa concentration dans l'atmosphère. En 1998, la concentration était de 355 ppm ; même en doublant (710 ppm) le forçage, la radiation serait faible et la température n'aurait crû que de 0,015°C. ***Doit-on en conclure que le dioxyde de carbone ne serait guère efficace comme G.E.S. ?***

Il y a aussi antériorité de la hausse des températures par rapport à l'accroissement de la concentration en dioxyde de carbone. Le document 9.7 reprend les données fournies par plusieurs articles de F. Gervais. Il montre effectivement un décalage entre les « *extrema* » de la courbe de variation des températures des eaux de surface des océans, de 1982 à 2012, et celle de la variation de la concentration atmosphérique en dioxyde de carbone. Selon toute évidence, les températures minimales sont accompagnées d'une réduction de la concentration en CO_2, avec un résultat inverse quand la température de l'eau augmente. Suivant les propres termes de F. Gervais, « ***c'est le CO_2 qui suit les fluctuations de températures*** » (certains l'ont reconnu pour les temps géologiques). Nous avons nous-même calculé les écarts.

➢ La concentration en CO_2 accuse un retard de 14 mois en moyenne sur les températures. Cette différence est loin d'être régulière, elle varie entre 5 et 24 mois, et l'écart-type de 5 mois rend compte d'un coefficient de variation de 33 %, plutôt élevé.

➢ La variation moyenne de la concentration en dioxyde de carbone est de 1,62 ppm avec un écart-type de 0,51 ppm (coefficient de variation de 31 %). Il est vrai qu'il est difficile d'associer de telles valeurs à la seule variation des émissions anthropiques (documents 8.11 et 9.1), lesquelles ont augmenté assez régulièrement pour s'accélérer à la fin du XXe siècle.

Vers 1999, la variation de la teneur en dioxyde de carbone fut anormalement élevée : 2,91 ppm. Or, les analyses indiquent que cet accroissement fut accompagné d'un déficit en carbone 13 (^{13}C), un isotope caractéristique des matières organiques. Le « pic de carbone » de cette année-là ne saurait être imputé à la combustion d'énergie fossile.

Il est également vrai que la température des océans a toujours été très variable (document 9.2) …

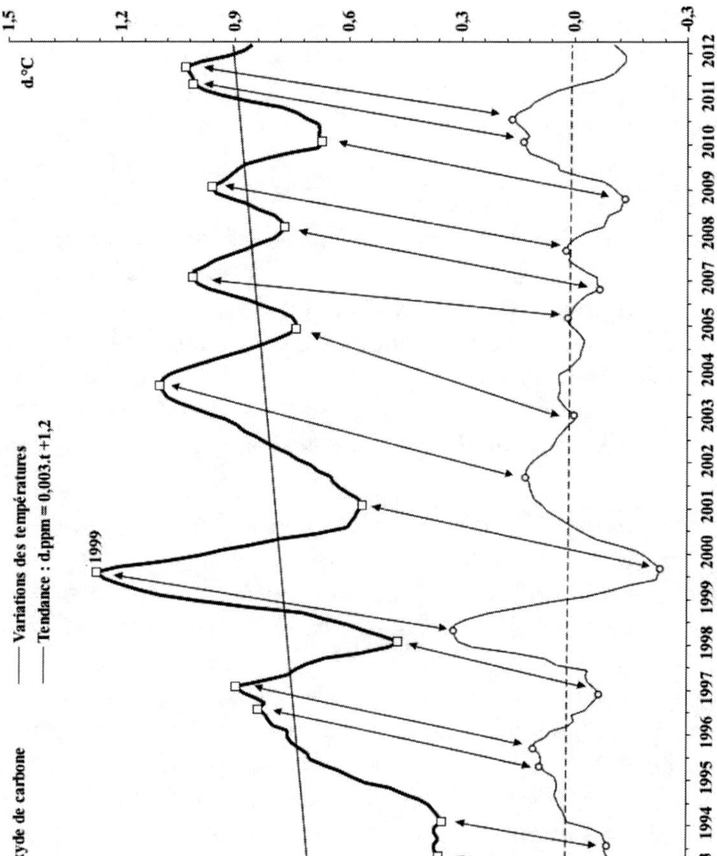

Document 9.7 - Illustration de l'antériorité des variations de températures sur celles de la concentration en dioxyde de carbone. Les flèches soulignent les ruptures de pente concordantes sur les deux courbes.

… L'océan est un immense puits à carbone ; une grande partie du CO_2 atmosphérique y est absorbée par le phytoplancton pour les besoins de sa photosynthèse, il y est aussi converti en carbonate pour assurer les besoins des animaux à tests ou coquilles calcaires. Une autre part y entre en solution. Or, le pouvoir solvant de l'eau dépend de sa température, et une eau froide contiendra plus de gaz dissous qu'une eau froide.

Les variations de la température de surface des océans sont sous la coupe de la circulation générale, et l'on sait que si, globalement, la température s'y accroît en corrélation avec les variations de la température générale de l'atmosphère (document 9.2), elle connaît des variations à plus court terme. Quand elle est chaude, l'eau relâcherait une partie du dioxyde de carbone dissous, mais en absorberait quand elle se refroidit. La masse de CO_2 en transit serait beaucoup plus importante que les émissions anthropiques, dont 1/3 pourrait également être absorbé par les océans.

Nous n'entrerons pas dans la polémique. La thèse se défend, mais les détracteurs font remarquer que l'acidification des océans serait due à une concentration élevée de CO_2, laquelle endommage les squelettes de coraux. Ils évoquent une dissolution des apports anthropiques pendant le siècle dernier.

On se retrouve avec deux grandes écoles

L'école officielle du G.I.E.C. interpelle les gaz à effets de serre, et notamment les émissions de dioxyde de carbone, du fait de la combustion des charbons et des hydrocarbures.

L'argumentation est solide et nous avons vu qu'elle s'appuie sur des études apparemment sérieuses, effectuées par des savants tout aussi sérieux. Il faut envisager un réchauffement important au cours du XXIe siècle et de ceux qui vont suivre. Ce n'est pas l'objet de cet ouvrage, mais on peut en évoquer les conséquences.

➢ Les climats zonaux vont se déplacer vers les pôles. Les moyennes latitudes pourraient connaître une expansion des « ***climats supra-tropicaux*** » définis par le professeur J.P. Vigneau, principalement dans l'hémisphère nord.

➢ Sur les façades occidentales, le ***domaine méditerranéen*** pourrait s'étendre aux dépens du domaine océanisé. Ces façades - Europe occidentale Californie et Colombie-Britannique - deviendraient plus sèches, avec des conséquences sur leur production agricole et leur consommation d'eau douce.

➢ Les façades orientales, du « Vieux Sud » à la Nouvelle-Angleterre, en Chine, en Corée et au Japon, connaîtraient une progression des ***climats supra-tropicaux chauds et humides***, avec leurs cortèges de cyclones intertropicaux. Ajoutons à cela la montée du niveau des océans et la fonte des glaces de montagnes (un manque à gagner pour les sports d'hiver et la production hydroélectrique).

➢ Dans l'Arctique, il faudrait envisager une disparition de la banquise en été. Outre des conséquences écologiques sur une faune adaptée au froid, il ne faut pas oublier le rôle du contraste thermique estival entre un océan déglacé au centre, une masse de glace au Grœnland et des permafrosts en recul dans le Grand Nord américain et en Sibérie.

L'argument des climatosceptiques ne contredit pas l'occurrence d'un réchauffement, mais il le réduit en limitant le rôle des émissions de dioxyde de carbone.

Le réchauffement en cours est indéniable, mais il relèverait d'un cycle naturel, le réchauffement qui suit logiquement la fin du Petit Âge de Glace, depuis les années 1850.

➢ Ils évoquent les pulsations thermiques de forte amplitude mais de courtes durées, observées dans les textes et les cernes des arbres depuis l'Antiquité.

➢ Leur origine est incertaine, mais les climatosceptiques insistent sur la nécessité d'effectuer des recherches concernant le rôle des cycles d'activité solaire, et celui des rayons cosmiques dans la formation des nuages.

Une autre argumentation est aussi évoquée, le réchauffement n'aurait pas que des inconvénients.

➢ On sait qu'au cours du Quaternaire, l'aridité fut la « ***compagne des glaciations*** » ; un réchauffement réduirait l'extension des déserts, ou plutôt leur déplacement des basses vers les moyennes latitudes.

➢ Il ne faut pas perdre de vue que l'extension du désert en Afrique est le fruit de la confrontation entre une démographie galopante, génératrice d'une « faim de terre » et un contexte technologique qui reste archaïque.

➢ Dans le cadre d'une économie traditionnelle basée sur une agriculture sur brûlis, la désertification est le résultat du raccourcissement des jachères, ce qui appauvrit les sols.

➢ Dans celui d'une économie mondialisée, c'est une *agriculture de traite* qui semble persister, avec les mêmes effets.

Quoi qu'il en soit, la planète a connu des périodes beaucoup plus froides, mais aussi plus chaudes, des épisodes où le CO_2 était soit plus rare, soit plus abondant. Elle a connu des extinctions cataclysmales, et pour bien des écologues, la sixième extinction est en cours ; de nombreuses espèces vont disparaître du seul fait de la compétition avec Homo Sapiens, une espèce en croissance à la fois démographique et technologique. Ceci nous ramène à la consommation des énergies fossiles et à la production de gaz à effets de serre dont le dioxyde de carbone. Il est indispensable à la vie : notre existence relève du « *cycle du carbone* ».

➢ Depuis l'avènement des premières plantes vertes au Précambrien, celles-ci consomment du CO_2 pour le convertir en hydrates de carbone et en oxygène.

➢ Les animaux consomment ces hydrates de carbone et rejettent du CO_2.

- Puis le cycle recommence.

En rejetant du dioxyde fossile, l'homme trouble-t-il ce cycle ? C'est sur cette hypothèse, et surtout sur ses termes, que partisans du G.I.E.C. et climatosceptiques s'affrontent, avec des arguments scientifiques, mais aussi, et malheureusement, éco-politiques. Or, les medias ne mettent souvent l'accent que sur ce dernier aspect.

Les discussions relatives au rôle du dioxyde de carbone dans le réchauffement sont faussées, car elles ne sont pas sereines …

Et ensuite …

L'histoire des variations de températures sur notre planète s'est achevée par un questionnement du rôle de l'Homme.

Jusqu'à l'Holocène, les différentes niches écologiques avaient pu être colonisées par les ***familles***, les ***genres*** et les ***espèces*** d'un même ***ordre***. Par exemple, du Jurassique au Crétacé, c'est l'ensemble des ***espèces du superordre des dinosaures*** qui avait colonisé la plupart des niches écologiques, qu'elles soient terrestres, marines et aériennes. Il existait des dinosaures terrestres herbivores (les Sauropodes) ou carnivores (les Théropodes), des dinosaures marins (les Ichtyosaures) et volants (les Ptérosaures). Il en a existé de gigantesques, alors que d'autres ne dépassaient pas la taille d'un poulet. Avec l'avènement du Cénozoïque, les mêmes niches ont été occupées par des Mammifères terrestres herbivores (les Bovidés) et carnivores (les Félidés). Dans les airs on rencontre des Chiroptères et des Cétacés dans les océans.

Mais, à partir du Miocène, un ordre est devenu original, c'est celui des ***primates***. Parmi eux, au cours du Pléistocène, le ***Genre Homo*** s'est démarqué par la complexité de son cerveau et par ses facultés intellectuelles. Vers la fin du même Pléistocène, une espèce nouvelle - ***Homo Sapiens*** - est apparue, et 100 000 ans plus tard, elle est la cause d'une anomalie écologique. Ce ne sont plus ni un Ordre, ni une Famille qui colonisent l'ensemble des niches écologiques, mais ***une seule et même espèce***. Au milieu de l'année 2016, cette espèce comptabilisait près de $7{,}5.10^9$ individus. Elle a atteint le pôle nord en 1908, le pôle sud en 1912, l'Everest en 1953 et la Lune en 1969. Surtout, ses facultés intellectuelles ont permis à Homo Sapiens de passer du stade de prédateur à celui de producteur, et, depuis le Néolithique (environ 8 à 10 000 ans), il s'est révélé capable de modifier les écosystèmes à son avantage. Il n'existe pratiquement plus d'environnements vierges de l'activité humaine, et la plupart des paysages sont « anthropisés ». Depuis le XVIIIe siècle, il a non seulement modifié les espèces à son avantage, mais il a surexploité les ressources des océans, et remis en circulation des millions de tonnes de carbones fossilisés depuis le Carbonifère. Ces activités déversent dans l'atmosphère et dans les océans, des molécules jusque-là inconnues, fruit du développement de ses industries chimiques. De là à l'accuser de modifier le climat, il n'y a qu'un pas. Il est vrai que bien des faits convergent en ce sens.

En effet, la température ambiante est en train de croître, et nous renvoyons aux documents 1.1 et 1.2. Mais il faut nuancer ; à l'échelle de l'Univers, la température de l'atmosphère terrestre fait l'objet d'une étonnante stabilité depuis le Cambrien (document 4.2). La température absolue moyenne reste de 293,6°K, et comme le zéro absolu est de 273,15°K, cette moyenne a été de 20°C.

Près de 600.10^6 années nous séparent du début du Cambrien, l'écart-type des températures moyennes absolues n'est que 3,7°K, ce qui donne un coefficient de variations de 1,3 %. Les températures ont été étonnamment stables. L'usage des degrés Celsius induit en erreur ; il ne s'agit pas d'une « unité mesurable » mais seulement « repérable » : une température de 20°C n'est pas le double d'une température de 10°C. En unité absolue, ce sont respectivement 293,15°K et 283,15°K. La première n'est que 3,5 % plus élevée que la seconde. Cette précision s'imposait.

La température moyenne des 550 derniers millions d'années a été de 20,5°C environ, celle des 135 dernières années (1880-2015) ne fut que de 14,2°C, soit 6,3°C inférieure. Mais en températures absolues, la différence relative n'est que de 2,1 %. En suivant le même raisonnement, nous avons vu (document 4.3) que l'environnement fut très chaud au Cambrien (max = 29,1°C = 302°K), au Dévonien (max = 26°C = 299°K), au début du Trias (max = 25°C = 298°K), au Crétacé (max = 22,4°C = 296°K) et au début de l'Eocène (max = 28°C = 301°K). À l'inverse, il fit froid à la fin de l'Ordovicien (min = 18,5°C = 291,7°K), très froid à la charnière du Carbonifère et du Permien (min = 11,8°C = 285°K), et encore frais au milieu du Jurassique (min = 16,2°C = 289,4°K). En valeur absolue, les écarts extrêmes ont été de 9,4°C. C'est une valeur importante en °C, mais rapportée aux extrêma absolus ce n'est que 3,2 % des maxima et 3,3 % des minima en température absolue.

À partir du maximum éocène, on enregistre un recul des températures de 0,1°C par million d'années (document 5.2) jusqu'au Miocène. Il fut accompagné de la « Grande Coupure Ecologique » éo-oligocène. En une quinzaine de millions d'années, les températures ont chuté de 10°C. Cette crise fut accompagnée de l'extinction d'une partie des mammifères. Stables au Miocène, les températures ont amorcé un nouveau repli qui a conduit aux glaciations pléistocènes (document 5.5), lesquelles n'ont pris fin qu'il y a une dizaine de milliers d'années, avec l'occurrence de l'Holocène.

Entre -18 000 et -8 000 (document 6.2) les températures sont passées de 4,1°C à 13,7°C (277,3 à 286,9°K). L'écart est important : 9,6°C (mais 3,5 % en températures absolues). On sait que les températures sont restées instables ; et pour les périodes les plus proches de nous, on oppose le « Petit Age de Glace » (min = 13,4°C = 286,6°K) et l'Optimum thermique du Moyen Âge (max = 14,6°C = 287,8°K). Entre ces deux extrêma, l'écart n'est que de 1,2°C, soit 0,4 % en températures absolues. Sans aucune ambiguïté, nous nous trouvons dans une phase de réchauffement entamée dès la fin du XVIIe siècle (13,5°C en 1685 = 286,7°K) et qui se poursuit encore (documents 7.5 et 8.4).

L'originalité vient de son accélération après 1970 (document 8.12). Les températures qui étaient de 14,1°C en 1974 (287,3°K) ont grimpé à 14,8°C en 2010 (288°K). Certes, en températures absolues la croissance n'est que de 0,2 %. Mais elle a été très brève, 36 années seulement. Cette croissance correspond à celle des émissions massives de dioxyde de carbone d'origine fossile, même s'il existe un doute quant à la priorité de l'un des processus sur l'autre (documents 9.7, voire 8,12). Or le G.I.E.C. nous promet entre 16,6°C (289,8°K) et 18,3°C (291,5°K) en 2100. Nous restons sur notre faim. Ce sont des croissances importantes, entre 1,9°C et 3,97°C sur un siècle (document 9.1), mais en températures absolues, cela reste négligeable : 0,7 à 1,3 %.

Quelle variation peut modifier l'écologie de la planète ? On sait que les glaciations du Précambrien furent stressantes pour les écosystèmes marins, principalement à l'époque de la Terre « boule-de-neige » entre 1 300 et 700.10^6 années. La température moyenne fut négative (document 4.2), et pourtant la vie persista pour « éclater » au Cambrien. Entre le Dévonien et le Permo-Carbonifère (document 4.3), la température recula de 26°C à 11,8°C (14,2°C). Il s'en suivit une extension des inlandsis accompagnée d'une régression découvrant la plus grande partie des plateaux continentaux. Une extinction massive détruisit la biodiversité marine à 95 %. Nous venons de voir (document 5.2) que la « Grande Coupure Eo-oligocène » fut également responsable d'une extinction massive. Les frimas du Pléistocène ont aussi provoqué de cuisantes régressions de la biodiversité, la flore arborescente de l'Europe occidentale perdit la plupart de ses espèces. Mais on remarquera aussi que les exemples que nous venons de citer ne concernent que des reculs de la température. Après chaque grande glaciation du Paléozoïque, le réchauffement fut toujours accompagné d'une reconstitution de la biodiversité. Mais, il est vrai, elle était assez différente de la précédente.

Depuis la fin du « Petit Âge de Glace », nous vivons un réchauffement. Qu'il soit imputable aux activités humaines, ou que celles-ci l'aient simplement accéléré, il est inexorable. Que faut-il en attendre (nous l'avons en partie évoqué) ? Il y aura certes un décalage des zones climatiques avec une importante réduction des milieux froids en latitude et en altitude. Ce sera accompagné par une modification de la nature et de la répartition des écosystèmes forestiers et herbacés : forêt océanique soumise à des étés plus chauds, voire plus secs, forêt boréale gagnant sur la toundra d'une part et gagnant en variété du fait de la progression des feuillus. Il faut aussi s'attendre à une montée des océans de l'ordre du mètre. Mais les conséquences annoncées sont surtout économiques, dont la mutation des espaces agricoles. En fait, les conséquences sont à mettre en relation avec d'autres crises anthropiques : surexploitation des forêts tropicales et des savanes, utilisation massive d'engrais et surtout de pesticides, surexploitation des océans, gaspillage des énergies fossiles et des minerais, urbanisation incontrôlée, et bien d'autres. Nous avons écrit un ouvrage sur *« L'espèce humaine et la biodiversité »*, et nous y avons développé l'origine anthropique d'une « sixième extinction », laquelle est en cours, et le réchauffement climatique n'y contribue que pour une infime part. Mais, au train qu'elle vient de prendre, il serait temps de mettre un terme à une exploitation « minière et coloniale » des ressources de cette planète, et de cesser d'émettre des polluants chimiques, dont le CO_2 n'est qu'un des aspects. Bien avant de « transpirer sous les canicules », la planète risque d'être empoisonnée.

De toute façon, l'avenir est tracé. La société actuelle s'épanouit dans un interglaciaire depuis près de 12 000 ans. La durée moyenne d'une glaciation quaternaire est de 80 à 100 000 ans ; à l'inverse, un interglaciaire est assez bref : 20 à 25 000 ans. Dans une dizaine de milliers d'années, les conditions astronomiques seront redevenues favorables à un refroidissement ; les glaciers de montagne vont se reconstituer, tout comme les inlandsis fennoscandiens et nord-américains. Les conséquences économiques seraient incalculables.

À plus long terme, de l'ordre de la centaine de millions d'années, la tectonique des plaques aura reconstruit une troisième Pangée. Elle sera très chaude si elle est intertropicale, mais elle peut se trouver en position polaire et être glaciaire. Comme une espèce ne vit guère plus de 10^6 années, Homo Sapiens aura disparu, « et tout sera remis dans l'ordre », à moins qu'il ait trouvé le moyen d'échapper à l'évolution.

Puis tout aura une fin, le Soleil aura consommé tout son hydrogène, il deviendra une étoile géante atteignant l'orbite de Mercure. Sur Terre, la température pourrait s'élever de plusieurs centaines de degrés, l'eau des océans sera vaporisée, il n'y aura alors plus aucune vie possible. Mais là rassurons-nous, cette situation ne se produira que dans 4 à 5 milliards d'années.

Bibliographie sommaire

Ammann C - 2005 - *Solar signal in records and simulations of past climates* - Meme. S.A. It., 76, 802.

Berner R.A., Lasaga A et Garrels R.M. - 1983 - *The carbonate-silicate geochimical cycle and its effect on atmospheric carbon dioxyde over the past 100 million years* - Am. J. Sci., 283, p. 641-683

Beltrando Gérard - 2010 - *Les géographes climatologues français et le changement climatique aux échelles régionales* - Echo Géo 2010

Collectif - 2006 - 800 *000 ans d'histoire du climat lus dans la glace* - CLEFS CEA - N° 54 - AUTOMNE 2006.

Gervais Francois - 2013 - *L'innocence du carbone, l'effet de serre remis en question* - Contre les idées reçues, Albin Michel, Paris, 315 pages.

Gervais Francois - 2016 - *Anthropogenic CO_2 warming challenged by 60-year cycle* - Earth-Science Reviews 155 (2016) 129–135.

Giret Alain - 2011 - *L'espèce humaine et la biodiversité* - Essais et Documents - Le Manuscrit, Paris, 456 p

Loehle Craig et Le Blanc David - 1996 - *Model-based assessments of climate change effects on forests : a critical review* - Ecological Modelling 90 (1996) 1-31.

Loehle Craig - 2007 - *A 2000-year global temperature reconstruction based on non-treering proxies* - MULTI-SCIENCE PUBLISHING CO. LTD. 5 Wates Way, Brentwood, Essex CM15 9TB, United Kingdom.

Loehle Craig, Huston Mc Culloch Ph.D. and J. - 2008 - *Correction to: a 2000-year global temperature reconstruction based on non-tree ring proxies* - MULTI-SCIENCE PUBLISHING CO. LTD. 5 Wates Way, Brentwood, Essex CM15 9TB, United Kingdom.

Milankovitch Milutin - 1941 - *Kanon der Erdbestrahlungen und seine Anwendung auf das Eiszeitenproblem*, Belgrade.

Moberg, A., D.M. Sonechkin, K. Holmgren, N.M. Datsenko and W. Karlén - 2005 - *Highly variable Northern Hemisphere temperatures reconstructed from low- and high-resolution proxy data.* Nature, Vol. 433, No. 7026, pp. 613-617, 10 February 2005.

Moberg A. et al. - 2005. - 2,*000-Year Northern Hemisphere Temperature Reconstruction* - ftp://ftp.ncdc.noaa.gov / pub / data /... by .../nhtemp-moberg 2005.txt.

Parsonns B. - 1982 - *Causes and consequences of the relation between aera and age of the ocean floor* - J. Geophys. Res., 87, b1, p. 289-302.

Pitman W.C. - 1978 - *Relationship between eustasy and stratigraphic sequences of passive margin* - Geol. Soc. Amer. Bull., 89, p. 1289-1403.

Royer Dana L., Berner Robert A., Tabor Neil J. and Beerling David J. - 2004 - *CO_2 as a primary driver of Phanerozoic climate* - MARCH 2004, GSA TODAY.

Royer Dana L. - 2006 - *CO_2-forced climate thresholds during the Phanerozoic* - Science Direct, Geochimica et Cosmochimica Acta 70 (2006) 5665–5675

Royer Dana L. - 2009 - *Climate Sensitivity during the Phanerozoic: Lessons for the Future* - Search and Discovery Article (adapted from oral presentation at AAPG Annual Convention, Denver, Colorado, June 7-10, 2009.

Scotese C.R. - 1997 - *Paleogeographic Atlas* - PALEOMAP Progress Report 90-0497, Department of Geology, University of Texas at Arlington, 37 pp.

Sharma M. - 2002 - *Variations in solarmagnetic activity during the last 2000,000 years : is there a Sundclimate connection ?* - Earth and Planetary Science Letters, 199, 459-472.

Spencer Roy W. - 2008 - *Climate Confusion: How Global Warming Hysteria Leads to Bad Science, Pandering Politicians and Misguided Policies that Hurt the Poor*. Encounter Books..

Spencer Roy W. - 2010 - *The Great Global Warming Blunder: How Mother Nature Fooled the World's Top Climate Scientists*. Encounter Books.

Spencer Roy W. - 2010 - *The Bad Science and Bad Policy of Obama's Global Warming Agenda*. Encounter Books.

Scafetta Nicola et Waest B. J. - 2006 - *Phenomenological solar signature in the 400 years of reconstructed Northern Hemipshere temperature record* - Geophys. Res. Lette., 33, L17718.

Tardy Yves - 1986 - *Le cycle de l'eau : Climats, Paléoclimats et Géochimie globale* - Masson, Paris, 338 p.

Veizer et al. - 2000 - *What drives climate ?* - Nature 408, 651-652 (7 December 2000).

Warren Stephen G. et al - 2006-2007 - *A survey of Changes in Cloud Cover and Cloud Types over Land From Surface Observations* - 1971-96, Journal of Climate, 20 (4), 717-728.

Table des documents

Table des matières

Environnement, Écologie et Développement aux éditions L'Harmattan

Dernières parutions

LE NOUVEAU MANUEL DE GESTION
des associations et ONG de développement (CD inclus)
Vincent Fernand
Ce manuel est un outil de travail et de gestion pour les dirigeants d'ONG/OP des pays du Sud. Il est composé d'un manuel de 320 pages et d'un CD permettant d'accéder à 200 outils de gestion et d'organisation d'ONG/OP ainsi qu'aux textes complets des cinq premiers manuels de gestion de l'auteur. Une mine d'exemples qui vous permettront d'améliorer la gestion, le développement et l'autonomie financière de votre organisation.
(35.00 euros, 316 p., Broché, Illustré en noir et blanc) ISBN : 978-2-343-05489-6, ISBN EBOOK : 978-2-336-37297-6

THÉORIE DU STOCK FROID
Développer rapidement les pays pauvres
Ducrocq François
Les pertes colossales en récoltes, parfois jusqu'à la moitié de ce qu'un paysan peut retirer de la terre, constituent le frein économique majeur pour les pays en développement. Cet ouvrage propose une approche nouvelle du stockage de produits alimentaires frais dans la théorie microéconomique, laquelle perçoit traditionnellement le stock comme un résidu. Tout au contraire, le stock a un impact déterminant dans l'accumulation primitive du capital des pays les plus pauvres.
(Coll. Rue des écoles, série Essais, 26.00 euros, 250 p.) ISBN : 978-2-343-04660-0, ISBN EBOOK : 978-2-336-37278-5

COMMENT ENTREPRENDRE EN AFRIQUE ?
Balises du porteur de projet de création d'entreprise
Lam Ibrahima Théo
Préface de Dr. Alain Capo Chichi – Postface de Cheikh Ahmed Tidiane Ba
Ce précis, basé sur une étude de cas d'entreprise durable et inclusive, donne le ton pour la valorisation des ressources locales, la promotion de l'entrepeneuriat chez les jeunes, l'*empowerment* surtout des femmes pour leur autonomisation continue, des solutions adaptées aux réalités africaines et surtout une création de valeur collective sûre. Sur tout le continent, des jeunes courageux, des femmes infatigables s'organisent, représentant une force économique indéniable.
(14.50 euros, 142 p.) ISBN : 978-2-343-05783-5, ISBN EBOOK : 978-2-336-37293-8

PAYS (LES) ACP DANS LE COMMERCE MONDIAL
Foé Aristide
Depuis les années 2000, l'Union européenne négocie avec les pays ACP des Accords de Partenariat Économique (APE) en substitution aux anciens accords de Lomé et de Cotonou. Dans ce cadre, les pays du Sud concernés seraient amenés à ouvrir leurs marchés à la plupart des produits en provenance de l'Union européenne. Selon l'auteur, les pays africains n'ont rien à craindre des accords de partenariat économique. Il implore les gouvernements et autres autorités compétentes d'informer et sensibiliser leurs populations de la nécessité d'une relation nouvelle, gagnant/gagnant, avec les partenaires occidentaux.
(24.00 euros, 238 p.)
ISBN : 978-2-343-04638-9, ISBN EBOOK : 978-2-336-36097-3

UN EXEMPLE DE COOPÉRATION NORD-SUD
Margny-lès-Compiègne et Méhanna (France-Niger)
Hellal Dany - Préface de Jacques Arrignon
Par ce témoignage, l'auteur a souhaité évoquer les jalons d'un échange Nord-Sud, qui pourrait être l'histoire de n'importe quelle commune autre que Margny ou Méhanna, afin de donner à de nouvelles générations l'envie d'entreprendre des échanges et des projets à taille humaine, dans un monde où tout semble difficile. La coopération décentralisée permet de s'enrichir les uns les autres par les différents savoir-faire et fait ici découvrir un continent ou «solidarité» et «sens du bonheur» ont toute leur authenticité.
(10.50 euros, 70 p.)
ISBN : 978-2-343-03967-1, ISBN EBOOK : 978-2-336-36065-2

GUIDE DE L'ACCOMPAGNEMENT DES PORTEURS DE PROJETS D'AUTO-EMPLOI
Rosanvallon André
En Afrique, la crise de l'emploi constitue un défi majeur pour les politiques de développement. Il faut créer massivement des emplois dans le secteur moderne (privé, public ou semi-public) et dans le secteur informel (à condition qu'il s'agisse d'emplois décents). Ces opportunités sont limitées. Il reste alors la création d'emploi par l'auto-emploi au sein d'activités génératrices de revenus. Il convient aujourd'hui de renforcer les dispositifs, d'accompagner les porteurs de projets et de renforcer les compétences de leurs agents.
(Coll. La Librairie des Humanités, 18.00 euros, 174 p.)
ISBN : 978-2-343-00319-1, ISBN EBOOK : 978-2-296-53114-7

TERRES RARES : ENJEU GÉOPOLITIQUE DU XXIᵉ SIÈCLE
Chine, Etats-Unis, Europe, Japon, Groenland
Degeorges Damien - Préface de Per Stig Moller, ancien ministre danois des Affaires étrangères (2001-2010) ; postface de Palle Christiansen, ministre groenlandais de l'Éducation, de la Recherche et de la Coopération nordique
Groupe de métaux aux caractéristiques indispensables pour de nombreuses applications civiles et militaires, les terres rares se retrouvent dans les technologies vertes ainsi que dans les technologies au coeur de notre société (téléphones portables, écrans plats). Elles revêtent une dimension géopolitique majeure depuis que la Chine, qui contrôle 97% de la production mondiale, a réduit ses exportations. États-Unis, Europe et économies de l'Asie-Pacifique se tournent désormais vers un des principaux eldorados en la matière : le Groenland.
(Coll. Un autre regard / Paris School of Business, 10.50 euros, 78 p.)
ISBN : 978-2-336-00222-4, ISBN EBOOK : 978-2-296-50837-8

DES EXTRÊMES DANS LE MONDE, DE DHAKA À DOHA
Le Quément Joël
Cet essai interpelle sur des réalités économiques et sociales fortement inégales dans le monde, en particulier en Asie et dans le golfe Persique. Le XXIe siècle se caractérise par une forte croissance de la population dans certaines régions du monde et par des flux migratoires puissants. Que dire des tensions nées de ces déséquilibres ? Comment répondre à l'explosion des besoins en alimentation, énergies, infrastructures ? Y a-t-il des formes nouvelles de partage des richesses possibles ?
(14.00 euros, 126 p.)
ISBN : 978-2-336-00313-9, ISBN EBOOK : 978-2-296-50933-7

DIMENSION (LA) SACRIFICIELLE DE LA GUERRE
Essai sur la martyrologie politique
Mashimango Abou-Bar Abelard
Préface de Pascal Hintermeyer
Voici une analyse polémologique fondée sur une approche multidisciplinaire et une culture de la sociologie politique dont les suggestions - comme la ritualisation de la guerre, la martyrologie, les mythes, la question de l'honneur et du prestige, et la dimension sacrificielle des stratégies

- conduisent, à la fois, à l'examen exploratoire de la dynamique guerrière et à une réflexion approfondie des conflits armés contemporains.
(Coll. Questions contemporaines, 22.50 euros, 226 p.)
ISBN : 978-2-336-00363-4, ISBN EBOOK : 978-2-296-50824-8

DIMENSIONS OF WAR
Understanding War as a Complex Adaptive System
Solvit Samuel
With today mutable identities and various kinds of warfare, how do we further our understanding of war? Reviewing influential war theories from Machiavelli to the present, this book analyses how they reduce war in terms of time, space, interaction, purpose, aim, and/or evolution. Considering war as a complex adaptive system allows us to increase our overall comprehension of contemporary wars.
(Coll. Diplomacy and Strategy, 15.50 euros, 152 p.)
ISBN : 978-2-296-99721-9, ISBN EBOOK : 978-2-296-50839-2

UN MONDE DE FEU
Réchauffement environnemental et surchauffe sociale
Berger Corinne, Roques Jean-Luc
Les phénomènes de surchauffe environnementaux et sociaux observés de nos jours semblent difficilement maîtrisables. Le monde est plus que jamais en feu. N'existe-t-il pas un certain parallélisme entre réchauffement environnemental et embrasement social ? Pour se protéger, on assiste à un retour au foyer que l'on retrouve dans des dynamiques de ségrégations territoriales. Ces comportements n'attisent-ils pas le feu ? Existe-t-il des solutions ?
(Coll. Sociologies et Environnement, 20.00 euros, 202 p.)
ISBN : 978-2-336-00453-2, ISBN EBOOK : 978-2-296-50940-5

SOLIDARITÉS (LES) À L'ÉPREUVE DES CRISES
Sous la direction de Béatrice Muller, Jean-Claude Barbier, Maryse Bresson
Notre système de protection sociale n'a pas échappé aux réformes engagées en Europe dans le contexte de crise. Il est perçu à la fois comme un rempart à la crise et comme un obstacle à une reprise économique. Les auteurs tentent donc de comprendre comment ces différentes idées pénètrent les réalités des solidarités publiques et privées.
(Coll. Institut de la Ville et du Développement, 25.00 euros, 246 p.)
ISBN : 978-2-336-00322-1, ISBN EBOOK : 978-2-296-50987-0

ÉVALUATION (L') DES POLITIQUES PUBLIQUES
Défi d'une société en tension
Sous la direction de Gaëlle Baron et Nicolas Matyjasik
L'évaluation des politiques publiques constitue un instrument à disposition des pouvoirs publics pour engager les mutations nécessaires de leur action. Elle doit accompagner et si possible précéder ces évolutions. L'implication des citoyens et la diffusion grand public sont par exemple des réponses aux attentes de participation à la décision publique. L'évaluation doit aussi adapter ses méthodologies et identifier les priorités d'intervention.
(Coll. La Librairie des Humanités, 29.00 euros, 282 p.)
ISBN : 978-2-336-00445-7, ISBN EBOOK : 978-2-296-50864-4

ÉDUQUER À LA BIODIVERSITÉ POUR UN DÉVELOPPEMENT DURABLE
Réflexions et expérimentations
Matagne Patrick
Il était utile d'aborder d'une autre façon ce champ où biodiversité et développement s'entrecroisent dans une perspective pédagogique et expérimentale. Ce livre croise les scènes de la nature avec les scènes de l'homme et de la société. Voici un manuel utile aux étudiants, enseignants, formateurs, chercheurs et éducateurs en environnement et développement durable.
(Coll. Biologie, écologie, agronomie, 13.00 euros, 112 p.)
ISBN : 978-2-296-99354-9, ISBN EBOOK : 978-2-296-50914-6

TERRE (LA), QUESTION VITALE AU XXIe SIÈCLE
Sous la direction de Belkacem Belmekki, Madhu Benoit, Michel Naumann, Joëlle Weeks
Comment l'Inde et l'Afrique ont-elles construit le rapport de l'homme à la terre ? C'est la quête d'une unité perdue et celle d'une possible reconquête de la terre que restitue cette étude. Elle se décline en trois mouvements : mythologies et religions offrent à la réflexion contemporaine un cadre intellectuel, spirituel et écologique. Le récit se clôture sur le thème d'une reconquête vitale qui allie spiritualité et développement durable, économie et écologie, richesse linguistique et patrimoniale.
(Coll. Discours identitaires dans la mondialisation, 23.00 euros, 230 p.)
ISBN : 978-2-336-00120-3, ISBN EBOOK : 978-2-296-50991-7

GENRE, CHANGEMENTS AGRAIRES ET ALIMENTATION
Sous la direction de Christine Verschuur
Cet ouvrage propose de donner matière à réfléchir sur les processus d'appauvrissement des paysannes et paysans. Près d'un milliard de personnes ont faim dans le monde et paradoxalement 70 % d'entre elles font partie de familles paysannes. Les ressources naturelles et techniques sont pourtant suffisantes pour assurer une alimentation correcte de l'humanité. Cet éclairage nouveau prétend contribuer à expliquer les inégalités d'accès à l'alimentation dans le développement rural.
(Coll. Cahier du genre et développement, 47.00 euros, 480 p.)
ISBN : 978-2-296-99303-7, ISBN EBOOK : 978-2-296-50608-4

ÉCOLOGIE ET ÉVOLUTION DU MONDE VIVANT (Volume 1)
Le vie est une transmission d'information
Godron Michel
Comment résoudre les problèmes écologiques mondiaux qui se posent aujourd'hui ? Quels changements de nos mentalités et quelles innovations techniques seront nécessaires ? Ce volume répond à la question «Qu'est-ce que la vie ?» Depuis qu'elle est apparue sur terre, l'évolution des êtres vivants a suivi un «modèle» écologique et cybernétique très général, qui a conduit à la biodiversité actuelle, qui dépend elle-même des climats et des sols.
(Coll. Biologie, écologie, agronomie, 54.50 euros, 612 p.)
ISBN : 978-2-296-55870-0

ÉCOLOGIE ET ÉVOLUTION DU MONDE VIVANT (Volume 2)
L'échelle crée le phénomène
Godron Michel
Comment résoudre les problèmes écologiques mondiaux qui se posent aujourd'hui ? Quels changements de nos mentalités et quelles innovations techniques seront nécessaires ? Ce volume présente l'étude statistique de la répartition écologique des plantes et des animaux à l'échelle biogéographique des continents et des étages de végétation ainsi qu'à l'échelle des communautés végétales et animales et des paysages.
(Coll. Biologie, écologie, agronomie, 38.00 euros, 388 p.)
ISBN : 978-2-296-55871-7

ÉCOLOGIE ET ÉVOLUTION DU MONDE VIVANT (Volume 3)
Les problèmes écologiques actuels
Godron Michel
Comment résoudre les problèmes écologiques mondiaux ? Quels changements de nos mentalités et quelles innovations techniques seront nécessaires ? Ce volume retrace l'arrivée discrète de l'Homme dans la biosphère, amorcée depuis deux millions d'années, et son emprise écologique du Paléolithique à nos jours. Il se termine par l'analyse des problèmes écologiques actuels, qui sont surtout le fruit délétère de notre société de surconsommation.
(Coll. Biologie, écologie, agronomie, 61.00 euros, 750 p.)
ISBN : 978-2-296-55872-4

Achevé d'imprimer par Corlet Numérique - 14110 Condé-sur-Noireau
N° d'Imprimeur : 720361 - Mai 2017 - Imprimé en France